水力旋流器

庞学诗　著

中南大学出版社
www.csupress.com.cn
·长沙·

内容提要

　　本书简要论述了流体涡流运动的理论基础及其在水力旋流器分离过程中的实际应用，根据涡流运动中最大切线速度的轨迹特性，建立了一套通用的水力旋流器工艺计算方法和编制出实用的水力旋流器选择计算程序，并用国内外大量的生产实例见证了它们的实用性和可靠性。

　　本书主要内容是：水力旋流器的生产能力、分离(级)粒度、产物分配、分离(级)效率、旋流器选择、给矿泵选择的工艺计算方法和程序以及旋流器工艺参数选择和旋流器技术的应用。

　　本书主要供矿物工程专业生产、设计和科研部门的工程技术人员及大专院校师生在实际工作和教学活动中使用，亦可供石油、化工、煤炭、建材、环保、水电、卫生和粮食加工部门的科技人员在实际工作中参考。

再版说明

  《水力旋流器理论与应用》出版发行以来得到读者的好评，为适应读者的需求特出版其修订本。修订本比原著有如下改进：

  一、《水力旋流器理论与应用》修订本在保留原著的基本系统和基本内容的前提下，增加了作者近年来研究的最新成果，例如：根据分级粒度计算旋流器基本直径，综合效率计算法及其实际应用，完善作者的水力旋流器选型计算程序等……

  二、修改、补充和更正了原著中的笔误、排误、遗漏和有关图形的失真问题。根据矿物工程专业技术术语的习惯用法，对原著中的相应符号进行了重新标定，规范了用法，统一了含义。

  三、根据水力旋流器的发展态势，修改、补充《旋流器分离原理》一章的相关部分，增加了"后语"（水力旋流器发展动向）的相关内容。

  四、根据目前实际情况，改写了附录的内容。

  注：《水力旋流器理论与应用》是《水力旋流器工艺计算》的增订本，《水力旋流器》是《水力旋流器理论与应用》的修订本。

序

　　水力旋流器是国际上十分关注的高效离心力场分离设备，广泛用于选矿、化工、石油、环保等工业部门。近年来几乎每隔二三年就在英国举办一次国际性水力旋流器学术会议，但有关水力旋流器工艺计算方法及其实际应用方面的专著迄今未见报道，庞学诗所著《水力旋流器理论与应用》一书填补了这一国际性空白。

　　全书由涡流运动理论基础、旋流器分离原理、生产能力计算、分离粒度计算、产物分配计算、分离效率计算、旋流器选型与计算、旋流器给矿泵选择计算、旋流器工艺参数选择和旋流器技术的应用等十章组成，前后呼应，构成有机整体。基础扎实、理论新颖。理论基础的核心是作者提出的组合螺线涡运动中的最大切线速度轨迹学说。根据该学说导出和编制一套水力旋流器工艺计算的新方法和新程序，并经国内外大量生产实践资料见证，方法简便，结果可靠，适用性强，具有重要的科学价值和实用意义。

　　本书是一部理论联系实际、实用性强的科技专著。作者独具一格地运用技术对比的撰写方法，比较系统而扼要地介绍了近年来国内外水力旋流器工艺计算方法方面的最新研究成果和实用效果；比较完整而精练地介绍了国内外主要水力旋流器生产厂家系列产品的技术性能，为读者了解国内外该领域的发展动向和选型定货提供了方便。

本书的出版将使我国在水力旋流器的工艺计算和理论研究方面处于国际领先地位，其开拓性和创造性极为突出，其影响将是深远的。

本书可供矿物工程、冶金工程、化学、化工、石油和环保工程等专业教学生产和设计科研部门的科技人员及大专院校师生在实际工作和教学活动中使用与参考，亦可供建材、煤炭、电力、水工、卫生和粮食加工部门的科技人员在实际工作中参考。

陈荩

教授、博士生导师
2000 年 3 月

前　言

　　水力旋流器是利用离心力场分离两相或多相流体的高效分离设备。它具有结构简单、操作方便、生产能力大、分离效率高、占地面积小、无传动部件和易于实现自动控制的优点，在国民经济的许多领域得到广泛应用。就选矿而言，水力旋流器广泛用于分级、脱泥、浓缩、澄清、选别和洗涤等作业。随着水力旋流器结构形式的优化、耐磨材质的改进、工艺流程的合理化、技术计算的完善、自控技术的采用和计算机的普及，其应用领域更加扩大，经济效益和社会效益更加明显。

　　在生产实践中，水力旋流器工艺计算是生产现场、设计部门和科研机构的科技人员对生产管理、技术控制、设备选型和结构优化必须进行的基本运算。为此，近年来国内外学者就水力旋流器工艺计算方法进行了大量的研究，提出了许多理论的、经验的和半经验的计算方法，但系统完整、简便准确、应用广泛，又有一定深度广度的通用方法不多，给读者带来诸多不便。《水力旋流器工艺计算》正是针对这一课题展开研究工作的基本总结。

　　本书是在《水力旋流器工艺计算》专著的基础上，根据读者的建议经过系统修改和补充撰写而成的。它既保留了原著的理论特色，又反映出读者希望的应用方面的内容，在原著的基础上增加了绪论、旋流器给矿泵选择计算、旋流器工艺参数选择和旋流器技术的应用四章，定名《水力旋流器》。

　　本书的核心部分是：笔者提出的"复合螺线涡或由其简化的组合涡是水力旋流器分离过程进行的特有流体运动形式，其中的最大切线速度轨迹面就是它的自然分离面"学说。据据该学说导出水力施流器的生产能力，分离粒度、旋流器直径、综合效率等一整套工艺计算方，编制出实用的选型计算程序。经过大量国内外旋流器生产实践，验证其方法简便，准确、可靠。解决了围绕水力旋流器工艺计算中的有关技术难题。现在我国水力旋流器的设计基本上是参考《水力旋流器工艺计算》、国内出版的相关专著、有关教材和学位论文大量的摘录、引用本书中的基本理论、工艺计算方法，选型计算程序和计算实例。该书是上世纪90年代中国石化出版社出版的专著。其研究成果极大的推动和促进了我国水力旋流器技术的研究、发展和应用。

第八章是应广大读者要求编写的，它同其他章节不同之处在于其基本方法、主要程序和相关图表是他人的研究成果在本领域中的具体应用。

本书在撰写过程中，得到《国际选矿杂志》编委、博士生导师陈苾教授的热情支持和关怀，他专门为本书写了《序》；何希杰教授高级工程师对第八章进行了审阅；胡月明高级工程师为本书的数据处理、图表绘制和正文抄写做了大量的工作；国内有关厂矿企业的工程技术人员为本书提供了许多珍贵的技术资料。在此，一并致以真诚的感谢！

鉴于作者水平所限，书中难免存在错误和文献资料引用不当之处，敬请读者批评指正。

作 者
2018 年 10 月

目　录

绪　论

　　旋流器分离的主要对象是两相流体①。两相流体是由固相和液相(通常为水)、固相和气相(通常为空气)和密度不同而又互不相溶的两种液相组成。分离固液两相流体的旋流器称为水力旋流器,分离固气两相流体的旋流器称为风力旋流器,分离液—液两相流体的旋流器称为液—液旋流分离器或液—液旋流分离管,它们的工作原理和分离过程相同,结构形式也大同小异。本书重点研究水力旋流器的分离原理、工艺计算方法和在国民经济中的实际应用,对风力旋流器和液—液旋流分离器只作一般性的介绍。

　　通常,旋流器分离物料时均通过分离介质完成,而固体物料和分离介质(液相和气相)及其组成的两相流体的性质和形态,将会以不同的方式影响其分离过程和分离结果。因此,了解它们的基本性质、控制它们的相关形态,对监控、调整和优化旋流器的分离过程及获得预期的分离结果十分重要。

第一节　固相(固体物料)的基本性质

　　通常,旋流器分离的固体物料的来源有三种:第一种是经过自然风化和河海冲积作用形成的固体物料,例如,风化砂、河砂和海滨砂等;第二种是经过人工或机械粉碎作用形成的固体物料,例如,磨机排矿、选矿和湿法冶金过程中的产物、粮食加工

――――――――――――

　　①　两相流体、浆体和矿浆可以理解为同一事物的不同专业的叫法,本书三名词通用。

过程中的淀粉、烟道中的尘埃等；第三种是经过化学作用形成的固体物料，例如，从溶液中析出的晶体、火法冶金过程中的熔渣等。不同种类的固体物料有不同的性质和不同的形态，这里主要介绍其共性的形状、密度、粒度及其粒度组成，至于其表面物理化学性质只作简单的介绍。

一、形状

固体物料特别是经过机械粉碎作用形成的粒群，形状极不规则且多种多样，有球形、多角形、扁平形、条柱形、叶片形、正方形、长方形等。形状不但影响其组成两相流体的物理性能，还影响旋流器分离过程的顺利进行和分离效果。

旋流器的分离过程就是两相流体中的固体颗粒在离心力场中的沉降过程，而且多数是在干涉条件下的离心沉降过程，分离的效果同其沉降速度有关。沉降速度取决于颗粒在介质中的取向，取向往往同其形状有关，形状不同，则介质所受的迎面阻力不同，其沉降速度也不同。

自然界中球体（球形颗粒）形状最规则，它具有各向对称、沉降速度不受取向影响和以最小的表面占有最大容积的特点（同其他形状颗粒相比）。通常，各种形状颗粒的规则程度均是以球体为准进行比较，常用的参数是球形系数，亦称球形度，它反映颗粒形状同球形的差别程度，其定义为：

$$\psi = \frac{s_b}{s_a} \qquad\qquad (0-1)$$

式中：s_b——同固体颗粒具有相同体积的球体的表面积；

s_a——实际固体颗粒的表面积。

通常，实际固体颗粒的表面积难以准确测定，其球形系数常用下式定义：

$$\psi = \frac{d_p}{d_c} \qquad (0-2)$$

式中：d_p——在显微镜下同颗粒投影面积相等的圆的直径，即投影直径；

    d_c——颗粒投影面的最小外接圆直径，可近似地用恰好使颗粒通过的圆形筛孔直径表示。

同一类型的固体颗粒，通常细颗粒的球形系数要大于粗颗粒的球形系数，颗粒越细球形系数越大。常见颗粒的球形系数见表0-1。

表 0-1 常见颗粒的球形系数

颗粒形状	球形系数 ψ	实 例
球形(体)	1.000	
八面体	0.847	
正方体	0.806	石榴子石
长方体 $L \times L \times 2L$	0.767	
$L \times 2L \times 3L$	0.725	
圆柱体 $h = 3r$	0.860	
$h = 10r$	0.691	
圆盘体 $h = r$	0.827	
$h = r/10$	0.323	
类球形颗粒	0.817	河砂、烟尘、金属粉末等
多角形颗粒	0.655	矿粒、煤粒、石英砂等
片状颗粒	0.534	石墨粉、滑石粉、石膏粉等
薄片状颗粒	0.216	云母等

在同一分离条件下

$$v_a = \psi v_b \qquad (0-3)$$

式中：v_a——实际颗粒沉降速度；

v_b——球形颗粒沉降速度。

实际颗粒的沉降速度要小于球形颗粒的沉降速度。

生产实践中，旋流器处理的固体物料多为非球形的实际颗粒。由式(0-3)可以看出，实际颗粒的形状与球形相差越大，则其沉降速度越小，对分离的结果影响越大。

二、密度

单位体积物质(固体颗粒)的质量称为该物质的密度。

密度有真密度和假密度(堆密度)之分。真密度是指单位体积致密物质(固体颗粒)的质量，对某一特定物质而言其值不变，例如，石英是 $2659 \ kg/m^3$(工程上常用 $2.65 \ t/m^3$)；假密度是指单位体积松散物质(固体颗粒)的质量，对某一特定物质而言，其值随其粒度大小、粒度组成、颗粒形状、堆积方式的不同而不同。在分离工程中，固体颗粒的真密度决定其运动方向，影响其沉降速度和分离效果，假密度决定其堆积体的体积，影响其基本投资和建设。真密度同假密度之间的关系为：

$$\delta_p = \delta(1 - \varepsilon_v) \qquad (0-4)$$

式中：δ、δ_p——真密度和假密度；

ε_v——固体颗粒间的空隙率。

固体颗粒堆积体的空隙率同其堆积方式和球形度间的关系见图0-1。

自然界中的固体颗粒群，特别是经过机械破碎或粉碎

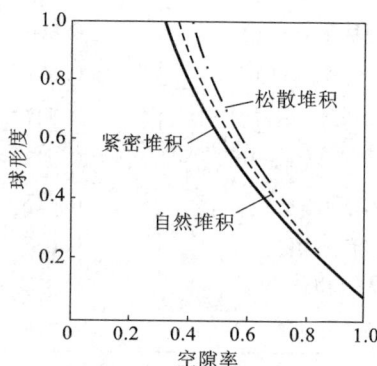

图0-1 固体颗粒堆积体的空隙率同其堆积方式和球形度间的关系

作用的矿粒或其他粉体，通常其粒级较大，形状各异，粒度（粒级）与其质量间往往有一定的比例关系，如果其比例恰当，则可使其堆积体的空隙率最小，假密度最大，单位质量固体颗粒堆积体占有的体积最小。

　　一般来讲，固体颗粒堆积体的假密度没有定值，它是空隙率的函数，而空隙率又同其颗粒粒度、颗粒形状、颗粒组成和堆积方式有关，故工程设计中必须根据用户要求由试验结果而定。

　　对于特定的物质，其真密度均为定值，前人已就自然界中大多数物质的真密度进行了测定，用时可找相应的参考书查阅。

三、粒度

　　粒度是指特定固体颗粒的大小。自然界中特别是经过机械粉碎和天然风化作用的固体物料，由于其形状的不规则性，常用当量直径表示其大小。当量直径是指固体颗粒本身具有和球体性质相同（体积相同、表面积相同、沉降速度相同等）的球体直径。固体物料粒度的测定方法（特别是粉体物料），常用的有筛分分析法、水力（沉降）分析法和显微镜观测法，工业生产中多用激光粒度测定法进行在线粒度测定。当量直径根据其含义有体积当量直径、面积当量直径和沉降速度当量直径三种，分别为：

$$d_\ni \approx 1.24 \sqrt[3]{v_b} \qquad (0-5)$$

$$d_\ni \approx 0.56 \sqrt[2]{s_b} \qquad (0-6)$$

$$d_\ni \approx 0.14 \sqrt[2]{\frac{v_o}{(\delta-1)}} \qquad (0-7)$$

式中：v_b、s_b、v_o——分别为同球体的体积、表面积和沉降速度（在常温水中相同的固体颗粒的体积、表面积和沉降速度）；

　　　　δ——固体颗粒的密度。

应当指出,沉降速度当量直径计算均用斯托克斯(Stokes)定律,因为它适用于细粒级和微细粒级颗粒的自由沉降。

在分离工程的产物粒度检测过程中,筛分分离多用体积当量直径,显微镜观测多用面积当量直径,水力(气力)分离多用沉降速度当量直径。

分离粒度 d_{50} 和中值粒度 d'_{50} 亦系当量直径,前者指分离过程中进入沉砂和溢流中概率相等的颗粒粒度,后者指筛析或水析的粒度特性曲线上同产率50%相对应的颗粒粒度。

工业生产中常用分级粒度 d_m(最大粒度)表示分离产物或粉体物料的粗细程度。分级粒度国内是用95%产物通过的筛孔尺寸表示,国外特别是西方国家是用97%~99%产物通过的筛孔尺寸表示。细度也是衡量分离产物或粉体物料粒度的技术指标,它同分级粒度的区别是用小于某特定粒级的含量表示,例如,-0.074 mm(-200 目)65%,-0.044 mm(-325 目)70%等。根据工程需要和某些特殊材料的具体要求,有时还采用 -5 μm 或 -10 μm 粒级的含量表示。标准筛的目数与其粒径的对应关系列于表0-2。通常,就一般的分离工程而言,用得最多的是 -200 目含量,特别是生产监控、工程设计和流程改进的工艺计算。-200 目含量与其相应粒度的对应关系见图0-2。

在分离效率的评定和设备的选择计算过程中,还会用到 d_{25}、d_{75}、d_{10} 和 d_{90} 4 个特定粒度,它们分别表示粒度特性曲线上同其产率为25%、75%、10%和90%相对应的颗粒粒度。为了便于理解和在工程计算过程中的具体应用,现将分级粒度 d_m、中值粒度 d'_{50}、d_{25}、d_{75}、d_{10} 和 d_{90} 一并绘于图0-3。

表 0 - 2　标准筛目数与其粒径的对应关系

目数	粒径/μm	目数	粒径/μm	目数	粒径/μm	目数	粒径/μm	备　　注
2.5	7925	12	1397	60	246	325	44	目前世界各国
3	6680	14	1168	65	208	400	37	试验用筛制均已
3.5	5613	16	991	80	175	425	33	标准化,但实际
4	4699	20	833	100	147	500	25	工作中常沿用泰
5	3962	24	701	115	124	625	20	勒标准,泰勒筛
6	3327	28	589	150	104	800	15	的基筛是 200 目
7	2794	32	495	170	88	1250	10	(74 μm),主筛比
8	2362	35	417	200	74	2500	5	$\sqrt{2} \approx 1.414$,辅筛
9	1981	42	351	250	63	6250	2	比 $\sqrt[4]{2} \approx 1.189$
10	1651	48	295	270	53	12500	1	

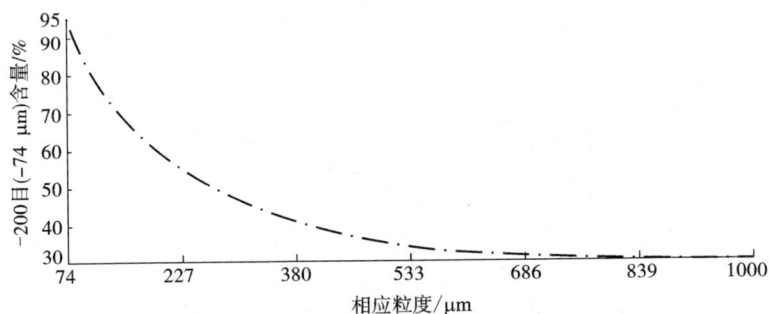

图 0 - 2　 - 200 目(- 74 μm)含量与其相应粒度的关系

　　粒级是指颗粒群体或粉体物料的粒度范围。经过粉碎作用或天然风化的固体颗粒群,各粒度(粒级)与其相应含量间往往有分配关系,这种分配关系称为物料的粒度特性或粒度分布。表征物料粒度特性的方法有两种,一种是粒度特性表,见表 0 - 3;一种是粒度特性曲线,见图 0 - 4。粒度特性曲线根据粒度特性表中的

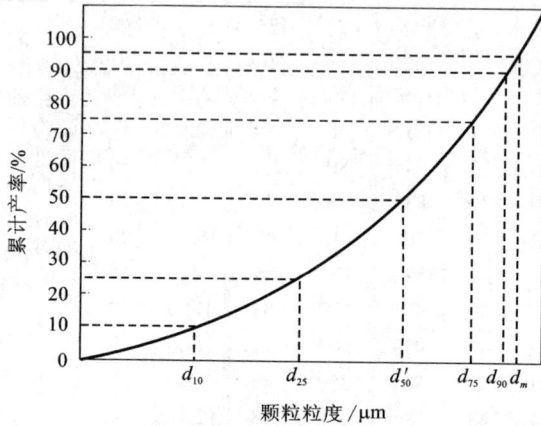

图 0 - 3　特定颗粒粒度示意图

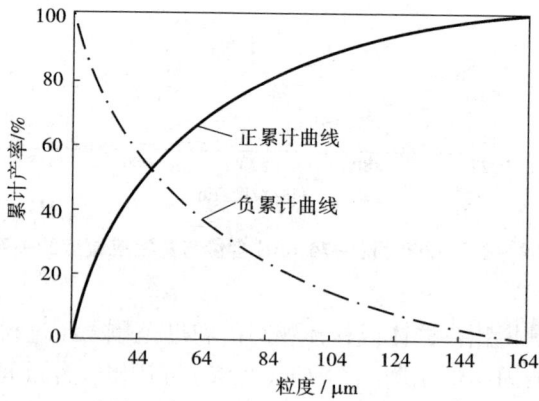

图 0 - 4　粒度特性曲线

数据绘制而成，能很直观形象地表示分离产物的粒度分布关系，在生产实践和工程设计中被广泛应用。根据工程设计和效率评定的需要，可以很方便地从粒度特性曲线上查到大于或小于某一特定(需要)粒级的含量。

表 0 - 3　某铁矿旋流器分级溢流产物粒度特性

目数	粒度/μm	产率/%	正累计/%	负累计/%	备　　　注
110	150	4.50	4.50	100	该铁矿的矿石密度：
115	124	11.11	15.61	95.50	$\delta = 3250 \ \mathrm{kg/m^3}$
170	88	9.68	25.29	84.39	
200	74	8.67	33.96	74.71	
250	61	21.04	55.00	66.04	
325	44	22.00	77.00	45.00	
	-44	23.00	100	23.00	
合计		100			

根据目前旋流器分离物料的生产实践，自然界和人工粉碎的粉体或粒状物料粒度大致情况详见图 0 - 5。

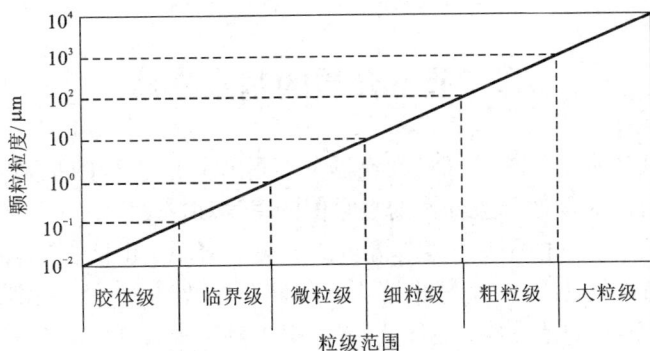

图 0 - 5　颗粒粒级的基本分类

目前对于胶体级和临界级旋流器还比较难以处理；对微粒级特别是 1~5 μm，可用超细型水力旋流器或离心旋流分离器进行分离；对于微粒级特别是 5~10 μm，宜用特种形式的小直径长锥体或小直径长筒体旋流器，在高压力稀浓度的条件下进行分离；对细粒级特别是 10~74 μm，宜用小直径或中小直径的标准型旋流器，在高压力稀浓度条件下进行分离；对粗粒级特别是 74~300 μm，宜用大直径或特大直径的标准型旋流器，在常规条件下进行分离；对大粒级特别是大于 300 μm 的物料多用筛分方法或直接测量方法进行分离。诚然，上述粒级分类和各种旋流器分离的粒度范围是相对的，随着科学技术的发展和新型旋流器的研制及应用，其分离粒度的范围还会不断变化。

四、表面物理化学性质

固体颗粒的表面物理化学性质是指电性、磁性、吸附性、润湿性、化学反应、布朗运动等。当它们同液相组成两相流体时，将对其黏度、流变性和稳定性有很大影响，从而影响其分离过程的顺利进行及其分离结果，特别是对微粒级和临界级物料的分离。

第二节　介质的基本性质

液相水和气相空气是旋流器分离过程赖以进行的主要介质，影响它们流动性和流变性的是它们的密度和黏度。

通常，液相水的密度随温度的升高而降低，但降低的幅度很小；黏度随温度的升高也降低，但降低的幅度很大，特别是在 0℃到 50℃的范围内，见图 0－6。例如液相水在 0℃ 和 24℃时的密度和黏度分别为 999.9 kg/m^3、0.001792 Pa·s、997.2 kg/m^3 和 0.000914 Pa·s，当温度从 0℃升高到常温 24℃时，密度只降低 0.27%，而黏度则降低 48.99%；当温度从 24℃ 升高到 50℃ 时，密度只降低 0.91%，而黏度则降低 40.00%。故加热是降低水、水溶液和由水同固体物料组成的两相流体黏度的比较有效而又经济的方法，也是改善分离条件的有效措施之一。

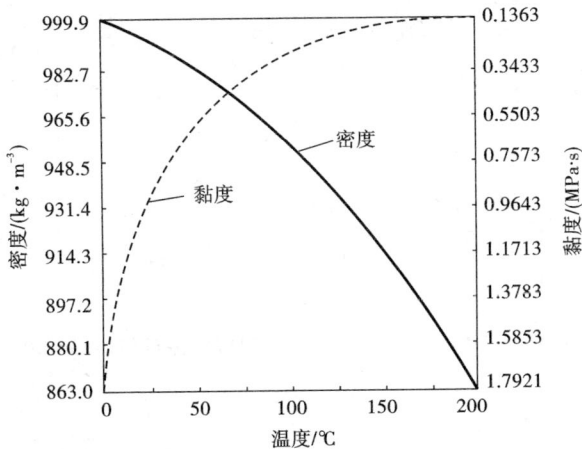

图 0-6 水的密度、黏度同温度的关系

通常，气相空气（101.33 kPa 压力下的干空气）的密度随温度的升高而降低，黏度则随温度的升高而升高，但升降的幅度都相对比较平稳，见图 0-7。例如，干空气在 0℃ 和 24℃ 时的密度和黏度分别为 1.293 kg/m³、1.720 × 10⁻⁵ Pa·s 和 1.191 kg/m³、1.830 × 10⁻⁵ Pa·s。当温度由 0℃ 升高到常温 24℃ 时，密度降低 7.88%，黏度升高 6.40%；当温度由 24℃ 升高到 50℃ 时，密度降低 8.22%，黏度升高 7.10%。故在干式分离工程中，环境温度对其分离过程的影响不甚明显。

空气亦即大气，它是由多种气体组合而成的混合体。在人类活动的范围，在地球的任何地方，干净空气的组分是一样的，其

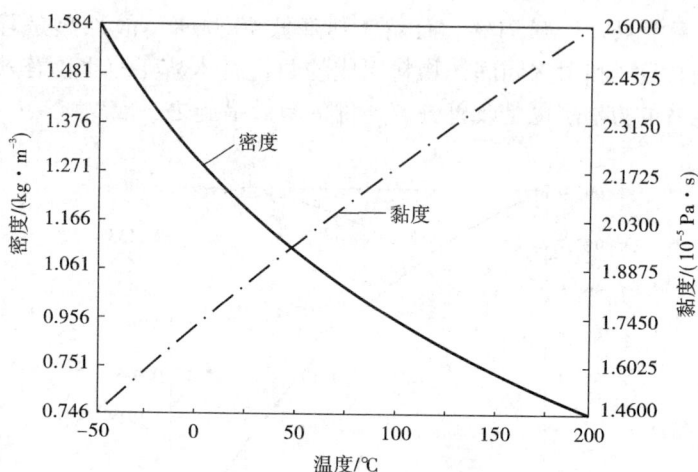

图 0-7   干空气的密度、黏度同温度的关系(101.33 kPa)

主要成分见表 0-4。

表 0-4   干净空气的主要成分

成分	分子量	体积浓度/%	质量浓度/%
氮气 N_2	28	78.09	75.53
氧气 O_2	32	20.94	23.14
氩气 Ar	40	0.93	1.28
二氧化碳 CO_2	44	0.03	0.05

绝对干净的空气地球表面是没有的。通常,空气中都含有一定量的水分(水蒸气),其含量同其所处环境的海拔、温度、湿度、压力等因素有关。另外,空气中还含有悬浮的微粒尘埃,一

般情况下浓度很低，对其物理化学性质的影响可以忽略不计。

空气和水都是流体，流体不论处于静止状态还是流动状态，对其器壁都要产生压力，就任一系统的任一点而言，其能量（总压力）总是等于其静压和动压之和。

流体的流动主要由其压力差引起，计算流体压力的单位曾用的有两种：以纬度45°的海平面测得的常年平均压力760 mmHg为标准大气压；以 1 kgf/cm^2 测得的压力为工程大气压，它们同目前国际单位 Pa、kPa 和 MPa 之间的关系是：

$$1 \text{ 标准大气压} = 1 \text{ atm} = 760 \text{ mmHg}$$
$$= 1.0332 \text{ kgf/cm}^2$$
$$= 10332 \text{ kgf/m}^2 (10332 \text{ mmH}_2\text{O})$$
$$= 101325 \text{ Pa} (101325 \text{ N/m}^2)$$
$$= 101.325 \text{ kPa} = 0.101325 \text{ MPa}$$
$$1 \text{ 工程大气压} = 1 \text{ kgf/cm}^2 = 735.6 \text{ mmHg}$$
$$= 10000 \text{ kgf/m}^2 (10000 \text{ mmH}_2\text{O})$$
$$= 98066.5 \text{ Pa} (98066.5 \text{ N/m}^2)$$
$$= 98.066 \text{ kPa} \approx 0.1 \text{ MPa}$$

$(1 \text{ mmH}_2\text{O} = 1 \text{ kgf/m}^2 = 9.8066 \text{ Pa})$

工程上多用后者。

第三节　两相流体的主要性质

两相流体是由固相和液相或固相和气相与密度不同而又互不相溶的两种液相组成，它们的主要性质取决于两相原有的性质及其基本配比。两相流体的主要性质是指其物理性能的浓度、密度和黏度，它们既影响分离过程和分离结果，又是工艺计算、设备选择和工程设计过程中不可缺少的原始资料。

一、浓度

表征两相流体或浆体浓度的方法有多种,分离工程或旋流器分离工艺中应用最多的是质量浓度和体积浓度。质量浓度是指单位质量浆体中固体的质量;体积浓度是指单位体积浆体中固体的体积。其数学表达式分别为:

$$c_w = \frac{m_s}{m} = \frac{m_s}{m_s + m_1} \tag{0-8}$$

$$c_v = \frac{V_s}{V} = \frac{V_s}{V_s + V_l} \tag{0-9}$$

式中:c_w,c_v——分别表示浆体的质量浓度和体积浓度,%;

m,m_s,m_1——分别表示浆体、固体和液体的质量;

V,V_s,V_1——分别表示浆体、固体和液体的体积。

当两相流体中的固体和液体的密度已知时,则其质量浓度和体积浓度的计算方法分别为:

$$c_w = \frac{\delta c_v}{\rho + c_v(\delta - \rho)} \tag{0-10}$$

$$c_v = \frac{\rho c_s}{\delta + c_s(\rho - \delta)} \tag{0-11}$$

式中:δ,ρ——分别表示固体和液体的密度。

在流程计算特别是矿浆的数量质量流程计算和旋流器给矿泵的选择计算中,还用到液固比(稀度)和固液比(稠度)两个反映浓度的技术指标。液固比是指矿浆中液体质量与固体质量之比;固液比是指矿浆中固体质量与液体质量之比,其数学表达式分别为:

$$R_w = \frac{m_1}{m_s} \tag{0-12}$$

$$R'_w = \frac{m_s}{m_1} \tag{0-13}$$

　　应该指出，在某些特殊的工艺计算中，不但用到质量液固比和质量固液比，而且还可能用到体积液固比和体积固液比，可参考表 8 – 1 中的相应公式进行计算。

二、密度

　　单位体积浆体的质量称为浆体的密度，同固体的密度一样，国际单位是 kg/m³，工程单位常用 t/m³ 表示。当组成两相流体的固体和液体密度已知时，则浆体（两相流体）密度的计算方法是：

$$\rho_m = c_v(\delta - \rho) + \rho \qquad (0 - 14)$$

或
$$\rho_m = \frac{\rho\delta}{\delta - c_w(\delta - \rho)} = \frac{\rho\delta}{\rho c_w + \delta(1 - c_w)} \qquad (0 - 15)$$

　　旋流器分离工程中的两相流体，多为水和粉状或粒状固体物料组成，为了方便起见，前人已将不同密度的固体物料在不同浓度下的浆体密度绘制成图形，见第七章图 7 – 5。根据工艺计算的要求和工程设计的需要，可以参阅该图选用。

三、黏度

　　两相流体亦属流体。流体在流动过程中，相邻流层间会产生内摩擦力亦即切应力，阻止其相对运动，该切应力的大小正比于相邻流层间的速度梯度，其数学表达式为：

$$\tau = \mu \frac{\mathrm{d}v}{\mathrm{d}x} \qquad (0 - 16)$$

式中：τ——切应力；

　　μ——黏度，亦即动力黏度；

　　$\dfrac{\mathrm{d}v}{\mathrm{d}x}$——相邻流层间的速度梯度。

　　式（0 – 16）是著名的牛顿定律，实践表明，牛顿定律只适用于水和稀水溶液的均质浆体。凡符合牛顿定律的流体称为牛顿流体,否则为非牛顿流体。黏度是流体的一种流变特性,它反映流体的黏稠程度,说明流体在流动时相邻流层间内摩擦力的大小,不同的流体有不同的黏度。流体黏度 μ 标准的规定是:把两块面积为 1 m^2、间距为 1 m 的平板浸入液体中施加 1 N 的力于两板间并使其产生 1 m/s 的相对运动,则此液体的黏度 $\mu = 1$ Pa·s。

　　动力黏度与流体密度之比称为该流体的运动黏度,其表达式为:

$$v = \frac{\mu}{\rho} \qquad (0-17)$$

　　流体黏度和运动黏度在分离工程和其他工程技术中均有广泛的应用。

　　影响浆体黏度的主要因素有浆体浓度、颗粒粒度和颗粒形状。

　　(1)浆体浓度。当浆体由固体和液体(特别是水)组成时,其黏度(表观黏度)随着浓度的增加而增大。对体积浓度 $c_v < 4\%$ 的稀浆体,Einstein 在颗粒同介质、颗粒同颗粒之间无相互作用的前提下,导出的黏度计算式是:

$$\mu_m = \mu_o(1 + 2.5c_v) \qquad (0-18)$$

式中: μ_o ——介质黏度;

　　　　c_v ——浆体的体积浓度。

　　对高浓度浆体,由于颗粒间的相互作用对浆体的流动性和流变性有较大影响,托马斯导出的黏度计算式为:

$$\mu_m = \mu_o[1 + 2.5c_v + 10.5c_v^2 + 0.00273\exp(16.6c_v)] \qquad (0-19)$$

　　对于一般粒级固体物料同水组成的浆体,为了便于应用,笔者根据托马斯公式就其黏度与其体积浓度的关系绘制成曲线图,见第七章图 7-7,用时可以查阅。

　　(2)颗粒粒度。在相同的条件下,颗粒粒度越细则其黏度越大。就水同不同粒度颗粒组成的浆体而言,在同一浓度条件下黏度变化关系可见第七章图 7 – 8。颗粒粒度(细度)对浆体黏度的影响,对临界级、微粒级和细粒级的分离过程更为明显。

(3)颗粒形状。对规则的球体而言,浆体的黏度是介质流经颗粒时流线受到干扰形成的;对非规则的颗粒而言,介质流经颗粒时不但会使颗粒发生转动,而且还会使颗粒之间发生相互的作用,从而消耗额外能量,使其黏度大大增加。就棒形颗粒而言其浆体的黏度为:

$$\mu_m = 1 + (2.5 + J_o^2/16)c_v \qquad (0-20)$$

式中:μ_m——浆体黏度;

$\quad\quad J_o$——颗粒的长轴与短轴之比;

$\quad\quad c_v$——浆体体积浓度。

一般说来,如果组成浆体的固体颗粒形状越不规则,即同球体的差别越大,则其浆体的黏度越高(图 0 – 8),从而对水力旋流器的分离效果影响就越大。

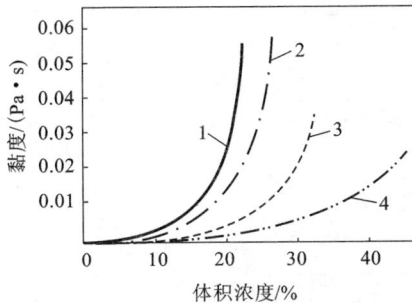

图 0 – 8　颗粒形状对浆体黏度的影响

1—棒形;2—扁平形;3—砾形;4—球形

参考文献

［1］袁惠新，冯骉. 分离工程［M］. 北京：中国石化出版社，2002.

［2］选矿设计手册编委会. 选矿设计手册［M］. 北京：冶金工业出版社，1988.

［3］杨守志，孙德堃，何方箴. 固液分离［M］. 北京：冶金工业出版社，2003.

［4］卢寿慈. 工业悬浮液——性能、调制及加工［M］. 北京：化学工业出版社，2003.

［5］庞学诗. 选矿厂辅助设备［M］. 长沙：中南工业大学，1989.

［6］杨小生，陈荩. 选矿流变学及其应用［M］. 长沙：中南工业大学出版社，1995.

［7］郑水林. 超细粉碎工艺设计与设备手册［M］. 北京：中国建材工业出版社，2002.

［8］刘爱芳. 粉尘分离与过滤［M］. 北京：冶金工业出版社，1998.

第一章　涡流运动理论基础

　　涡流即旋涡，是自然界中流体运动的基本形式之一，在日常生活和工程技术中经常见到。例如，江河急流中的旋涡，大物体在静止水中沉降时尾部的旋涡，水从容器底孔中流出时水面的漏斗状旋涡，汽车高速行驶过后的旋风，自然界中的旋风和龙卷风，搅拌槽中矿浆的涡流及旋风集尘器中流体的旋转运动等。

　　水力旋流器的分离过程，就是流体旋涡的产生、发展和消失的过程。因此，在研究水力旋流器分离原理和工艺计算方法之前，简要介绍流体旋涡运动的基础知识十分必要。

　　涡流运动就是流体的旋转运动。根据流体在旋转运动时质点有无自转的现象，将其分为自由涡运动和强制涡运动两大类。自由涡运动亦称为无涡或无旋运动，凡流体质点无围绕自身瞬时轴线旋转的运动称为自由涡运动。自由涡运动的标志是角速度矢量为零，即 $\omega = 0$。强制涡运动亦称为有涡或有旋运动，凡流体质点有围绕自身瞬时轴线旋转的运动称为强制涡运动，强制涡运动的标志是角速度矢量不为零，即 $\omega \neq 0$。

　　强制涡运动是旋涡运动的主要形式，自由涡运动只有在理想的流体中才能实现。具有黏性的实际流体不会形成真正的自由涡，但当其黏性对运动影响很小以至忽略不计时，才能把实际流体按自由涡处理。实际流体是有黏性的，而黏性对旋涡的形成和发展有决定性的作用。

　　在自然界和工程技术中，还经常见到中心为强制涡而外围为自由涡的组合涡运动和涡流与汇流组成的螺线涡运动等。例如，自然界中的龙卷风和水力旋流器中的流体运动等。

　　流体在运动过程中形成旋涡的内在原因是黏性和压差。黏性使运动流体在相邻流层间产生切应力(即内摩擦力),从而出现速度差。速度较慢流层作用于速度较快流层的切应力是阻止快层前进的阻力,其方向与流动方向相反;而速度较快流层作用于速度较慢流层的切应力是加速慢层前进的动力,其方向与运动方向相同,从而在流层间产生切应力力偶,促使其间流层质点的转动,形成旋涡运动。流体在运动过程中由于各种原因总会产生波动,在波峰,流层的流束伸长,断面缩小,流速增大;在波谷,流层的流束缩短,断面增大,流速减小。按照伯努利原理,流速大的区域压力小,而流速小的区域压力大,从而在峰谷间产生压力差,形成压差力偶,促使其间流体质点的转动,诱发旋涡形成。

　　自然界中流体的旋涡运动,对人类的生活环境和物质生产有利也有害,人类总是利用其有利方面造福于人类。在工程技术中,根据工艺要求和技术需要往往人为地造成旋涡运动,如水力旋流器和旋风集尘器中流体的旋涡运动就是明显的例证。

　　本章根据水力旋流器分离过程和工艺计算的需要,简单介绍流体旋涡运动的基础理论,即流体在各种旋涡运动时,速度与压力分布的基本规律及其有关实例。

第一节　涡线、涡管和涡强

　　表征流体旋涡运动的量是角速度,正如速度矢量一样,角速度也是矢量,可用描述速度矢量的方法来描述角速度矢量。

　　涡线是涡场中的一条光滑的曲线,在任何时刻涡线上各点的切线方向与该点的角速度矢量相重合,见图1-1。很明显,涡线就是流体质点的瞬时转动轴线。由一组涡线构成的管状表面称为涡管,见图1-2。

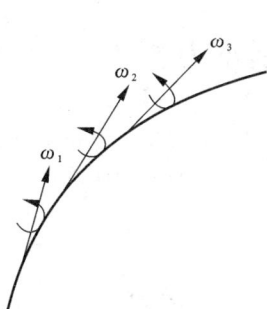

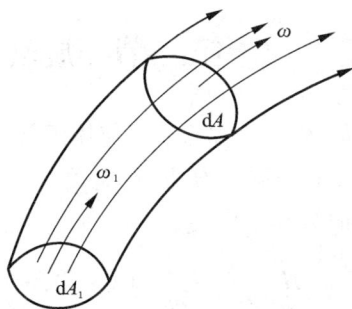

图 1 - 1 涡线   图 1 - 2 涡管

涡管中涡线的总体称为涡束或元涡,单位面积上的涡束称为涡强,用下式表示:

$$\Omega = 2\omega \qquad (1-1)$$

式中:Ω——涡强;

ω——角速度。

涡管断面与涡强的乘积称为涡通量。如图 1 - 2 所示,微元涡管和有限涡管的涡通量分别为:

$$\mathrm{d}J = \Omega\mathrm{d}A = 2\omega\mathrm{d}A \qquad (1-2)$$

$$J = \int\mathrm{d}J = \int_{A}\Omega\mathrm{d}A = \int_{A}2\omega\mathrm{d}A \qquad (1-3)$$

应该指出,涡线与流线的区别就在于涡线是由角速度矢量构成,流线是由线速度矢量构成。

在有势质量力作用下的理想流体,自由涡始终是自由涡,强制涡始终是强制涡,两者不能互相转换。实际流体由于其黏性作用,可以使没有旋涡的流体产生旋涡,亦可使原有的旋涡削弱甚至消失。因此,实际流体的运动情况要比理想流体复杂得多。

第二节　旋转流基本方程

如图 1 - 3 所示,当流体围绕垂直轴线作旋转运动时,在其半径 r 处取一宽度为 dr 和厚度为 dz 的长方形流管,则同一水平面上的伯努利方程为:

$$H_b = \frac{p}{\rho g} + \frac{u_t^2}{2g} \quad (1-4)$$

式中: H_b——总水头;

　　　 p——半径 r 处压力;

　　　 ρ——流体密度;

　　　 u_t——半径 r 处切线速度;

　　　 g——重力加速度。

将方程(1 - 4)对半径 r 微分得:

$$\frac{dH_b}{dr} = \frac{1}{\rho g}\frac{dp}{dr} + \frac{u_t}{g}\frac{du_t}{dr}$$

$$(1-5)$$

图 1 - 3　旋转流运动

从方程(1 - 5)可以看出,在旋转运动流体中,沿径向总水头的变化率与径向的压力和速度的变化率有直接关系。

就微元体积 $drdzds$ 流体而言,当作用于该体积上的力和离心力相平衡时,沿径向的外力之和为零:

$$pdsdz - (p - dp)dsdz + \rho drdsdz \frac{u_t^2}{r} = 0$$

即

$$dpdsdz = \rho drdsdz \frac{u_t^2}{r}$$

上式两端各除以 $drdsdz$,则得:

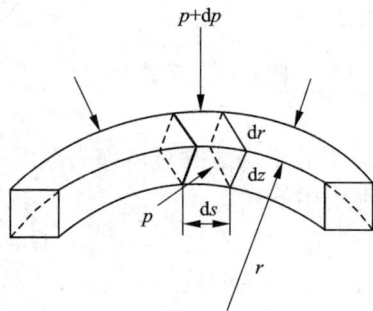

$$\frac{\mathrm{d}p}{\mathrm{d}r} = \rho\,\frac{u_t^2}{r} = \rho\omega^2 r \tag{1-6a}$$

或

$$\mathrm{d}p = \rho u_t^2\,\frac{\mathrm{d}r}{r} = \rho\omega^2 r\,\mathrm{d}r \tag{1-6b}$$

将方程(1-6a)代入方程(1-5)则得：

$$\frac{\mathrm{d}H_b}{\mathrm{d}r} = \frac{u_t}{g}\frac{\mathrm{d}u_t}{\mathrm{d}r} + \frac{1}{g}\frac{u_t^2}{r} \tag{1-7a}$$

$$\mathrm{d}H_b = \frac{u_t}{g}\mathrm{d}r\left(\frac{\mathrm{d}u_t}{\mathrm{d}r} + \frac{u_t}{r}\right) \tag{1-7b}$$

方程(1-7a)，方程(1-7b)是旋转运动流体的微分方程，它反映出旋转运动流体在运动过程中的能量变化规律。方程(1-7a)、方程(1-7b)也是旋转运动流体的基本方程，在不同的条件下，可以导出不同旋转运动流体的基本规律——速度和压力沿径向的分布规律。

第三节　自由涡运动

自由涡运动的主要特征是角速度矢量等于零，即 $\omega = 0$，即流体质点在全部运动过程中，只有围绕主轴的公转，而无围绕自身瞬时轴线的自转。自由涡是势涡，是没有外部能量补充的圆周运动，即 $\mathrm{d}H_b = 0$。根据基本方程(1-7)有：

$$\frac{u_t}{g}\mathrm{d}r\left(\frac{\mathrm{d}u_t}{\mathrm{d}r} + \frac{u_t}{r}\right) = 0$$

很明显，$\dfrac{u_t}{g}\mathrm{d}r \neq 0$，那么只有：

$$\frac{\mathrm{d}u_t}{\mathrm{d}r} + \frac{u_t}{r} = 0$$

或

$$\frac{\mathrm{d}u_t}{u_t} + \frac{\mathrm{d}r}{r} = 0$$

积分上式得：　　　　　　　　$\ln u_t r = C(\text{常数})$

即　　　　　　　　　　　　　$u_t r = C$　　　　　　　　　$(1-8a)$

或　　　　　　　　　　　　　$u_t = \dfrac{C}{r}$　　　　　　　　$(1-8b)$

　　方程$(1-8)$说明，流体呈自由涡运动时，其质点的切线速度与其旋转半径成反比，或切线速度与其旋转半径成双曲线规律变化。随着旋转半径的减小而切线速度越来越大，当$r=\infty$，即无限远处，$u_t=0$；当$r=0$，即涡核处，$u_t=\infty$。但$u_t=\infty$的现象实际上不会实现，因为当旋转半径减小到一定程度时，切线速度就不遵从$u_t r = C$的规律（详见强制涡运动部分）。

　　自由涡运动过程中的压力分布，可由方程$(1-6a)$积分求得，即将方程$(1-8)$代入方程$(1-6a)$经过积分得：

$$p = -\frac{\rho}{2}\frac{C^2}{r^2} + C' = -\frac{\rho u_t^2}{2} + C'$$

　　当$r=\infty$时，$u_t=0$，其压力应为无限远处的压力，用p_∞表示，则其积分常数$C'=p_\infty$。再将C'代入上式，则得自由涡运动流体沿径向的压力分布：

$$p = p_\infty - \frac{\rho}{2}\cdot\frac{C^2}{r^2} \qquad (1-9a)$$

或　　　　　　　　　　　$p = p_\infty - \dfrac{\rho u_t^2}{2}$　　　　　　$(1-9b)$

亦即　　　　　　　　　　$h = H_b - \dfrac{u_t^2}{2g}$　　　　　　　$(1-10a)$

或　　　　　　　　　　　$h = H_b - \dfrac{C^2}{2gr^2}$　　　　　　$(1-10b)$

式中：p——自由涡任一半径处压力；

　　　　p_∞——自由涡无限远处压力。

　　如果将方程$(1-10a)$、方程$(1-10b)$中的纵坐标由原点上移H_b时，则该方程为：

$$-h = \frac{u_t^2}{2g} \qquad (1-11\text{a})$$

或

$$-h = -\frac{C^2}{2gr^2} \qquad (1-11\text{b})$$

式中：h——自由涡任一半径处压头。

方程$(1-11)$是自由涡运动流体的自由面方程，式中轴向距离 h 和径向距离 r 均是变量，故其自由涡运动流体的自由面，从二维的平面看为一双曲线，从三维的空间看为以该双曲线旋转所形成的双曲面。

从方程$(1-10\text{b})$看出，当 $r = \infty$ 时，$u_t = 0$ 和 $h = H_b$，说明距涡核非常远的地方，自由涡运动流体的自由面是水平面；当 $r = r_m$ 时（即由自由涡运动向强制涡运动过渡时的过渡区），$u_t = u_{mt}$（最大切线速度），由伯努利原理可知其 $r = r_m$ 处的压力最小，或者说自由涡运动流体由无限远到 r_m 处的压力降最大；当 $r < r_m$ 时，为强制涡运动，其速度和压力将按强制涡运动规律分布。

自由涡运动流体的速度和压力沿径向分布的基本规律见图 $1-4$。

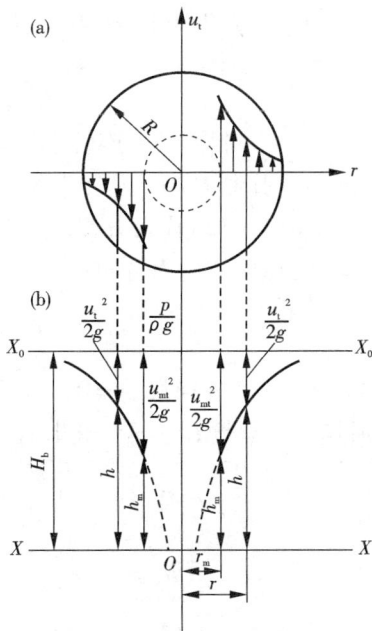

图 1-4 自由涡运动的速度和压力分布的基本规律

（a）速度分布；（b）压力分布

第四节　强制涡运动

强制涡运动的主要特征是角速度矢量不等于零，即 $\omega \neq 0$。流体质点在运动过程中，不但有围绕主轴的公转，而且还有围绕自身瞬时轴线的自转。强制涡运动是在外力连续作用下形成和发展的流体旋转运动。理想流体作强制涡运动时，同刚体的转动很相似，即流体质点的切线速度与其旋转半径成正比：

$$u_{ct} = \omega r_c \qquad (1-12a)$$

又因 ω 是等角速度，则方程(1-12a)亦可写成：

$$\frac{u_{ct}}{r_c} = C \qquad (1-12b)$$

式中：u_{ct}——强制涡任一旋转半径的切线速度；

r_c——强制涡任一旋转半径。

将方程(1-12)代入方程(1-6)并经过积分，可得到强制涡运动流体沿径向的压力分布：

$$p_c = \frac{\rho}{2}\omega^2 r^2 + C'' = \frac{\rho}{2}u_{ct}^2 + C''$$

当 $r_c = 0$(涡核)时，$\omega = 0$，其压力应为涡核处压力，用 p_{co} 表示，则其积分常数 $C'' = p_{co}$，将其代入上式则得：

$$p_c = \frac{\rho}{2}\omega^2 r_c^2 + p_{co} = \frac{\rho}{2}u_{ct}^2 + p_{co} \qquad (1-13a)$$

或

$$h_c = h_{co} + \frac{\omega^2 r_c^2}{2g} = h_{co} + \frac{u_{ct}^2}{2g} \qquad (1-13b)$$

式中：h_c——强制涡任一半径处压头；

h_{co}——强制涡涡核处压头。

强制涡运动流体的速度和压力沿径向分布的基本规律见图1-5。正如图1-5所示，如果将其坐标原点沿轴向上移动 h_{co}

时，则有：

$$h_c = \frac{\omega^2 r_c^2}{2g} \qquad (1-14a)$$

或

$$h_c = \frac{u_{ct}^2}{2g} \qquad (1-14b)$$

　　从方程(1-14)可以看出，强制涡运动流体的自由表面是一个旋转抛物面。从图1-5可以看出，h_c表示强制涡任一半径处的水平面高出原坐标 XOX 的距离。h_c 的大小取决于强制涡运动流体的切线速度，即同其切线速度的平方成正比。

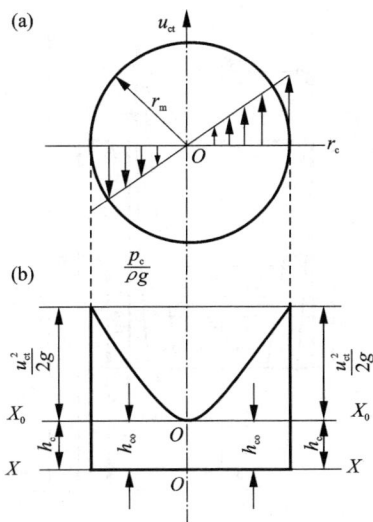

图 1-5　强制涡运动的速度和压力分布

(a)速度分布；(b)压力分布

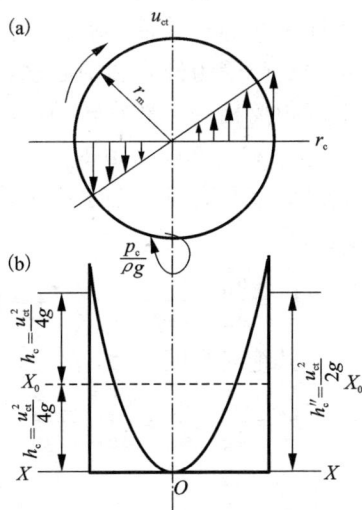

图 1-6　强制涡运动特例

(a)速度分布；(b)压力分布

　　图1-6是强制涡运动的特例。当盛水圆筒以等角速度 ω 围绕其轴线旋转时，其筒内的水面现象就是强制涡运动。当圆筒旋

转时，筒内中心水面下降，周边水面上升，即筒内水面不在原来静止的水面 X_0X_0 平面上，而是下降了一个距离。转速越大，则周边水面的上升和中心水面的下降距离越大。这个上升或下降的距离，可用旋转前后流体体积不变的原则来确定，即根据抛物线旋转体体积等于同底同高圆柱体体积一半的数学性质求出。相对于原来的静止水面，旋转时筒内水面沿筒壁的升高和中心水面的下降距离相等。当旋转圆筒的半径为 r_c 和角速度为 ω 时，筒内水面沿筒壁升高或中心水面下降的距离为：

$$h_c = \frac{u_{ct}^2}{4g} = \frac{\omega^2 r_c^2}{4g} \quad (1-15)$$

其绝对高度：

$$h_c'' = \frac{u_{ct}^2}{4g} + \frac{u_{ct}^2}{4g} = \frac{u_{ct}^2}{2g} = \frac{\omega^2 r_c^2}{2g} \quad (1-16)$$

例题 1-1 如图 1-7 所示，有高 1 m，直径 0.8 m，盛水水深为 0.4 m 的密封圆筒，当其围绕中心轴线的转速 $\omega = 150$ r/min 时，A、B 两点的压力是多少？若筒口无盖，则水面应该比原水面

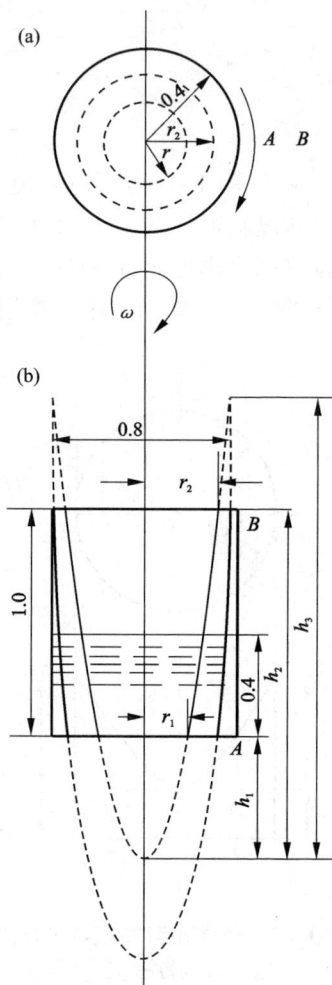

图 1-7 强制涡运动实例

（a）速度分布；（b）压力分布

高出多少?

解 $\omega = 150\ \text{r/min} = 5\pi\ \text{rad/s}$

按方程(1 – 14a)则有:

$$h_3 = \frac{\omega^2 r_c^2}{2g} = \frac{25\pi^2 (0.4)^2}{2 \times 9.81} \approx 2\ (\text{m})$$

又因水在密封筒中旋转,其体积不发生变化,则:

$$0.4\pi \times 0.4^2 = \frac{1}{2}\pi(r_2^2 - r_1^2) \times 1 + \pi(0.4^2 - r_2^2) \times 1$$

或 $r_2^2 + r_1^2 = 0.192$ (1)

又 $h_2 = h_1 + 1 = \frac{\omega^2 r_2^2}{2g}$

及 $h_1 = \frac{\omega^2 r_1^2}{2g}$

故 $\frac{\omega^2 r_2^2}{2g} - \frac{\omega^2 r_1^2}{2g} = 1$

或 $\frac{25\pi^2(r_2^2 - r_1^2)}{2 \times 9.81} = 1$

亦即 $r_2^2 - r_1^2 = 0.08$ (2)

解(1)(2)联立方程组得:

$$r_1 = 0.236\ \text{m},\ r_2 = 0.369\ \text{m}$$

则 $h_1 = \frac{\omega^2 r_1^2}{2g} = \frac{25\pi^2 (0.236)^2}{2 \times 9.81} \approx 0.7\ (\text{m})$

$$h_2 = h_1 + 1 = 0.7 + 1 = 1.7\ (\text{m})$$

根据水静力学原理,则 A、B 两点的压力分别为:

$$\frac{p_A}{\rho g} = h_3 - h_1 = 2 - 0.7 = 1.3 \quad p_A = 0.013\ (\text{MPa})$$

$$\frac{p_B}{\rho g} = h_3 - h_2 = 2 - 1.7 = 0.3 \quad p_B = 0.003\ (\text{MPa})$$

而水面比原水面高出的距离:

$$h = h_3 - (h_1 + 0.4) = 2 - (0.7 + 0.4) = 0.9 \ (\text{m})$$

第五节　组合涡运动

组合涡是由强制涡运动和自由涡运动合成的复合运动，它具有两种涡型的特性。涡核部分属强制涡运动，服从强制涡运动的速度和压力的分布规律；外围部分属自由涡运动，服从自由涡运动速度和压力的分布规律。组合涡运动的速度通式：

$$u_t r^n = C \qquad (1-17)$$

指数 n 的取值不同，则得不同的旋涡运动形式。当 $n = 1$ 时，得 $u_t = \dfrac{C}{r}$，表示自由涡运动；当 $n = -1$ 时，得 $u_t = Cr$，表示强制涡运动。

流体呈组合涡运动时，其质点的切线速度随旋转半径的不同而不同。自周边到涡核的切线速度分布，由与旋转半径成反比的自由涡域过渡到与旋转半径成正比的强制涡域，在此两种涡型交界处出现最大值。从平面看，最大切线速度的轨迹是组合涡运动的同心圆，其半径为 r_m。当 $r > r_m$ 时，属自由涡运动，遵从自由涡运动规律；当 $r < r_m$ 时，属强制

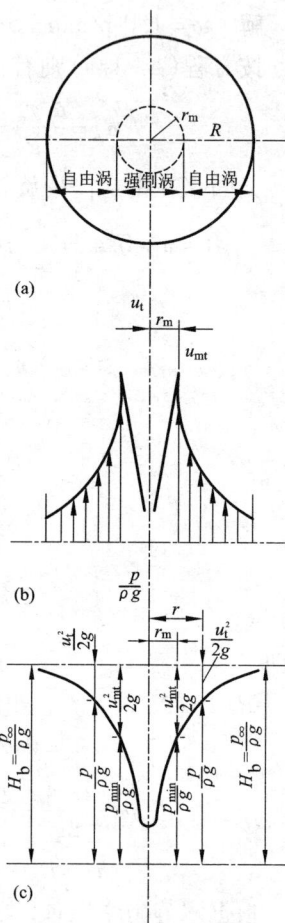

图 1-8　组合涡运动的
涡域、速度和压力分布

（a）涡域分布；（b）速度分布；
（c）压力分布

涡运动，遵从强制涡运动规律。

组合涡运动流体的涡域、速度和压力分布的基本规律见图 1-8。

图 1-8 中，在自由涡域 $(r > r_m)$ 沿任一半径（在同一水平面的圆周线上）的伯努利方程为：

$$\frac{p}{\rho g} + \frac{u_t^2}{2g} = H_b$$

或

$$\frac{p}{\rho g} = H_b - \frac{u_t^2}{2g} \tag{1-18}$$

当 $r = \infty$ 时，则 $u_t = 0$，$p = p_\infty$ 和 $H_b = \dfrac{p_\infty}{\rho g}$，将其代入上式则得：

$$\frac{p}{\rho g} = H_b$$

或

$$h = H_b$$

式中：p——自由涡 $(r > r_m)$ 域任一半径处压力；

　　　p_∞——自由涡 $(r > r_m)$ 域无限远处压力；

　　　u_t——自由涡 $(r > r_m)$ 域切线速度。

方程 (1-18) 是组合涡运动中自由涡 $(r > r_m)$ 域的压力分布方程。从方程 (1-18) 可以看出，随着旋转半径的减小，流体质点的切线速度急剧增加，压力急剧下降，当达到自由涡与强制涡交界面时（从三维空间看），即 $r = r_m$ 时，切线速度达到最大值，即 $u_t = u_{mt}$，而压力出现最小值，即 $p = p_{min}$。而自由涡与强制涡交界处的最小压力：

$$\frac{p_{min}}{\rho g} = \frac{p_\infty}{\rho g} - \frac{u_{mt}^2}{2g} \tag{1-19a}$$

或

$$h_{min} = H_b - \frac{u_{mt}^2}{2g} \tag{1-19b}$$

式中：p_{min}——自由涡与强制涡交界处压力；

h_{min}——自由涡与强制涡交界处压头;

u_{mt}——自由涡与强制涡交界处切线速度。

从方程(1-19)可以看出,组合涡运动中,自由涡域的最大压力降为:

$$\frac{p_\infty}{\rho g} - \frac{p_{min}}{\rho g} = \frac{u_{mt}^2}{2g} \qquad (1-20a)$$

或

$$H_b - h_{min} = \frac{u_{mt}^2}{2g} \qquad (1-20b)$$

组合涡运动中,强制涡域($r < r_m$)运动流体沿径向的压力分布仍由方程(1-6)积分求得,即对 $dp_c = \frac{\rho u_{ct}^2}{r_c} dr_c$ 积分得:

$$p_c = \frac{\rho u_{ct}^2}{2} + C$$

当 $r_c = r_m$ 时,则 $u_{ct} = u_{mt}$ 和 $p_c = p_{min}$,而积分常数:

$$C = \frac{p_{min}}{\rho g} - \frac{u_{mt}^2}{2g}$$

将常数 C 代入上式,则得组合涡运动中强制涡域($r < r_m$)的压力分布:

$$\frac{p_{min}}{\rho g} - \frac{p_c}{\rho g} = \frac{u_{mt}^2}{2g} - \frac{u_{ct}^2}{2g} \qquad (1-21a)$$

或

$$h_{min} - h_c = \frac{u_{mt}^2 - u_{ct}^2}{2g} \qquad (1-21b)$$

通常自由涡与强制涡交界处的压力(p_{min})等于或基本上等于外部空间的大气压力,从而可知方程(1-21)的压力是低于外部空间的大气压的负压,其值越接近涡核负压越大,即真空度越高。这样,更进一步证实了旋风和龙卷风中心的吸物及水力旋流器轴心的吸气现象均是由负压引起的。

从方程(1-21)可以看出,自由涡与强制涡交界处压力的另一表达式为：

$$\frac{p_{\min}}{\rho g} = \frac{p_c}{\rho g} + \frac{u_{mt}^2 - u_{ct}^2}{2g} \qquad (1-22)$$

从方程(1-19)和方程(1-22)的关系，还可得到组合涡中强制涡域($r < r_m$)压力分布的另一表达式：

$$\frac{p_c}{\rho g} = \left(\frac{p_\infty}{\rho g} - \frac{u_{mt}^2}{g} \right) + \frac{u_{ct}^2}{2g} \qquad (1-23a)$$

或

$$h_c = \left(H_b - \frac{u_{mt}^2}{g} \right) + \frac{u_{ct}^2}{2g} \qquad (1-23b)$$

从方程(1-23)还可看出，当 $r_c = 0$ 时，$u_{ct} = 0$ 而 $p_c = p_{co}$，故强制涡中心(涡核)的压力：

$$\frac{p_{co}}{\rho g} = \frac{p_\infty}{\rho g} - \frac{u_{mt}^2}{g} \qquad (1-24a)$$

或

$$h_{co} = H_b - \frac{u_{mt}^2}{g} \qquad (1-24b)$$

从方程(1-24)可以看出，就组合涡运动的全过程而言，由旋涡的无限远处($r = \infty$)到旋涡的涡核($r_c = 0$)之间的最大压力降，等于无限远处与自由涡和强制涡交界处之间的压力降的2倍，即：

$$\frac{p_\infty}{\rho g} - \frac{p_{co}}{\rho g} = \frac{u_{mt}^2}{g} \qquad (1-25a)$$

或

$$H_b - h_{co} = \frac{u_{mt}^2}{g} \qquad (1-25b)$$

从方程(1-20)和方程(1-25)之间的关系不难看出，组合涡运动中强制涡域的最大压力降，即自由涡和强制涡交界处与涡核之间的压力差为：

$$\frac{p_{\min}}{\rho g} - \frac{p_{co}}{\rho g} = \frac{u_{mt}^2}{2g} \qquad (1-26a)$$

或 $$h_{\min} - h_c = \frac{u_{\mathrm{mt}}^2}{2g} \qquad (1-26\mathrm{b})$$

同样，从方程(1-20)和方程(1-26)可以看出，组合涡运动中，自由涡域的最大压力降(无限远处压力与自由涡和强制涡交界处之间的压力差)和强制涡域的最大压力降(自由涡和强制涡交界处与涡核之间的压力差)相等，它们都同最大切线速度的平方成正比：

$$\frac{p_\infty}{\rho g} - \frac{p_{\min}}{\rho g} = \frac{p_{\min}}{\rho g} - \frac{p_\infty}{\rho g} = \frac{u_{\mathrm{mt}}^2}{2g} \qquad (1-27\mathrm{a})$$

或 $$H_\mathrm{b} - h_{\min} = h_{\min} - h_{\mathrm{co}} = \frac{u_{\mathrm{mt}}^2}{2g} \qquad (1-27\mathrm{b})$$

例题 1-2　如图1-9所示，有一环形容器 $d_1 = 25$ cm，$d_2 = 48$ cm，水在其中作旋转运动，当水的内圆周速度 $u_{\mathrm{t1}} = 8.2$ m/s，压力 $p_1 = 0.244$ MPa 时，在自由涡运动和强制涡运动两种情况下，水的外圆周速度 u_{t2} 及压力 p_2 各为多少？

解　(1)自由涡运动

自由涡运动时，容器的内外半径为 r_1 和 r_2，其速度分布：

$$u_{\mathrm{t1}} r_1 = u_{\mathrm{t2}} r_2 = C$$

则 $$u_{\mathrm{t2}} = u_{\mathrm{t1}} \frac{r_1}{r_2} = 4.27 \ (\mathrm{m/s})$$

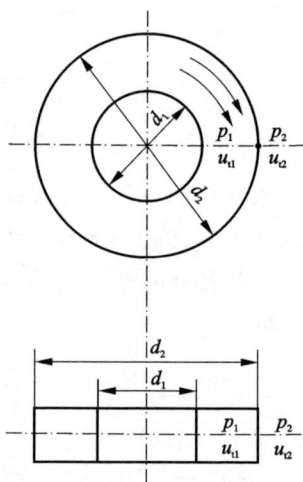

图1-9　组合涡运动实例

容器内周和外周压力的相当水头，即当容器上部为开口时达到的水面高度，分别用 h_1 和 h_2 表示，按方程(1-10)得：

$$h_1 = H_b - \frac{C^2}{2gr_1^2}$$

$$h_2 = H_b - \frac{C^2}{2gr_2^2}$$

外周和内周的压头差 Δh 为：

$$\Delta h = \frac{C^2}{2g}\left(\frac{1}{r_1^2} - \frac{1}{r_2^2}\right)$$

将 $u_{t2}r_2 = C$ 代入上式得：

$$\Delta h = \frac{u_{t2}^2}{2g}\left[\left(\frac{r_2}{r_1}\right)^2 - 1\right] = \frac{4.27^2}{2 \times 9.81} \times \left[\left(\frac{0.48}{0.25}\right)^2 - 1\right] \approx 2.5 \text{ (m)}$$

外周水头：

$$h_2 = h_1 + \Delta h = 24.4 + 2.5 = 26.9 \text{ (m)}$$

这个水头相当的压力：

$$p_2 = 0.269 \text{ MPa}$$

（2）强制涡运动

强制涡运动时的角速度：

$$\omega = \frac{u_{t1}}{r_1} = \frac{u_{t2}}{r_2}$$

而水的外周速度：

$$u_{t2} = u_{t1} \times \frac{r_2}{r_1} = 8.2 \times \frac{0.48}{0.25} \approx 15.74 \text{ (m/s)}$$

由离心力产生的压头差：

$$\Delta h = h_2 - h_1 = \frac{u_{t2}^2}{2g} - \frac{u_{t1}^2}{2g} = \frac{15.74^2}{2 \times 9.81} - \frac{8.2^2}{2 \times 9.81} \approx 9.20 \text{ (m)}$$

外周水头：

$$h_2 = h_1 + \Delta h = 24.4 + 9.20 = 33.60 \text{ (m)}$$

这个水头相当的压力：

$$p_2 = 0.336 \text{ MPa}$$

第六节　源流与汇流

　　若流体从平面坐标原点沿径向对称地在所有方向向外流动，则该点称为源流，如图 1 – 10 所示。源点是这样的点，即流体自该点不断地产生和流出，就像源泉一样。

　　单位时间内从源点流出的体积流量称为源强。源强不随时间变化的源流称为定常源流。

　　源流的流线是一簇从源心发出的射线，其等压线是一簇同心圆，圆心就是源心。

　　汇流是负的源流，其流线和等压线与源流相同，只是流速的方向与源流相反，如图 1 – 11 所示。

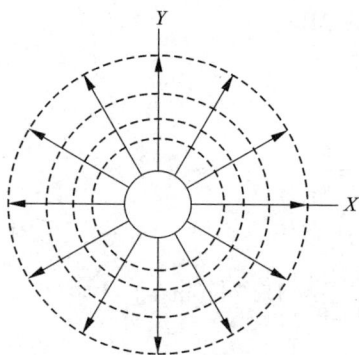
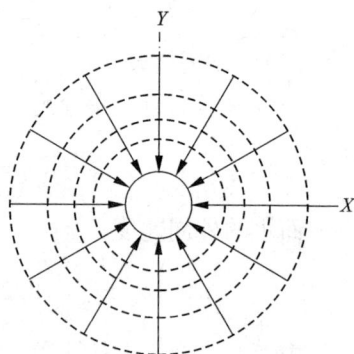

图 1 – 10　源流　　　　　　　　　图 1 – 11　汇流

　　现以定常源流为主研究其速度和压力的分布规律。只需将其速度变为负值（改变速度方向），就可将其普遍规律应用于汇流。

　　如图 1 – 10 所示，设 u_r 是距源心 r 处的径向流速，在单位时间内经过半径 r、厚度为 1 单位的圆环流出的体积流量为 $2\pi r u_r$，就定常源流而言，则有：

$$2\pi r u_r = Q' = K$$

即

$$r u_r = \frac{Q'}{2\pi} = K_1 \qquad (1-28\text{a})$$

或

$$u_r = \frac{K_1}{r} \qquad (1-28\text{b})$$

式中：u_r——源流的径向速度；

r——距源心的径向距离；

Q'——源强；

K、K_1——常数。

方程(1-28)是源流的基本方程，它说明以源流运动的流体质点，沿径向的速度与其半径成反比，或者说以源流运动的流体质点，沿径向的速度与其半径成双曲线规律变化。随着半径的减小而径向速度越来越大，当 $r=0$（源心）时，$u_r = \infty$。

严格说来，源流与汇流实际上不可能准确实现，因为在源心和汇心的流体径向速度不可能达到无限大。若将源心或汇心附近部分除去，使流体从小孔流出并向四周散射，或使流体从四周汇集并吸入小孔的流动现象，就分别同源流或汇流的现象相似。源流与汇流的原理在许多工程技术的流动分析中应用很广泛。

图1-12是类源流，可以用其阐述源流运动的基本规律——速度和压力分布规律。

AB 为一立筒，筒下无底但有一圆形边缘 CD，其下垫一圆盘 EJ，其距离为一常数 t，筒中盛水而且水头保持为 H_b，筒外水深保持为 h'，则筒内的水将经厚度 t 空间沿径向流出。设 r 为圆周任一点 S 的半径，其周围的水流断面是 $2\pi r t$，按定常源流基本方程应有：

$$2\pi r_1 u_{r1} t = 2\pi r_2 u_{r2} t = 2\pi r u_r t = 常数$$

设 r_1 为立筒半径，r_2 为边缘处半径，C、D、S 三点在同一水平面上，根据上述关系则有：

$$r_1 u_{r1} = r_2 u_{r2} = r u_r$$

$$(1-29\text{a})$$

或　　　$$u_{r1} = \frac{r_2}{r_1} u_{r2} ; \ u_r = \frac{r_1}{r} u_{r1}$$

$$(1-29\text{b})$$

$$u_{r2} = \frac{r_1}{r_2} u_{r1} ; \ u_r = \frac{r_2}{r} u_{r2}$$

$$(1-29\text{c})$$

式中：r_1——立筒（C 点）半径；

u_{r1}——立筒半径（C 点）处径向速度；

r_2——边缘（D 点）半径；

u_{r2}——边缘半径（D 点）处径向速度；

r——任一点（S）半径；

u_r——任一半径（S 点）处径向速度。

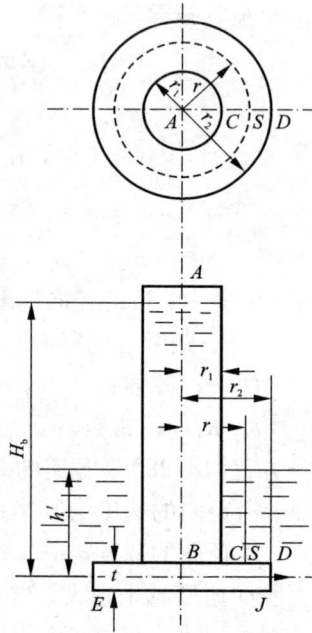

图 1-12　类源流

如果不计能量损失，沿水平线的伯努利方程应为：

$$H_b = \frac{p_1}{\rho g} + \frac{u_{r1}^2}{2g} = \frac{p_2}{\rho g} + \frac{u_{r2}^2}{2g} = \frac{p}{\rho g} + \frac{u_r^2}{2g} = h' + \frac{u_r^2}{2g} \qquad (1-30)$$

将方程（1-29c）中的 $u_{r2} = \dfrac{r_1}{r_2} u_{r1}$ 代入方程（1-30），则有：

$$\frac{p_2}{\rho g} - \frac{p_1}{\rho g} = \frac{u_{r1}^2}{2g} \left[1 - \left(\frac{r_1}{r_2} \right)^2 \right] \qquad (1-31)$$

又由方程（1-30）得任一点的水头为：

$$h' = H_b - \frac{u_r^2}{2g} \qquad (1-32)$$

如果 C、D、S 三点不在同一水平面，则有：

$$\left(\frac{p_2}{\rho g} + h_2\right) - \left(\frac{p_1}{\rho g} + h_1\right) = \frac{u_{r1}^2}{2g}\left[1 - \left(\frac{r_1}{r_2}\right)^2\right] \qquad (1-33)$$

同样，由方程(1-30)可得 C、D、S 三点不在同一水平面时的水头：

$$\frac{p}{\rho g} + h' = H_b - \frac{u_r^2}{2g} \qquad (1-34)$$

上述方程中，p_1、p_2、p 分别为 r_1、r_2、r 处（即 C、D、S 三点）的压力，其他符号的物理意义见图 1-12。

上述方程也是源流运动的基本方程，运用这些方程可以测得源流不同半径的径向速度和压力。就图 1-12 而言，由方程(1-29)和方程(1-30)得：

$$\frac{u_{r1}^2}{2g} = \frac{u_{r2}^2}{2g}\left(\frac{r_2}{r_1}\right)^2 = (H_b - h')\left(\frac{r_2}{r_1}\right)^2 \qquad (1-35)$$

和

$$\frac{p}{\rho g} = H_b - (H_b - h')\left(\frac{r_2}{r_1}\right)^2 \qquad (1-36)$$

式中符号的物理意义同前。很明显，C 点的径向流速最大而压力最小。

第七节　螺线涡运动

源流（或汇流）和涡流合成的运动称为螺线涡运动，见图 1-13 和图 1-14。

图 1-13 是源流和涡流合成的螺线涡运动，其流体的运动方向是由内向外；图 1-14 是汇流和涡流合成的螺线涡运动，其流

体的运动方向是由外向内。它们的基本性质相同，但其运动方向相反，这点应用时要特别注意。

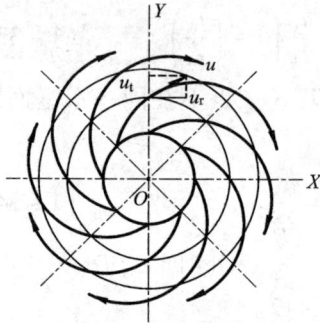

图1-13　源流和涡流合成的螺线涡运动

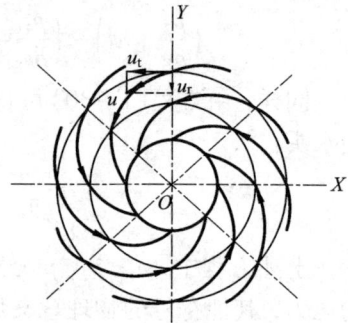

图1-14　汇流和涡流合成的螺线涡运动

按有无外界能量补充的原则，螺线涡也有自由螺线涡和强制螺线涡两种。

一、自由螺线涡

自由螺线涡是由源流（或汇流）和自由涡合成的，它不消耗能量也不需外界能量的补充。自由螺线涡具有源流（或汇流）和自由涡的特征和性质。

如图1-15所示，AB 为一立筒，筒下无底但有环形圆盘 F 和其下垫的圆盘 E，两盘的间距为常数 t，筒内盛水且始终保持其水头为 H_b，筒外水深保持为 h'。当 AB 立筒以常角速度围绕其轴线旋转时，AB 立筒外部的流体运动就是类自由螺线涡运动，现探讨其速度和压力的分布规律。

设螺线涡运动的速度为 u，其径向分速为 u_r 和切向分速为 u_t，螺线涡运动的速度 u 与切线速度 u_t 间的夹角为 α，两平板间

在半径 r 处的过水断面为 $2\pi rt$，故：

$$Q' = 2\pi rtu\sin\alpha = 2\pi rtu_r = 常数$$

或　　$ru_r = ru\sin\alpha = C_1$　　　$(1-37)$

　　　　$ru_t = ru\cos\alpha = C_2$　　　$(1-38)$

　　则方程$(1-37)$和方程$(1-38)$之比为：

$$\tan\alpha = \frac{C_1}{C_2} = 常数 \qquad (1-39)$$

　　故 $\alpha =$ 常数。

　　方程$(1-39)$表明，自由螺线涡的流线系一组由源心（源流与自由涡合成的螺线涡运动）发出的等角度螺旋线，故自由螺线涡亦可称之为等角度螺线涡。由于 $\alpha =$ 常数，则：

$$ru = \frac{C_1}{\sin\alpha} = \frac{C_2}{\cos\alpha} = 常数$$

图1-15　类自由螺线涡运动

或　　　　　　　　$ru = r_1u_1 = r_2u_2 = C_3$　　　　　　　　$(1-40)$

上述公式中：

　　u_1、u_2——分别为自由螺线涡 B、D 两点的速度；

　　C_1、C_2、C_3——常数。

　　方程$(1-40)$是自由螺线涡运动的基本方程之一，它反映出自由螺线涡运动流体质点速度与其半径成反比的关系。

　　综合上述可以看出，当流体以源流、自由涡和自由螺线涡三种形式运动时，其速度与半径均成反比关系。这一共同特点，皆是没有外部能量补充的缘故。

　　当忽略摩擦损失时，自由螺线涡运动的压力分布，按伯努利

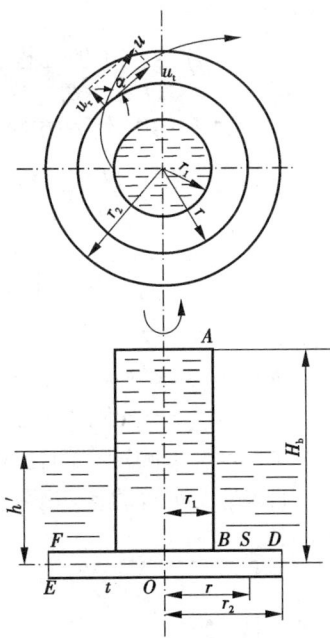

原理,当各测定点在同一水平面时:

$$H_b = \frac{p_1}{\rho g} + \frac{u_1^2}{2g} = \frac{p_2}{\rho g} + \frac{u_2^2}{2g} = \frac{p}{\rho g} + \frac{u^2}{2g} = h' + \frac{u^2}{2g} \quad (1-41a)$$

将方程(1 − 40)代入方程(1 − 41a),则有:

$$\frac{p_2}{\rho g} - \frac{p_1}{\rho g} = \frac{u_1^2}{2g}\left[1 - \left(\frac{r_1}{r_2}\right)^2\right] \quad (1-41b)$$

或

$$\frac{p_2}{\rho g} - \frac{p_1}{\rho g} = \left(\frac{u_{r1}^2}{2g} + \frac{u_{t1}^2}{2g}\right)\left[1 - \left(\frac{r_1}{r_2}\right)^2\right] \quad (1-41c)$$

式中:p_1、p_2——分别为 r_1、r_2 处的压力;

u_1、u_2——分别为 r_1、r_2 处的螺线涡速度;

u_{r1}、u_{t1}——分别为 r_1 处的径向和切向速度;

r_1、r_2——测定点的径向距离(图 1 − 15)。

自由螺线涡运动各速度间的矢量关系见图 1 − 16。

图 1 − 16 自由螺线涡各速度间矢量关系

(a)源流与自由涡合成的螺线涡;(b)汇流与自由涡合成的螺线涡

由方程(1 − 41)可以得到自由螺线涡运动流体任一点的压头。

当各测定点在同一水平面时:

$$\frac{p}{\rho g} = H_b - \frac{u^2}{2g} \quad (1-42)$$

当各测定点不在同一水平面时:

$$H_b = h_1 + \frac{p_1}{\rho g} + \frac{u_1^2}{2g} = h_2 + \frac{p_2}{\rho g} + \frac{u_2^2}{2g}$$

或 $$\left(\frac{p_2}{\rho g} + h_2\right) - \left(\frac{p_1}{\rho g} + h_1\right) = \frac{u_1^2 - u_2^2}{2g} \qquad (1-43)$$

式中：H_b——自由螺线涡的总水头；

p——自由螺线涡任一点处的压力；

u——自由螺线涡任一点处的速度；

u_r——自由螺线涡任一点处的径向速度；

u_t——自由螺线涡任一点处的切向速度；

h——自由螺线涡任一点的压头。

其他符号的物理意义见图 1-15。

很明显，上述方程中各相应速度与其相应常数有关，即同 C_1、C_2 和 C_3 常数有关。就自由螺线涡而言，其常数是可以求出的。现以图 1-15 为例试求如下。

从图 1-15 可知：$H_b - h' = \dfrac{u_2^2}{2g}$

则 $$u_2 = \sqrt{2g(H_b - h')}$$

故 $$C_3 = r_2 u_2 = r_2 \sqrt{2g(H_b - h')}$$

$$C_1 = r_2 u_2 \sin\alpha = r_2 \sqrt{2g(H_b - h')} \sin\alpha$$

$$C_2 = r_2 u_2 \cos\alpha = r_2 \sqrt{2g(H_b - h')} \cos\alpha$$

如果以图 1-15 中两盘中间的水平面为基准面即 $h=0$，并用 $u_2 = \sqrt{2g(H_b - h')}$ 代入方程（1-42）时，则任一点的压头：

$$\frac{p}{\rho g} = H_b - \frac{u^2}{2g} = H_b - \frac{u_2^2}{2g}\left(\frac{r_2}{r_1}\right)^2$$

$$= H_b - \left(\frac{r_2}{r_1}\right)^2 (H_b - h') \qquad (1-44)$$

二、强制螺线涡

强制螺线涡是由源流（或汇流）和强制涡合成的运动，它是在外力的连续作用下形成和发展的旋转运动，具有源流（或汇流）和强制涡的特征和性质。

如图 1-17 所示，若将高出筒壁的流体以相等的速率由筒心连续补入，使其由旋转筒体的上缘连续溢出，则此流体运动类似于由源流和强制涡合成的强制螺线涡运动。若将筒体上缘封死，只在轴心处留一小孔，流体以相等的速率和相反的方向由筒壁连续补入，使其由旋转筒体的轴心连续排出，则此流体运动类似于由汇流和强制涡合成的强制螺线涡运动。

设强制螺线涡运动的速度为 u_c，径向分速为 u_{cr}，切向分速为 u_{ct}，旋转筒体的角速度为 ω，根据伯努利原理有：

当测定点在同一水平面时，由源流形成的压力差（压力降）和由强制涡形成的压力差分别为：

$$\frac{p'_{c2}}{\rho g} - \frac{p'_{c1}}{\rho g} = \frac{u_{cr1}^2 - u_{cr2}^2}{2g} \qquad (1-45)$$

$$\frac{p''_{c2}}{\rho g} - \frac{p''_{c1}}{\rho g} = \frac{\omega^2}{2g}(r_{c2}^2 - r_{c1}^2) \qquad (1-46)$$

根据矢量关系，则强制螺线涡的压力差：

当各测定点在同一水平面时，

$$\frac{p_{c2}}{\rho g} - \frac{p_{c1}}{\rho g} = \frac{\omega^2}{2g}(r_{c2}^2 - r_{c1}^2) + \frac{u_{cr1}^2 - u_{cr2}^2}{2g} \qquad (1-47)$$

当各测定点不在同一水平面时，

$$\left(\frac{p_{c2}}{\rho g} + h_{c2}\right) - \left(\frac{p_{c1}}{\rho g} + h_{c1}\right) = \frac{\omega^2}{2g}(r_{c2}^2 - r_{c1}^2) + \frac{u_{cr1}^2 - u_{cr2}^2}{2g}$$

$$(1-48)$$

如果将 $\omega = \dfrac{u_{ct}}{r_c}$ 代入上式，则强制螺线涡任意两点间的压力降

就只是 u_{cr} 和 u_{ct} 的函数。根据源流和强制涡的特性 $r_c u_{cr} = C$ 和 $u_{ct} = Cr_c$，可以通过其流动性质和水面位置确定 u_{cr} 和 u_{ct}，进而按方程(1-47)和方程(1-48)预测各相应点的压力。

例题 1-3 如图 1-17 所示，有一密封圆盘盛水器围绕中心轴线旋转，其中心和圆周有孔以备水之出入，沿径向导板均为直板，设 $r_1 = 8$ cm，$r_2 = 24$ cm，$t = 7$ cm(t 为两板间距)。当 $\omega = 1200$ r/min，流量 $Q' = 0.2$ m^3/s，不计摩擦损失时，内外两点间的压力差是多少? 当水流方向由外向内时其压力差是多少?

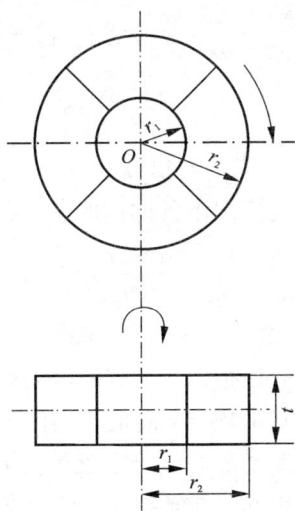

图 1-17 强制螺线涡运动实例

解:
$$Q' = 2\pi r t u_r = C$$
$$0.2 = 2\pi \times 0.08 \times 0.07 u_{r1}$$

故
$$u_{r1} \approx 5.68 \text{ m/s}$$

又
$$0.2 = 2\pi \times 0.24 \times 0.07 u_{r2}$$

故
$$u_{r2} \approx 1.89 \text{ m/s}$$

将
$$\omega = \frac{1200}{60} \times 2\pi \approx 125.6 \text{ (rad/s)}$$

将 u_{r1} 及 u_{r2} 代入方程(1-47)，则得内外两点间的压力差为:

$$\frac{p_{c2}}{\rho g} - \frac{p_{c1}}{\rho g} = \frac{\omega^2}{2g}(r_{c2}^2 - r_{c1}^2) + \frac{u_{cr1}^2 - u_{cr2}^2}{2g}$$

$$= \frac{125.6^2}{2 \times 9.81} \times (0.24^2 - 0.08^2) + \frac{5.68^2 - 1.89^2}{2 \times 9.81}$$

$$\approx 42.7 \ (\text{Pa})$$

当流向由外向内时，则有：

$$\frac{p_{c2}}{\rho g} - \frac{p_{c1}}{\rho g} = \frac{125.6^2}{2 \times 9.81} \times (0.24^2 - 0.08^2) - \frac{5.68^2 - 1.89^2}{2 \times 9.81}$$

$$\approx 39.7 \ (\text{Pa})$$

应该指出，本节研讨的内容均属源流与涡流合成的螺线涡运动的基本规律，而汇流与涡流合成的螺线涡运动的基本规律没有具体涉及。源流与汇流的主要区别就在于其流速的方向不同，即大小相同，方向相反，只要在应用时注意这一点，则汇流与涡流合成的螺线涡运动的基本规律即可导出。实际上，例题 1 – 3 中流向由外向内的两点间压力差计算方法，就是汇流与涡流合成的螺线涡运动的基本方法。

三、组合螺线涡

组合螺线涡是由自由螺线涡与强制螺线涡合成的复合螺线涡运动。

当组合螺线涡由源流与涡流合成时，运动流体在自由螺线涡域具有源流和自由涡的基本性质，在强制螺线涡域具有源流和强制涡的基本性质。当组合螺线涡由汇流与涡流合成时，运动流体在自由螺线涡域具有汇流和自由涡的基本性质，在强制螺线涡域具有汇流和强制涡的基本性质。

水力旋流器分离过程中流体运动的形式，从二维的平面看，是汇流与涡流合成的组合螺线涡运动，核心是强制螺线涡，外围是自由螺线涡，见图 1 – 18；从三维的空间看，是复合螺旋涡运动, 外围是汇流与涡流合成的组合螺线涡和螺旋流构成的螺旋涡运动, 核心是螺旋涡逐渐内迁形成的螺旋流运动, 它们的旋转方向相同但运动方向相反, 流型非常复杂, 见图 1 – 19。

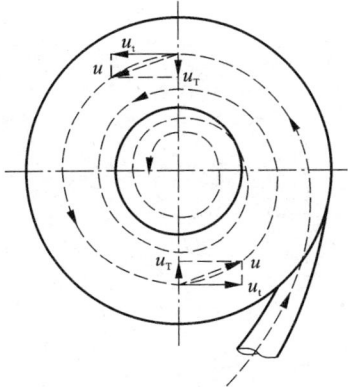

图 1 – 18　组合螺线涡运动

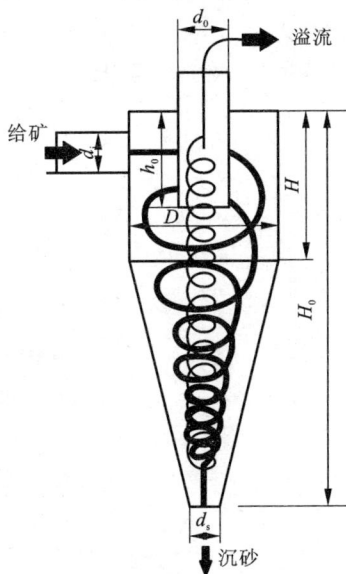

图 1 – 19　复合螺旋涡运动

　　水力旋流器分离的过程就是复合螺旋涡运动的产生、发展和消失的全过程。正常分离时, 螺旋涡携带粗而重的沉砂(精矿)从沉砂口排出, 螺旋流携带细而轻的溢流(尾矿)从溢流口排出, 从而完成分离的全过程。

参考文献

[1] 清华大学水力学教研组.水力学(上)[M]. 北京:人民教育出版社,1981.

[2] 米尔恩－汤姆森. 理论流体动力学[M]. 北京：机械工业出版社，1984.

[3] 佟庆理. 两相流动理论基础[M]. 北京：冶金工业出版社，1982.

[4] 戴莱，哈里曼. 流体动力学[M]. 北京：人民教育出版社，1981.

[5] 徐正凡. 水力学[M]. 北京：高等教育出版社，1986.

[6] 翟荣祖. 工程流体力学[M]. 北京：纺织工业出版社，1987.

[7] 庞学诗. 水力旋流器技术与应用[M]. 北京：中国石化出版社，2011.

第二章　旋流器分离原理

　　水力旋流器是利用离心力场，加速矿浆中固体颗粒沉降和强化分离过程的有效分离设备，它是由上部筒体和下部锥体两大部分组成的非运动型分离设备。当矿浆以渐开线或切线或螺旋线分离时，从上部溢流管得到粒度细而密度小的溢流产物（或尾矿），从下部沉砂管得到粒度粗而密度大的沉砂产物（或精矿）。水力旋流器主要分离过程见图 2 – 1。

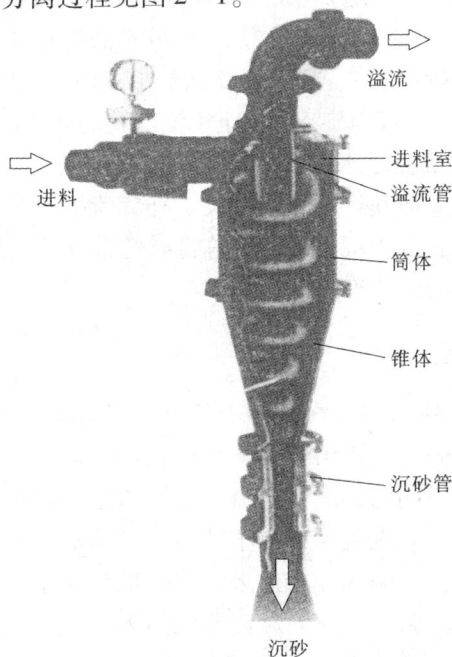

图 2 – 1　水力旋流器主要分离过程

第一节　旋流器中流体运动的基本形式

在正常生产的水力旋流器中，流体运动的基本形式大致可分为六种。

一、外旋流和内旋流

呈渐开线或螺旋线或切线方式给入旋流器的两相流体（即矿浆），首先沿器壁以螺旋流方式向下运动，形成外旋流。但因旋流器下部属倒锥体，其断面面积向下逐渐缩小，流速越来越大，致使沉砂管的沉砂口无法将其全部外旋流排出。沿程有部分流体逐渐脱离外旋流，以螺线涡形式（从二维的平面看）向内迁移，越接近沉砂口内迁的量越大。这部分呈螺线涡形式内迁的流体，只能调转方向向上运动，形成内旋流并从上部溢流管的溢流口排出。

外旋流和内旋流是水力旋流器中流体运动的主要形式，它们的旋转方向相同，但其运动方向相反。外旋流携带粗而重的固体物料由沉砂口排出，为沉砂产物；内旋流携带细而轻的固体物料由溢流口排出，为溢流产物。

二、短路流

给入旋流器的两相流体，由于其器壁的摩擦阻力和射流作用，其中一部分先向上再沿顶盖下表面向内，又沿旋涡溢流管外壁向下运动，最后同内旋流汇合由溢流管的溢流口排出。这部分盖下流就是通常说的短路流，由于其直接进入溢流产物，未经分离作用，故而直接影响其分离效果。在一般情况下，短路流约为给矿矿浆的10%～20%，它同旋流器的给入方式、给矿口位置和器壁的粗糙度等因素有关。

为了减少短路流对分离效果的影响，首先应该减少给矿口处的紊流现象和射流阻力以及削弱或阻止短路流的通道，可以采用渐开线形给矿、涡形渐开线形给矿等方法。

三、循环流

从外旋流以螺线涡形式内迁到内旋流的两相流体，由于溢流管的溢流口来不及将其全部排出，其中未被排出的部分流体将在旋流器的旋涡溢流管与器壁之间的空间做由下而上再由上而下的循环运动，形成循环流。循环流的流动方向，在内部是先向上再向外，在外部是先向下再向内。循环流随着两相流体的不断给入，在逐渐替换过程中，并非原有流体循环不息。循环流对旋流器的分离过程有一定的影响，在一般情况下，有循环流的空间往往无内迁流体发生。

循环流的形成主要与其溢流管的排出能力有关，溢流管的直径及其插入深度可以直接影响循环流量的大小。循环流通常有二次分离的作用，有利于改善旋流器分离的技术性能。循环流量的大小，至今尚无定量的计算方法。

四、零速包络面

由于外旋流和内旋流的流体运动方向不同，而且内旋流是由外旋流在运动过程中逐渐内迁形成，那么其中必有轴向速度等于零的迹点。旋流器正常分离过程中，流体轴向速度为零的轨迹称为零速包络面。零速包络面是循环流的中心线，也是外旋流和内旋流的分界线。结构参数一定的旋流器，其零速包络面的形状和大小基本不变。

有关学者根据水力旋流器中运动流体呈轴向速度为零的零速包络面把溢流和沉砂分开的性质（分离面），推导其技术指标之一的分离粒度计算方法（详见第四章分离粒度计算）。

五、最大切线速度轨迹面

给入旋流器的两相流体，由外旋流以螺线涡形式向内旋流内迁的过程中，其中流体质点的切线速度有一最大值，即最大切线速度。正常工作时，旋流器中流体质点最大切线速度的轨迹称为最大切线速度轨迹面。

最大切线速度轨迹面具有独特的流体力学性质，它是旋流器分离过程赖以进行的基础，也是旋流器工艺计算方法导出的依据。结构参数一定的旋流器，其最大切线速度轨迹面的形状和大小基本不变。

六、空气柱

给入旋流器的两相流体，以螺线涡运动时，随着旋转半径的逐渐减小，其质点的切线速度越来越大，当达到某一数值时将形成低于外部空间压力的负压区。进入负压区的流体将会从中析出空气，与此同时外部空间的空气亦会通过排出口（沉砂口和溢流口）进入负压区形成空气柱。

在稳定工况下，旋流器的空气柱压强基本不变。当操作条件变化时，其压强会随着操作条件的变化而变化，分离粒度和分离效率等技术指标也会随着改变，从而可以根据其空气柱压强变化的基本规律进行工艺过程的技术控制。

水力旋流器正常分离过程中，其流体运动的基本形式见 图 2 - 2。

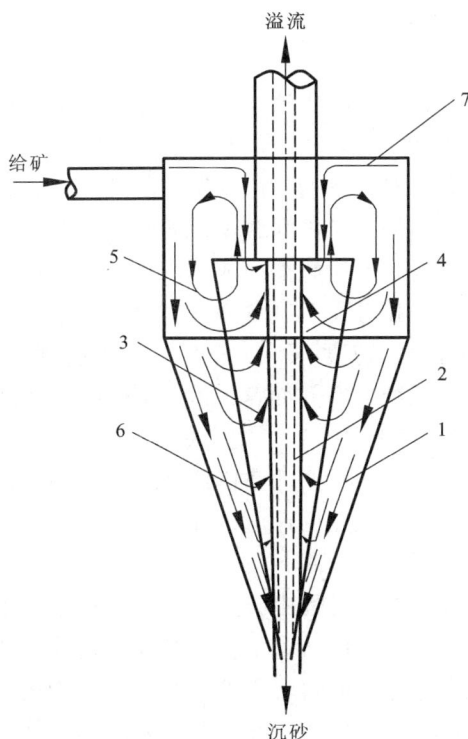

图 2 - 2　水力旋流器中流体运动基本形式

1—外旋流；2—空气柱；3—内旋流；4—最大切线速度轨迹面；

5—循环流；6—零速包络面；7—短路流

第二节　旋流器分离过程解析

水力旋流器的正常分离过程，就是两相流体在旋流器中以螺线涡和螺旋流合成的复合螺旋涡运动的产生、发展和消失的全过程，其流场呈三维分布，流型非常复杂。现从其速度分布、压力分布、粒度分布和密度分布的基本规律，来探讨其分离原理。

一、速度分布

　　水力旋流器分离过程中流体运动的基本类型，就其二维的平面而言，属组合螺线涡运动，见图 1 - 18。组合螺线涡是由自由螺线涡和强制螺线涡组成的，涡核为强制螺线涡，周围为自由螺线涡。自由螺线涡是由自由涡和汇流叠加而成的流体运动；强制螺线涡是由强制涡和汇流叠加而成的流体运动。组合螺线涡运动流体质点的速度，由切线速度 u_t 和径向速度 u_r 组成，或者说组合螺线涡流体运动的速度，可以分解为切线速度 u_t 和径向速度 u_r 两部分。就其三维的空间而言，属组合螺线涡和螺旋流组成的复合螺旋涡运动，见图 1 - 19。复合螺旋涡运动流体质点的速度，由切线速度 u_t、径向速度 u_r 和轴向速度 u_a 三部分组成，或者说复合螺旋涡运动流体质点的速度，可以分解为切线速度 u_t、径向速度 u_r 和轴向速度 u_a 三部分。

　　在旋流器分离的全过程中，自由螺线涡是主要的涡型，其力学性质和运动规律由自由涡和汇流的性质和规律支配。就三维速度在分离过程中的作用而言，切线速度 u_t 是主要的，它的数量级最大，也是形成巨大离心力场进行离心分离的主体；径向速度 u_r 的数量级最小，它在分离过程中有参与涡流形成和影响径向阻力与压力分布的作用；轴向速度 u_a 的数量级居中，它在分离过程中有支配产物分配和影响分离效果的作用。

　　20 世纪 50 年代初期，凯尔萨尔(D. F. Kelsall) 曾对透明旋流器中悬浮于水介质中的微粒铝粉运动的切线速度和轴向速度进行过系统测定。根据其测定结果，运用图解连续性原理由轴向速度分布推算出径向速度，见图 2 - 3，从而得出三个速度分布规律的模型。之后几十年来，一直被人们广泛引用。实践证明，凯尔萨尔的切线速度和轴向速度分布规律符合生产实际，而径向速度分布规律则同生产实际相矛盾。近年来，笔者、舍别列维奇

（M. A. Шевлевич）、徐继润、顾方历、
蒋明虎和梁政等采用流体力学理论分
析法、激光测速法和数值模拟法，对
分级旋流器和重介质旋流器的三维速
度进行系统的分析和测定，其结果见
图 2 - 4。

1. 切线速度分布规律及其在分离
过程中的作用

旋流器分离过程中流体运动的切
线速度分布见图 2 - 4(a)。从中可以
看出，在旋涡溢流管外围的环形空间，
切线速度沿径向的变化不大。在锥体
部分，切线速度沿径向有明显的变化，

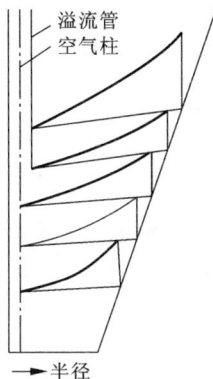

图 2 - 3　凯尔萨尔推
算的径向速度分布

各相应断面的器壁处切线速度最小，由器壁沿径向往轴心其速度

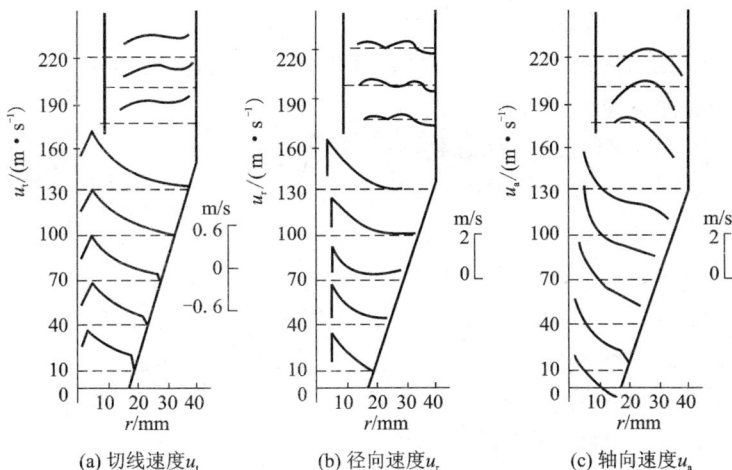

图 2 - 4　旋流器中流体运动的速度分布

逐渐增大，当达到旋涡溢流管入口内壁附近的相应位置时出现最大值，随后又逐渐减小；给矿压力变化时，切线速度沿径向的分布规律基本不变，这与 20 世纪 50 年代初期凯尔萨尔的研究结果相一致，从中得出：

（1）切线速度分布遵从组合涡运动规律

组合涡是由自由涡和强制涡组成的复合涡运动，也是组合螺线涡中忽略汇流径向速度的流体运动，其规律可仿（1-17）通式表示为：

$$u_t r^n = u_{kt} R^n = C \tag{2-1}$$

式中：r——旋流器中运动流体的旋转半径；

R——旋流器半径；

u_t——旋流器中同旋转半径相应的运动流体质点的切线速度；

u_{kt}——旋流器周边（$r = R$）运动流体质点的切线速度；

n——指数；

C——常数。

从式（2-1）可以看出，当 $n = 1$ 时属自由涡运动；当 $n = -1$ 时属强制涡运动。但水力旋流器中的实际工作流体是具有黏性的两相流体（通常所说的矿浆或泥浆），由其构成的组合涡中的自由涡运动指数是 $n < 1$ 的正数，故称为半自由涡。半自由涡是水力旋流器中组合涡运动的主要组成部分，它的许多特性是旋流器分离作用的基础。

自由涡和半自由涡运动流体的速度分布特征见图 2-5。

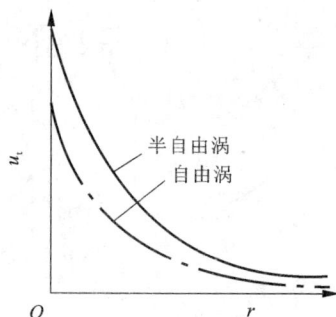

图 2-5　自由涡和半自由涡
速度分布特征

由于受旋流器入口处器壁的摩擦阻力和射流阻力的影响，运动流体沿器壁的切线速度要低于给矿管中的平均速度，其降低程度可用速度降低系数表示，即

$$\varphi = \frac{u_{kt}}{v_i} \qquad (2-2)$$

式中：φ——速度降低系数；

$\quad\quad u_{kt}$——旋流器周边($r=R$)流体速度；

$\quad\quad v_i$——旋流器给矿管中流体平均速度。

速度降低系数 φ 是旋流器结构参数和操作参数的函数。里尔奇(E. O. Lilge)和吉冈直哉(H. Yoshoka)提出的速度降低系数经验式分别为：

$$\varphi = 5.31 \Big/ \left(\frac{R}{r_i} - 0.5\right)^{1.15} \qquad (2-3)$$

和 $$\varphi = 3.7\frac{d_i}{D} = 3.7\frac{r_i}{R} \qquad (2-4)$$

当给矿压力一定时，矿浆的速度降低系数要比清水的速度降低系数小；入口处流体产生的涡流会导致低的降低系数和高的压头损失。

生产实践中多用吉冈直哉速度降低系数经验式。将式(2-4)代入式(2-1)时，水力旋流器在分离过程中，任一旋转半径运动流体的切线速度：

$$u_t = \varphi v_i \left(\frac{R}{r}\right)^n \qquad (2-5)$$

n 和 φ 是水力旋流器工作的重要参数，它们对其工作性能有很大的影响，不同学者提出的 n、φ 值见表 2-1。

在常用分级旋流器的工艺计算中，采用吉冈直哉的速度降低系数经验式可以得到比较满意的结果。

生产实践和科学实验表明，在正常分离时水力旋流器中运动

流体的组合涡，大约以 $\frac{2}{3}r_0$（r_0 是旋涡溢流管半径）为分界面。当 $r < \frac{2}{3}r_0$ 时属强制涡运动；当 $r > \frac{2}{3}r_0$ 时属自由涡运动；当 $r = \frac{2}{3}r_0$ 时属强制涡向自由涡过渡的过渡状态。流体质点在过渡状态中具有最大的切线速度。

表 2-1　不同学者提出的 n、φ 值

学者	n	φ	备注
凯尔萨尔	0.75 ~ 0.84	0.69 ~ 0.81	光学法
布拉德里 （D. Bradley）	0.53 ~ 0.84 0.67	0.46 ~ 0.76 0.69	测压法 旋转测速法
达尔扬 （G. Tarjan）[*]	0.50 ~ 0.90		平均值 $n \approx 0.64$
特拉温斯基 （H. Trawinski）	0.50 ~ 0.70		
里尔奇	0.80 ~ 0.82	0.55 ~ 1.06	旋转测速法
吉冈直哉	0.70 ~ 0.90		
徐继润等	0.843 0.630		普通旋流器 离旋器
顾方历等	0.690		重介质旋流器
庞学诗	0.640		

注：G. Tarjan 有些文献译为达扬，下同。

很明显，过渡状态中运动流体具有的最大切线速度，将会使其沿径向产生最大压力降、最大离心力和最大切应力（即最大内摩擦力）。它们将主导水力旋流器的分离作用，支配水力旋流器的分离过程，影响水力旋流器的分离效果。

（2）最大切线速度轨迹面

根据组合涡运动的基本规律，在水力旋流器的正常分离过程中，不同断面上（特别是溢流管入口以下的筒体和锥体的不同断面上）运动流体切线速度相同的轨迹，基本上为一簇平行于旋流器垂直轴线的共轴圆柱面。当给矿压力改变时，其切线速度也改变，但其基本规律不变。

笔者的研究分析表明，旋流器正常分离时，其中呈组合涡运动流体的最大切线速度轨迹面（过渡状态），就是一簇平行于旋流器垂直轴线的共轴圆柱面中的一个特殊圆柱面，它是以 $r = r_m = \frac{2}{3}r_o$ 为半径，以旋流器溢流管入口断面到沉砂口之间的距离为高的圆柱面，它只是结构参数的函数而同其操作参数无关。徐继润等用激光测速法测得旋流器正常分离时切线速度的分布是：在旋流器的大部分分离区域中的不同高度断面上，切线速度沿半径由外向内逐渐增大，大约在溢流管半径的 $\frac{2}{3}r_o$ 处达到最大值，即最大切线速度轨迹面的半径大约为 $\frac{2}{3}r_o$。梁政等采用数值模拟法研究正常分离旋流器的切线速度分布得出，最大切线速度轨迹面的半径稍大于 $\frac{2}{3}r_o$。

最大切线速度轨迹面是旋流器内流体组合涡运动的半自由涡与强制涡两种涡型的自然分界面；最大切线速度轨迹面也是旋流器分离过程的自然分离面（详见第三章、第四章）。有关学者提出的最大切线速度轨迹面的半径见表 2 - 2。

（3）空气柱

在旋流器正常分离时，其中呈组合涡运动的流体，从最大切线速度轨迹面（即过渡状态）到旋流器轴心属强制涡域，其切线速度遵从强制涡运动的基本规律，$u_{ct} = Cr_c$。由第一章第五节可知，从最大切线速度轨迹面到涡核(即轴心)为负压区,外部空间的空气可以通过排出口(沉砂口和溢流口)流入,并与其中因负压从矿浆里析出的气体一道充填了这个区域,从而形成空气柱。

表 2 – 2　最大切线速度轨迹面半径 r_m

学者	r_m
达尔扬	$0.133R$
里尔奇	$0.167R$
布洛业	$(0.50 \sim 0.70)r_o$
笔者	$0.67r_o$

注: R 为旋流器半径, r_o 为溢流管半径, $r_m = \dfrac{2}{3}r_o$。

波瓦罗夫(A. И. поваров)提出的计算水力旋流器空气柱直径 d_a 的经验式为:

$$d_a = 0.5d_o + 0.83\frac{d_o^2}{D} \qquad (2-6)$$

实践表明,水力旋流器中空气柱的直径和真空度与给矿压力、给矿浓度、溢流管直径、沉砂管直径、锥角和配置方式等参数有关。当这些参数变化时,其直径和真空度也会随着变化,从而影响离心力场的稳定性和均匀性,导致溢流产物跑粗和沉砂产物混细。

水力旋流器中空气柱的形状和大小,并非一成不变的标准圆柱形,而是随着参数变化而变化的不稳定状态,特别是给矿压力的变化,通常呈扭曲的麻花状。空气柱形状的变化,将导致其中能量分配的改变和分离技术指标的波动,这就是引起溢流跑粗、沉砂含细和分离效率下降的主要原因,只有在参数固定和给矿压力不变的条件下,其形状和大小才会稳定,其轴线和旋流器轴线才会趋于吻合，分离指标才会理想。

　　2. 径向速度分布规律及其在分离过程中的作用

　　在旋流器分离过程中，流体运动的径向速度分布见图2－4(b)。从图中可以看出，径向速度的分布规律类似于切线速度。在筒体给矿口中心线以下，径向速度的方向是由器壁指向轴心；在顶盖下部有少量流体的运动方向也是由器壁指向轴心；在旋涡溢流管入口以下的筒体和锥体的各相应断面上，径向速度的方向均是由器壁指向轴心，其绝对值随着半径的减小而增大，接近空气柱界面时达到最大值，随后又急剧降低。当给矿压力变化时，径向速度也随着变化，但其分布规律基本不变，其规律同切线速度相似。这同20世纪50年代凯尔萨尔的测定结果相反。从中得出：

　　(1) 径向速度分布遵从汇流规律

　　水力旋流器分离过程中流体运动的径向速度属类汇流。根据第一章汇流运动的原理，可知其径向速度分布为 $u_r r = -C'$ 或 $u_r = -\dfrac{C'}{r}$。但汇流是理想流体沿径向由外向内呈直线流入圆心的运动，而水力旋流器中的流体是有黏性的两相流体沿径向由外向内呈螺旋线流入圆心的运动，不完全属汇流而是呈类汇流运动，其径向速度分布的通式为：

$$u_r r^m = -C' \tag{2-7a}$$

或

$$u_r = -\frac{C'}{r^m} \tag{2-7b}$$

　　式中的负号表示流体的运动方向是由外向内，即同源流速度的方向相反。

　　式中，通常指数 $m < 1$，正因为 $m < 1$ 而 $m \neq 1$，故称其为类汇流。类汇流与汇流运动的速度分布特征见图2－6。

　　从图2－6可以看出，旋流器中流体运动的径向速度分布规律与切线速度相类似。切线速度分布中有自由涡和半自由涡之

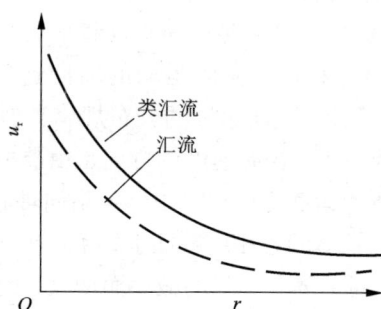

图 2-6 类汇流与汇流速度分布示意图

分，而径向速度分布中有汇流和类汇流之别。径向速度的分布规律对旋流器分离过程中的径向阻力和沿径向的压力分布有重大影响。

徐继润等采用激光测速仪对直径 82 mm 旋流器中流体运动的切线速度和径向速度进行系统测定，其结果见表 2-3。

表 2-3　切线速度和径向速度分布中的指数 m 和常数 C

流型	n 或 m	C	备注
半自由涡	0.4259	0.4858	有空气柱
$u_t r^m = C$	0.4476	0.4964	无空气柱
类汇涡	0.8487	3.3439×10^{-2}	有空气柱
$u_r r^m = -C$	0.7429	4.3449×10^{-2}	无空气柱

水力旋流器径向速度的数量级在三维速度中最小，而且易受测定过程相关因素的干扰，一般方法难以准确测定。

水力旋流器分离过程中，流体运动径向速度的大小与其给矿

压力和轴向位置有关。工艺计算中求某一同轴圆柱面上的平均径
向速度的近似式为：

$$u_r = \frac{q_m}{2\pi rh} \qquad (2-8)$$

式中：q_m——给矿矿浆体积流量，即旋流器的生产能力；

　　　r——同轴圆柱面半径；

　　　h——同轴圆柱面高度。

（2）循环流与短路流

由图2-3（b）明显看出，在给矿口中心线以下的旋涡溢流管
外壁与器壁之间存在着循环流，在这一空间无内迁流体发生。就
分级旋流器而言，减小这一空间有利于降低旋流器能耗和加速其
分离过程；就选别旋流器而言，循环流的存在有利于提高精矿品
位和强化分选过程。

顶盖下部由外向内流动的流体就是旋流器的短路流，它是未
经分级（离）作用的给矿矿浆。短路流的体积流量尽管只有给矿
矿浆体积的10%~20%，但因其未经分离作用而直接进入溢流产
物，对旋流器的分离效率影响极大。采用优化的结构形式、合理
的给矿方式，最大限度地降低入口器壁的摩擦阻力，是降低能耗
和提高效率的重要措施。

3. 轴向速度分布规律及其在分离过程中的作用

旋流器的分离过程中，流体运动的轴向速度分布见
图2-4（c）。从图中可以看出，在筒体部分的给矿口中心线以上，
轴向速度方向向上；给矿口中心线以下，轴向速度方向向下，越
远离给矿口其绝对值越大；旋涡溢流管外壁附近的轴向速度方向
向下，越接近溢流管入口其绝对值越小。在锥体部分的各相应断
面上，由器壁到轴心的轴向速度方向由下而上，其中有零速过渡
点，其最大值出现在空气柱附近。当给矿压力变化时，轴向速度
也随着变化，但零速过渡点的位置基本不变。这个规律同20世

纪50年代初期凯尔萨尔的测定结果相同，从而可以得出以下结论。

(1)零速包络面的存在与作用

零速包络面就是旋流器中运动流体轴向速度为零的轨迹。它把运动流体的轴向速度分为两个部分：沿器壁向下运动的外旋流和沿空气柱界面向上运动的内旋流。

内旋流是由外旋流沿程逐渐内迁形成，两者的分配关系主要由其上(溢流口)和下(沉砂后)排出口直径的比例决定，适宜的配比无疑对其流量分配和分离效率有利。

布拉德里和凯尔萨尔认为，零速包络面就是旋流器的分离面，它把旋流器中被分离的物料分为两个部分：随内旋流运动的细而轻的并从溢流管排出的溢流产物(尾矿)和随外旋流运动的粗而重的并从沉砂管排出的沉砂产物(精矿)。

(2)零速包络面的形状与大小

零速包络面的形状与大小众说不一。凯尔萨尔认为，零速包络面是倒锥体，锥底位于旋涡溢流管入口的水平面上，锥底直径 $D_z = 2.3d_o$，锥体高度为旋涡溢流管入口到沉砂口间的距离。布拉德里认为[15]：零速包络面是柱锥联合体，从旋涡溢流管入口到锥体直径等于 0.7D 处的水平面间为柱体(筒体)，柱体直径为 0.43D；自锥体的 0.7D 处的水平面到沉砂口间为锥体，锥底直径也是 0.43D；柱体部分的零速包络面不起分离作用，只有锥体部分的零速包络面才起分离作用。达尔扬认为：零速包络面是倒锥体，锥底位于旋流器的筒体和锥体连结处的水平面上(大多数设计中就是溢流管的插入深度)，锥体高度为筒体和锥体连结处的水平面到沉砂口中空气柱界面间的垂直距离，零速包络面的直径 D_z 为：

$$D_z \approx \frac{0.8d_o}{d_s + d_o}d_o \text{ 或 } D_z \approx 0.54D \qquad (2-9)$$

不同学者提出的旋流器中运动流体轴向速度为零的零速包络面的形状、位置及大小见图2－7。

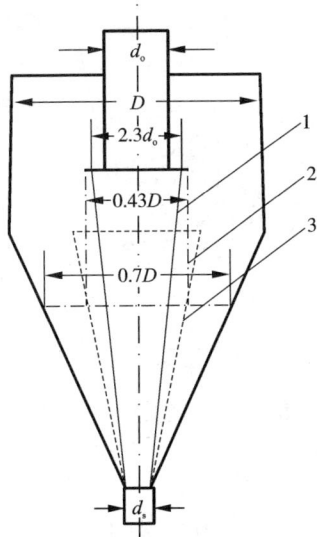

图2－7 不同学者提出的零速包络面
1—凯尔萨尔；2—布拉德里；3—达尔扬

旋流器分离过程中零速包络面的存在是事实，但是否就是它的分离面，将在第四章论述。

（3）轴向速度的基本分布

徐继润根据试验数据运用数学回归方法拟合出水力旋流器溢流管以下区域轴向速度的表达式：

$$u_a = \ln\left(\frac{r}{a + br}\right) \tag{2－10}$$

式中的常数a、b既同旋流器的结构参数有关，也同旋流器的操作参数有关，还同其轴向位置有关。

综合上述速度分布，旋流器分离过程中的运动流体，就某一水平面而言，其切线速度、径向速度和轴向速度沿径向分布的基本规律见图2-8。

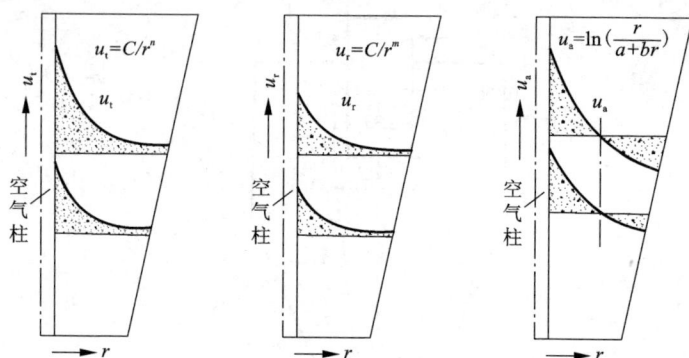

图2-8　典型速度分布图

u_t—切线速度分布；u_r—径向速度分布；u_a—轴向速度分布

由图2-8可以看出，在组合涡的半自由涡域中，最大切线速度轨迹面，也是径向速度和轴向速度的最大速度轨迹面，故而该面亦可称为水力旋流器分离过程中流体运动的三维最大速度轨迹面。

二、压力分布

水力旋流器分离过程中的压力降（亦即沿径向的水头损失）是计算生产能、选择砂泵功率和研究能量消耗的主要依据，同时还对其分离粒度和分离效率有重要的影响。

正如前述，水力旋流器正常分离过程中的运动流体，从二维平面看属组合螺线涡运动，涡核部分属强制螺线涡，外围部分属自由螺线涡。两种涡型的自然分界线为 $\frac{2}{3}r_0$ 的最大切线速度轨迹线。

在分离过程中，自由螺线涡起主导作用，现根据其运动规律研讨其压力沿径向的分布规律。水力旋流器中自由螺线涡的流线分布见图2-9。

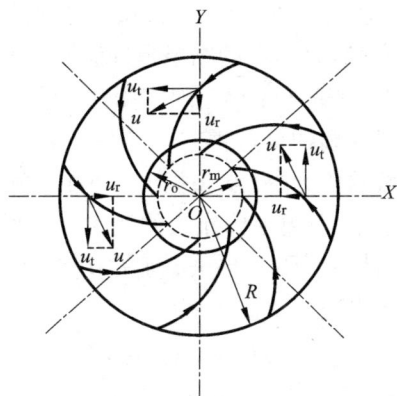

图2-9　自由螺线涡流线分布图

由于水力旋流器的运动流体是具有黏性的两相流体，又是呈渐开线或切线等方式射入，其运动形式并非真正的汇流和自由涡，而是呈类汇流和半自由涡形式运动。当然由其合成的螺线涡也不是真正的自由螺线涡，而是属于亚自由螺线涡。根据式（2-1）和式（2-7）可得其亚自由螺线涡的速度 u 为：

$$u = \sqrt{u_t^2 + u_r^2} = \sqrt{\frac{C^2}{r^{2n}} + \frac{C'^2}{r^{2m}}} \qquad (2-11)$$

式中：n、m——分别为涡流和汇流运动方程的指数；

　　　　C、C'——分别为涡流和汇流运动方程的常数。

具有黏性的两相流体（矿浆或泥浆）同理想流体的性质和运动形式是有差异的，在组合螺线涡中的强制螺线涡和自由螺线涡的两种涡型的交界处，并非明显的线而是一个过渡区，但其力学性质和运动规律基本不变。

在正常情况下，水力旋流器分离过程中的两相流体是组合螺线涡运动，其切线速度要比径向速度大得多，为简便起见，将其径向速度忽略不计。当忽略径向速度时，即可把复杂的组合螺线涡运动简化成简单的组合涡运动，从而可以按组合涡的运动规律研讨其压力分布。当然这样处理得到的结果是近似值。实践表明，这个近似值不但能使计算过程简化，而且对实用性影响不大。

在水力旋流器分离的全过程中，其压力降（水头损失）是由组合涡的半自由涡域的压力降（水头损失）和强制涡域的压力降（水头损失）两部分组成，但起主要作用的是半自由涡域的压力降（水头损失）。如果不计沿程阻力损失，则水力旋流器分离过程中的压力分布或水头损失应如下。

1. 半自由涡域（$r_m \leqslant r \leqslant R$）的压力分布

半自由涡在组合涡运动中占重要的地位，它对水力旋流器分离过程中的生产能力和能量消耗起着支配作用。

由式（2－1）得：

$$u_t = u_{kt}\left(\frac{R}{r}\right)^n \qquad (2-12)$$

将式（2－12）代入式（1－6b）则得：

$$dp = \rho \frac{dr}{r}u_{kt}^2\left(\frac{R}{r}\right)^{2n}$$

将上式积分则得：

$$p = \rho u_{kt}^2 R^{2n}\int \frac{dr}{r^{2n+1}} = -\frac{\rho u_{kt}^2 R^{2n}}{2nr^{2n}} + C \qquad (2-13)$$

当 $r=R$ 时，则 $p=p_k$（p_k 为旋流器的周边压力，亦即旋流器器壁处压力），将其代入式（2－13），则其积分常数为：

$$C = p_k + \frac{\rho u_{kt}^2}{2n}$$

将其代入式（2－13），则得组合涡中半自由涡域的压力降和水头损失分别为：

$$p = p_k + \frac{\rho u_{kt}^2}{2n}\Big[1 - \Big(\frac{R}{r}\Big)^{2n} \Big] \qquad (2-14)$$

$$\Delta p = p_k - p = \frac{\rho u_{kt}^2}{2n}\Big[\Big(\frac{R}{r}\Big)^{2n} - 1 \Big] \qquad (2-15)$$

$$\Delta h = h_k - h = \frac{u_{kt}^2}{2gn}\Big[\Big(\frac{R}{r}\Big)^{2n} - 1 \Big] \qquad (2-16)$$

式中：p——半自由涡（$r_m \leqslant r \leqslant R$）任一半径处的压力；

　　　Δp——旋流器器壁处（$r = R$）与半自由涡任一半径处的压力降；

　　　Δh——旋流器器壁处（$r = R$）与半自由涡任一半径处的水头损失；

　　　h_k——旋流器器壁处（$r = R$）的水头；

　　　h——半自由涡域（$r_m \leqslant r \leqslant R$）任一半径处的水头；

　　　r——半自由涡域（$r_m \leqslant r \leqslant R$）任一半径；

　　　u_{kt}——旋流器器壁处（$r = R$）的切线速度，亦即周边速度。

　　式（2-14）至式（2-16）是水力旋流器分离过程中，流体呈组合涡运动时其中半自由涡域的压力、压力降和水头损失沿径向分布的基本方程。从中不难看出，半自由涡域的压力降和水头损失正比于器壁（$r = R$，亦即周边）速度的平方和旋流器半径与任一旋转半径之比的 $2n$ 次方。旋转半径越小，从器壁（$r = R$）到该半径处的压力降和水头损失越大，当 $r = r_m$ 时（最大切线速度轨迹面），则半自由涡域从器壁到该处的压力降和水头损失最大。

　　2. 强制涡域（$0 \leqslant r \leqslant r_m$）的压力分布

　　严格说来，强制涡域（$0 \leqslant r \leqslant r_m$）除空气柱外，大部分为具有黏性的两相实际流体，故而并非属于真正的强制涡，而应属于亚强制涡或准强制涡，为了研究的方便，本书按强制涡处理。

　　强制涡的压力分布是影响水力旋流器分离粒度和分离精确度

的重要因素,是控制其空气柱真空度的基本依据。根据强制涡运动的规律,其切线速度为:

$$u_{ct} = \frac{r_c}{r_m} u_{mt} \qquad (2-17)$$

将式(2-17)代入式(1-6b)并经有关积分和换算后,得组合涡中强制涡域的压力、压力降和水头损失分别为:

$$p_c = p_m - \frac{\rho u_{mt}^2}{2}\left[1 - \left(\frac{r_c}{r_m}\right)^2\right] \qquad (2-18)$$

$$\Delta p_c = p_m - p_c = \frac{\rho u_{mt}^2}{2}\left[1 - \left(\frac{r_c}{r_m}\right)^2\right] \qquad (2-19)$$

$$\Delta h_c = h_m - h_c = \frac{u_{mt}^2}{2g}\left[1 - \left(\frac{r_c}{r_m}\right)^2\right] \qquad (2-20)$$

式中:p_c——旋流器强制涡($0 \leqslant r \leqslant r_m$)任一旋转半径处的压力;

$\quad p_m$——最大切线速度轨迹面处($r = r_m$)的压力;

$\quad \Delta p_c$——强制涡域($0 \leqslant r \leqslant r_m$),最大切线速度轨迹面与任一旋转半径间的压力降;

$\quad \Delta h_c$——强制涡域($0 \leqslant r \leqslant r_m$),最大切线速度轨迹面与任一旋转半径间的水头损失;

$\quad h_m$——最大切线速度轨迹面处($r = r_m$)的水头;

$\quad h_c$——强制涡域($0 \leqslant r \leqslant r_m$)任一旋转半径处的水头;

$\quad r_c$——强制涡域($0 \leqslant r \leqslant r_m$)任一旋转半径;

$\quad r_m$——最大切线速度轨迹面半径;

$\quad u_{mt}$——最大切线速度,即 $r = r_m$ 处的切线速度。

从式(2-18)至式(2-20)不难看出,在水力旋流器分离过程中,流体呈组合涡运动时,其中强制涡域的压力降和水头损失,正比于最大切线速度的平方和反比于任一旋转半径与最大切线速度轨迹面半径之比的平方,在轴心(涡核)处出现最大值。亦即水力旋流器轴心处的绝对压力最小,或者说,强制涡域从最大切线速度轨迹面到轴心处的压力降和水头损失最大。

3. 组合涡$(0 \leqslant r \leqslant R)$的压力分布

正如前述，水力旋流器分离过程中的两相流体是组合螺线涡运动，当忽略其径向速度时则简化为组合涡运动。诚然，组合涡也是水力旋流器分离过程中的特有形式。正是这种特有的形式所产生的特有功能，才使旋流器具有同其他分离设备不同的特有分离作用(详见第三章和第四章的"最大切线速度轨迹法"理论部分)。组合涡是由半自由涡和强制涡组合而成，其沿径向$(0 \leqslant r \leqslant R)$的压力降、水头损失，也应该是半自由涡域$(r_{\mathrm{m}} \leqslant r \leqslant R)$的压力降、水头损失与强制涡域$(0 \leqslant r \leqslant r_{\mathrm{m}})$的压力降和水头损失两者连续过程的总体。根据半自由涡域和强制涡域的压力分布，其沿径向的压力降和水头损失分别应为：

$$p = \frac{\rho u_{\mathrm{kt}}^2}{2n}\left[\left(\frac{R}{r_{\mathrm{m}}}\right)^{2n} - 1\right] + \frac{\rho u_{\mathrm{mt}}^2}{2}\left[1 - \left(\frac{r_{\mathrm{c}}}{r_{\mathrm{m}}}\right)^2\right] \qquad (2-21)$$

$$H = \frac{u_{\mathrm{kt}}^2}{2gn}\left[\left(\frac{R}{r_{\mathrm{m}}}\right)^{2n} - 1\right] + \frac{u_{\mathrm{mt}}^2}{2g}\left[1 - \left(\frac{r_{\mathrm{c}}}{r_{\mathrm{m}}}\right)^2\right] \qquad (2-22)$$

当$r_{\mathrm{c}} = 0$时，即从周边到核心$(0 \leqslant r \leqslant R)$的最大压力降和最大水头损失，分别应为：

$$p_{\mathrm{m}} = \frac{u_{\mathrm{kt}}^2}{2n}\left[\left(\frac{R}{r_{\mathrm{m}}}\right)^{2n} - 1\right] + \frac{u_{\mathrm{mt}}^2}{2} \qquad (2-23)$$

$$H_{\mathrm{m}} = \frac{u_{\mathrm{kt}}^2}{2gn}\left[\left(\frac{R}{r_{\mathrm{m}}}\right)^{2n} - 1\right] + \frac{u_{\mathrm{mt}}^2}{2g} \qquad (2-24)$$

式中：p——$(0 \leqslant r \leqslant R)$域压力降；

$\quad\quad H$——$(0 \leqslant r \leqslant R)$域水头损失；

$\quad\quad p_{\mathrm{m}}$——$(0 \leqslant r \leqslant R)$域最大压力降；

$\quad\quad H_{\mathrm{m}}$——$(0 \leqslant r \leqslant R)$域最大水头损失。

综合上述研究结果，就水力旋流器分离过程中的某一水平面而言，呈组合涡运动的工作流体沿径向压力分布的基本规律见图 2 - 10。

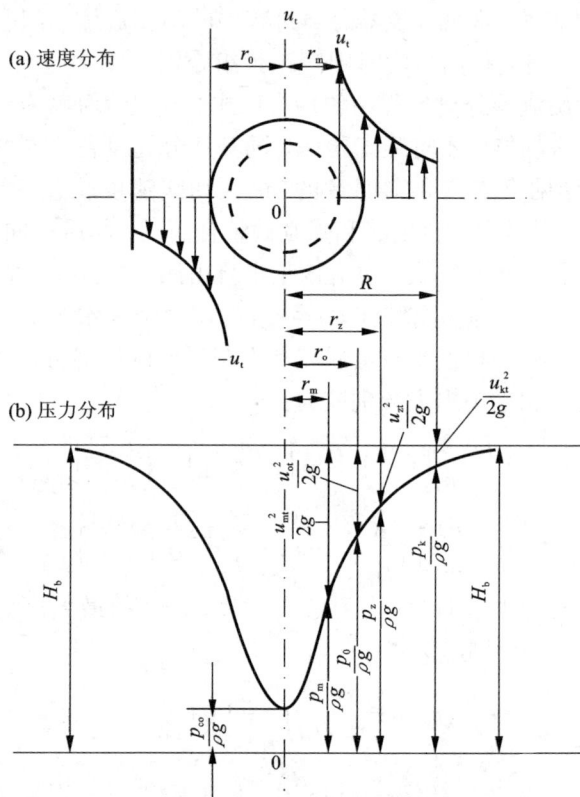

图 2 - 10　组合涡压力分布基本规律

p_k、p_z、p_o、p_m、p_{co} 分别表示旋流器器壁($r = R$)、零速包络面($r = r_z$)、
溢流管等径处($r = r_o$)、最大切线速度轨迹面($r = r_m$)、轴心($r = 0$)的压力;
u_{kt}、u_{zt}、u_{ot}、u_{mt} 分别表示旋流器器壁($r = R$)、零速包络面($r = r_z$)、
溢流管等径处($r = r_o$)、最大切线速度轨迹面($r = r_m$)的切线速度; R、r_z、r_o、r_m 分别
表示旋流器半径、零速包络面半径、溢流管半径、最大切线速度轨迹面半径

　　在水力旋流器的实际分离过程中，具有黏性的两相流体组合涡，是由半自由涡和强制涡组成，其自然分界面(线)的压力，也等于或基本上等于外部空间的压力。半自由涡域的压力为正值，是大于外部空间压力的正压区；强制涡域的压力为负值，是低于外部空间压力的负压区。水力旋流器的给矿压力，就是按照周边到自然分界面(线)间压力降的大小确定。当然，它也是旋流器生产能力计算式的推导和研究旋流器能耗的主要依据。

　　应该指出，组合涡中半自由涡(或自由涡)与强制涡的自然分界面(线)[简称自然分界面(线)]、组合涡中半自由涡(或自由涡)向强制涡过渡时的过渡状态(简称过渡状态)和最大切线速度轨迹面(线)三个术语，是同一事物的不同描述，其物理实质一样。为叙述方便起见，有时用自然分界面(线)，有时用过渡状态，有时用最大切线速度轨迹面(线)。还须指出，自然分界面(线)和最大切线速度轨迹面(线)，从三维的空间研究来看，为自然分界面和最大切线速度轨迹面；从二维的平面研究来看，为自然分界线和最大切线速度轨迹线。

三、粒度分布

　　水力旋流器的分离过程主要是在离心力场的作用下完成的。离心分离和重力分离的原理相同，但离心力场的离心力方向指向径向，而重力场的重力方向指向地心；离心力场的离心加速度是随角速度和旋转半径的变化而变化的变量，而重力场的重力加速度为常量(相对于地球表面)。水力旋流器在分离过程中产生的离心加速度，通常要比重力加速度大几十倍乃至几百倍甚至上千倍，因而，水力旋流器是目前细粒物料分离的有效设备之一。

　　1. 离心力强度

　　离心加速度与重力加速度之比为离心力强度。

$$I = \frac{\omega^2 r}{g} \tag{2-25}$$

式中：I——离心力强度。

离心力强度是反映离心分离设备分离效率高低的重要技术指标。

2. 沉降速度

水力旋流器中被分离的固体物料均以矿浆或两相流体状态存在，其粒度级别较宽，密度范围较大，颗粒形状各不相同。分离的主要目的是按粒度（密度和形状亦有影响）分级（常指分级、脱泥、浓缩和澄清作业）和按密度（粒度和形状亦有影响）分选（常指选别作业）。

为简便起见，设旋流器中被分离的固体物料的颗粒均为球体，其密度和直径分别为 δ 和 d，当在介质密度为 ρ 的旋流器中围绕半径 r 旋转时，其离心力（F）为：

$$F = \frac{\pi d^3}{6r}(\delta - \rho) u_t^2 \tag{2-26}$$

如果介质无阻力，则这个离心力将驱使其沿径向向旋流器器壁方向迅速沉降。但实际上被分离的球形颗粒，在两相流体（矿浆）中沿径向向器壁沉降时，一定会受到介质给予的径向阻力，阻力（R）的通式为：

$$R = \varphi d^2 u_{or}^2 \rho \tag{2-27}$$

当球形颗粒在分离过程中，所受的离心力和介质阻力平衡时，则球形颗粒以速度 u_{or} 沿径向向旋流器器壁运动，即

$$\frac{\pi d^3}{6r}(\delta - \rho) u_t^2 = \varphi d^2 u_{or}^2 \rho$$

则

$$u_{or} \approx 0.724 \sqrt{\frac{d(\delta - \rho) u_t^2}{\varphi \rho r}} \tag{2-28a}$$

或

$$u_{or} \approx 0.724 \sqrt{\frac{d(\delta - \rho) \omega^2 r}{\varphi \rho}} \tag{2-28b}$$

式中：u_{or}——颗粒沿径向的离心沉降速度；

　　　u_t——颗粒沿切线方向的切线速度；

　　　φ——阻力系数。

式[2-28(a)(b)]是在颗粒与介质间无滑动摩擦的条件下导出的，同一粒度和同一密度的固体颗粒，在旋流器分离过程中的不同径向位置，有不同的径向沉降(运动)速度。

同一粒度和同一密度的固体颗粒，在密度为ρ的介质中重力沉降时，若其所受的重力和介质阻力平衡，则有：

$$\frac{\pi}{6}d^3(\delta-\rho)g = \varphi d^2 v_o^2 \rho$$

$$v_o \approx 0.724\sqrt{\frac{d(\delta-\rho)g}{\varphi\rho}} \qquad (2-29)$$

式(2-28)与式(2-29)之比为$(\omega=\frac{u_t}{r})$：

$$\frac{u_{or}}{v_o} = \sqrt{\frac{\omega^2 r}{g}}$$

$$u_{or} = \sqrt{\frac{\omega^2 r}{g}}\,v_o \qquad (2-30)$$

式中：v_o——颗粒的重力沉降速度。

从式(2-30)看出，物理性质相同的颗粒在同一密度的介质中分离时，水力旋流器中分离的沉降速度是重力场中分离的沉降速度增加了离心强度的0.5次方倍。离心强度越大，沿径向的沉降速度越快，完成分离过程的时间越短，分离的效率越高。

3. 粒度分布

由式[2-28(a)(b)]可以得到被分离的固体颗粒沿径向的粒度分布：

$$d \approx 1.91\frac{\varphi\rho}{(\delta-\rho)}\left(\frac{u_{or}}{u_t}\right)^2 r \qquad (2-31a)$$

或 $$d \approx C \frac{\varphi \rho}{(\delta - \rho)} \left(\frac{u_{\mathrm{or}}}{u_{\mathrm{t}}} \right)^2 r \qquad (2-31\mathrm{b})$$

式中：d——沿径向分布的颗粒粒度；

　　　C——常数，$C = 1.91$；

　　　φ——阻力系数。

当颗粒与介质的相对运动属层流时，采用斯托克斯阻力系数：$\varphi_{\mathrm{S}} = \dfrac{3\pi}{Re}$，它适用于 $d < 0.10 \text{ mm}$ 的颗粒；

当颗粒与介质的相对运动属过渡区时，采用阿连阻力系数：$\varphi_{\mathrm{A}} = \dfrac{5\pi}{4\sqrt{Re}}$，它适用于 d 为 $0.10 \sim 1.50 \text{ mm}$ 的颗粒；

当颗粒与介质的相对运动属紊流时，采用牛顿阻力系数：φ_{N} 为 $\dfrac{\pi}{20} \sim \dfrac{\pi}{16}$，它适用于 $d > 1.50 \text{ mm}$ 的颗粒。

由式 $[2-31(\mathrm{a})(\mathrm{b})]$ 看出，不管采用哪种阻力系数，当分离密度相同而粒度组成不同的固体颗粒群时，在旋流器中呈平衡旋转的颗粒粒度与其旋转半径成正比，且半径越大粒度越粗。

应该指出，上述沉降速度的粒度分布规律，是在球形颗粒在离心力场自由沉降的理想条件下导出的，它适用于体积浓度 $c_{\mathrm{V}} < 0.5\%$ 的分离介质中沿径向的自由沉降。根据上述规律，当水力旋流器分离密度相同而粒度不同的球形物料时，沿径向粒度分布的规律是，小于分离粒度的细物料应该进入溢流产物，大于分离粒度的粗物料应该进入沉砂产物，见图 2-11。当水力旋流器分离密度和粒度都不相同的球形物料时，沿径向粒度分布的规律是，小于分离粒度的细物料应进入溢流产物，大于分离粒度的粗物料应进入沉砂产物，但在各自的物料中（溢流产物和沉砂产物）小密度物料的粒度要大于大密度物料的粒度。

根据上述规律，当用水力旋流器分离粒度和密度都不相同的物料时，沿径向可以得到不同粒度和不同密度的分离产物。这就是多产物旋流器。在水力旋流器的分离过程中，沿径向某一特定位置的产物即以某一特定沉降速度分离出的产物，其粒度应该符合自由等降比的原则。自由等降比是指不同粒度和不同密度的物料，在 $c_V < 0.5\%$ 的分离介质中具有相同沉降速度时，小密度物料粒度与大密度物料粒度之比，即

$$e_o = \frac{d_1}{d_2} \quad (2-32)$$

式中：e_o——自由等降比；

　　d_1——小密度物料的粒度（直径）；

图 2-11　理想条件下旋流器中的粒度分布

　　d_2——大密度物料的粒度（直径）。

通常水力旋流器处理的物料多为 $d \leqslant 0.10$ mm 的细粒级物料，在分离过程中颗粒沿径向的自由沉降速度，可以通过斯托克斯阻力公式求出：

$$v_{or} = \frac{d^2(\delta - \rho)}{18\mu}\omega^2 r \quad (2-33)$$

在同一分离条件下，用水力旋流器分离不同粒度和不同密度

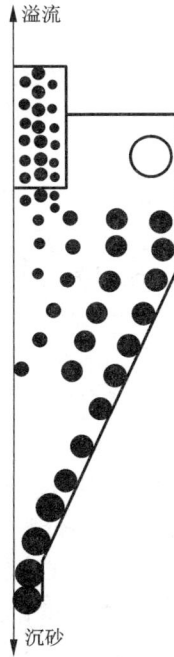

的球形物料时，沿径向的自由等降比 e_o 可以通过式（2－32）求得：

$$\frac{d_1^2(\delta_1-\rho)\omega^2 r}{18\mu}=\frac{d_2^2(\delta_2-\rho)\omega^2 r}{18\mu}$$

整理，得：

$$e_o=\frac{d_1}{d_2}=\sqrt{\frac{\delta_2-\rho}{\delta_1-\rho}} \qquad (2-34)$$

式中：δ_1、δ_2——分别为小密度物料、大密度物料的密度，t/m^3、g/cm^3。

根据自由等降比 e_o 可以算出被分离物料在不同径向位置的粒度，从而按照实际需要得到不同粒级的分离产物。

应该指出，上述规律是对球形颗粒而言的，如果处理的是非球形的实际颗粒，其沉降速度必须考虑球形系数的影响。

水力旋流器实际分离过程，是在物料的粒度、密度和形状不断变化，工艺参数经常波动，颗粒间和颗粒与器壁间不断摩擦或碰撞的多因素干涉条件下进行的。其分离过程并非理想的离心自由沉降过程，而是离心干涉沉降过程，就浓度而言，当其浓度增大时，颗粒间在摩擦与碰撞的作用下，消耗了能量增加了阻力，从而降低其沉降速度。浓度对颗粒沉降速度的影响为：

$$u_r=u_{or}(1-c_V)^n \qquad (2-35)$$

式中：u_r——浓度影响后的径向沉降速度；

　　　c_V——浆体体积浓度；

　　　n——指数，它是颗粒雷诺数的函数，见图 2－12。当 $Re<0.3$ 时，$n=4.65$；当 $Re>1000$ 时，$n=2.33$；当 $0.3\leqslant Re\leqslant1000$ 时，n 为 $2.33\sim4.65$。

式（2－35）适用于任何粒级的两相流体中固体颗粒的沉降过程，但当颗粒为非球体形状时，其浓度对沉降速度的影响会更大，对分离结果的影响会更严重。

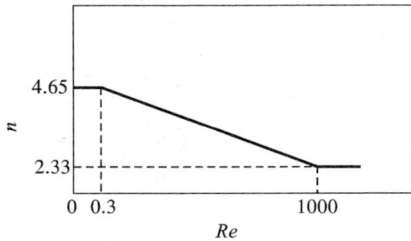

图 2 – 12 指数 n 同颗粒雷诺数 Re 的关系

    干涉沉降过程要比自由沉降过程复杂得多，而水力旋流器的生产过程基本上是在离心干涉条件下进行的。因而，溢流产物中往往混有大于分离粒度的粗物料，沉砂产物中往往夹有小于分离粒度的细物料，即通常说的混杂现象。混杂现象越严重，分离的效果越不好。

    应该指出，上文研讨的等降速度和等降比均以适应于颗粒直径小于 0.10 mm 的斯托克斯公式（阻力）为基础导出。如果处理物料的粒度大于 0.1 mm，则必须根据实际情况，或按阿连公式或按牛顿公式来导出其等降速度和等降比，进而在旋流器不同的径向位置求得不同的粒级产物。

    林纳和寇汉（V G Renner 和 H E Coben）用快速取样法从直径 $D = 150$ mm 的水力旋流器中取样，进行粒度组成分析得到的基本规律见图 2 – 13。从中看出：

    （1）水力旋流器中存在四个不同粒度分布区：A 区是未经分级作用的给矿区，它位于筒壁与顶盖之间，其粒度组成同给矿基本一样；B 区是粗粒区，它占据锥体的大部分空间，其粒度组成以粗粒级为主，类似于沉砂产物的粒度组成；C 区是细粒区，它位于旋涡溢流管四周并向下延伸的一个小区域，其粒度组成以细粒级为主，类似于溢流产物的粒度组成；D 区是中粒区，呈喇叭

形断面，其粒度组成以中间
粒级为主，粒度随径向距离
的减小而减小，意味着该区
是有效的分离区。保证 D 区
的稳定是提高水力旋流器分
离效率的关键。

（2）粒度不同其分离效
率也不同，特别是同 d_{70} 粒度
（分配曲线上分配率为 70%
的对应粒度）相差越大，则分
离效率越高。

四、密度分布

水力旋流器中被分离的
固体物料，在以离心力场为
主的作用下，沿径向和轴向
按粒度和密度进行有秩序的
分布。同样，由其组成的矿
浆密度也沿径向和轴向进行
有秩序的分布。其基本规律
是：固体密度、粒度和其组

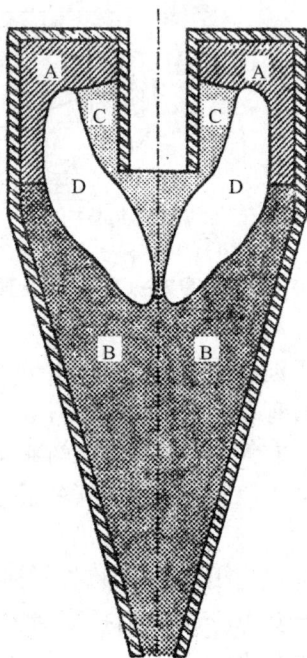

图 2 - 13 水力旋流器中
相似粒度分布

成的矿浆密度，由旋流器轴心沿径向直到器壁和从旋涡溢流管入
口沿轴向直到沉砂口逐渐增大。除空气柱外，矿浆在旋流器中沿
径向形成一种密度相近的等密度层，这些等密度层基本上都是等
锥角的共轴圆锥体，其锥角通常大于旋流器的锥角。

随着旋流器工艺参数的改变，特别是角锥比（沉砂口直径与
溢流口直径之比）的改变，沿径向和轴向相应位置上的矿浆相对
密度也会改变，但其分布的基本规律不变，见图 2 - 14。

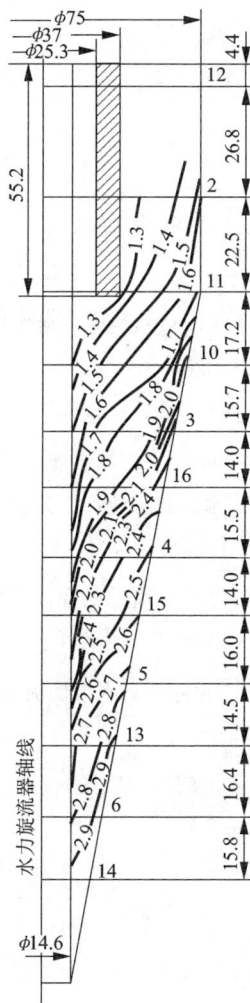

图 2 – 14　水力旋流器中

矿浆相对密度曲线

　　矿浆密度沿径向和轴向的增大，将会引起矿浆黏度沿径向和轴向（由轴心向器壁）的增大。这样，在水力旋流器分离的过程中，被分离的固体颗粒在离心力作用下的运动，实际上是变速的干涉运动。

参考文献

[1] 庞学诗. 螺旋涡的基本性质及其在旋流器中的应用[J]. 有色金属（选矿部分），1991(4)：30 – 34.

[2] Kelsall D F. A Study of the Motion of Solid Particles in a Hydraulic Cyclone [J]. Tran. Instn. Chem. Eng, 1952(30)：87 – 108.

[3] 徐继润，罗茜，邓常烈. 水封式旋流器压力分布与能量分配的研究[J]. 有色金属（选矿部分），1989(1)：30 – 35.

[4] 徐继润，罗茜，邓常烈. 水力旋流器的径向速度[J]. 有色金属（选矿部分），1985(5)：10 – 15.

[5] 徐继润，罗茜，邱继存. 无强制涡水力旋流器流场的研究（上）[J]. 金属矿山，1991(1)：40 – 43.

[6] 顾方履，李文振. 旋流器内流体速度场的研究[J]. 选煤技术，1988(4)：3 – 4.

[7] 庞学诗. 水力旋流器分离粒度的计算[J]. 矿冶工程，1986(3)：24 – 26.

[8] 徐继润，罗茜. 水力旋流器流场理论[M]. 北京：科学出版社，1998.

[9] 波瓦罗夫 А И. 选矿厂水力旋流器[M]. 北京：冶金工业出版社，1982.

[10] Bradley D. The Hydrocyclone[M]. London：Perman Press，1965.

[11] 庞学诗. 水力旋流器生产能力的计算[J]. 矿冶工程，1986(12)：22 – 25.

［12］蒋明虎, 等. 旋流分离技术［M］. 哈尔滨: 哈尔滨工业大学出版社, 2000.

［13］梁政, 等. 固液分离水力旋流器流场理论研究［M］. 北京: 石油工业出版社, 2011.

第三章　生产能力计算

　　生产能力是水力旋流器分离过程的数量指标，也是选择设备的基本依据和工艺控制的主要参数。

　　影响水力旋流器生产能力的因素很多，结构方面有旋流器直径、给矿口直径和溢流口直径等；操作方面有给矿压力、矿石密度和给矿浓度等。在生产实践中，为了有效地进行旋流器生产过程的技术控制和准确地进行旋流器的选择与计算，近年来国内外文献上出现了许多生产能力计算的方法。这些计算式在不同的历史时期和不同的技术条件下，对指导生产实践起过重要作用，但大量的计算式往往使人难以选择，完成某一旋流器的选择与计算，特别是对经验不足的设计者。

　　水力旋流器生产能力计算式（方法），按其来由可分为理论计算法和经验计算法两大类。现分类介绍其主要方法的同时，结合生产实践进行有关方法的理论计算值和实际测定值的对比，以便读者结合实际情况，从中选择适应性强和准确度高的方法。

第一节　理论计算法

　　水力旋流器的生产能力，通常用单位时间内通过给矿管的矿浆体积流量表示。单位是 L/min、m^3/h 或 m^3/d。当给矿管直径用 d_i 表示时，其生产能力为：

$$q_m = \frac{\pi}{4} d_i^2 v_i \qquad (3-1)$$

式中：q_m——旋流器生产能力；

d_i——给矿管直径；

v_i——给矿管中矿浆的平均流速，是矿浆通过水力旋流器时的能量消耗或能量损失的函数。

水力旋流器分离过程中的能量损失（或能量消耗）主要有给矿管进入筒体的射流阻力、矿浆加速旋转的离心力、矿浆黏性引起的内摩擦力以及矿浆与器壁和颗粒与颗粒之间产生的机械摩擦力等。内摩擦力和机械摩擦力同离心力和射流阻力相比小得多，通常忽略不计。旋流器分离过程中的能量损失，常用矿浆沿径向的压力降或水头损失表示。

从式（3-1）的生产能力基本结构形式看，理论计算法的主要任务是正确选择水力旋流器中计算压力降或水头损失基准面的最佳位置和几何形状，以导出给矿管中矿浆的平均流速和压力降或水头损失间的函数关系。

现根据国内外有关学者提出的计算压力降基准面的位置与形状的方法，简述其导出水力旋流器生产能力计算式的基本方法和实用效果。

一、最大切线速度轨迹法

在水力旋流器分离过程中，呈组合涡运动的流体，沿径向的压力降是其能量消耗的主要表现形式，也是生产能力计算式导出的理论依据。最大切线速度轨迹生产能力计算法，就是以笔者提出的"复合螺线涡或由其简化的组合涡是水力旋流器在分离过程中进行的特有的流体运动形式，其中的最大切线速度轨迹面就是计算其压力降的最佳基准面"学说导出的生产能力计算法。现概述其理论基础、导出过程和实用效果。

1. 理论基础

如第二章所述,组合涡是水力旋流器中流体运动的特有形式。组合涡中半自由涡与强制涡的自然分界面以 $r = r_m = \dfrac{2}{3}r_o$ 为半径,以旋涡溢流管入口到沉砂口间的距离为高的圆柱面。见图 3 – 1。

在半自由涡和强制涡的自然分界面上(过渡状态)的流体质点具有最大的切线速度,从而引发出运动流体多种特有的分离功能。根据这些特有的分离功能,可以证明半自由涡和强制涡的自然分界面就是水力旋流器分离过程中计算压力降的最佳基准面,同样还可证明半自由涡和强制涡的自然分界面也是水力旋流器分离过程中粗粒级和细粒级或沉砂和溢流分开的自然分离面(后者详见第四章的"最大切线速度轨迹法"理论部分)。

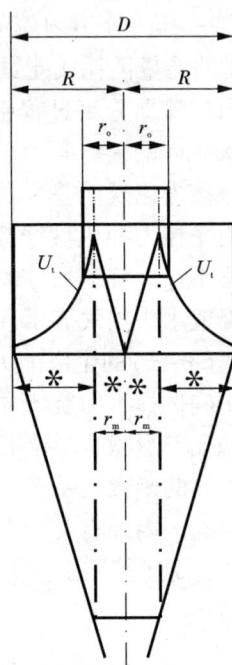

＊半自由涡域　＊＊强制涡域

——— 自然分界面

图 3 – 1　自然分界面示意图

在其自然分界面上(过渡状况)的流体质点具有最大的切线速度,从而由器壁到自然分界面产生最大的压力降和最大的水头损失。

(1)半自由涡域($r_m \leqslant r \leqslant R$)的最大实际压力降

方程(2 – 15)和方程(2 – 16)是组合涡中半自由涡域运动流

体沿径向的压力降和水头损失的通式，它们适用于沿程无阻力损失的理想状况。如果矿浆由给矿管进入筒体至从排出口排出的全过程中，没有射流阻力、内摩擦力和机械摩擦力等损失时，则其输入的全部能量将用于加速矿浆的离心旋转。此时，旋流器的周边($r = R$处)速度将等于给矿管中矿浆的平均速度，即 $u_{kt} = v_i$。但实际上，水力旋流器在分离过程中，除加速矿浆旋转的离心阻力外，还有矿浆从给矿管进入筒体时因面积突然增大和速度突然降低而引起的射流阻力；由矿浆黏性引起的相邻流层间的内摩擦力以及颗粒与颗粒和矿浆与器壁间引起的机械摩擦力等。正如前述，内摩擦力和机械摩擦力同离心阻力和射流阻力相比小得多，可以忽略不计。这时，只需对方程(2 - 15)和方程(2 - 16)中的周边速度进行有关修正，就可用于生产实践。

用吉冈直哉的速度降低系数经验式，水力旋流器的一般工艺计算能够得到比较满意的结果。当用吉冈直哉经验式修正时，水力旋流器的周边速度应为：

$$u_{kt} = 3.7 \frac{d_i}{D} v_i$$

将其代入方程(2 - 15)和方程(2 - 16)，则组合涡中半自由涡域运动流体沿径向的实际压力降和实际水头损失分别为：

$$\Delta p = p_k - p = \frac{6.845}{n} \rho_m v_i^2 \left(\frac{d_i}{D} \right)^2 \left[\left(\frac{R}{r} \right)^{2n} - 1 \right] \qquad (3 - 2)$$

和

$$\Delta h = h_k - h = \frac{6.845}{ng} v_i^2 \left(\frac{d_i}{D} \right)^2 \left[\left(\frac{R}{r} \right)^{2n} - 1 \right] \qquad (3 - 3)$$

式中：Δp——半自由涡域实际压力降；

Δh——半自由涡域实际水头损失；

p_k——旋流器周边($r = R$)压力；

p——旋流器半自由涡域任一半径处压力；

　　h_k——旋流器周边$(r=R)$水头；

　　ρ_m——矿浆密度。

　　方程（3-2）和方程（3-3）是水力旋流器中呈组合涡运动的流体在半自由涡域沿径向的实际压力降和实际水头损失的通式。从中可以看出，实际压力降正比于给矿速度的平方、矿浆密度、给矿管直径与旋流器直径之比的平方；实际水头损失正比于给矿速度的平方、给矿管直径与旋流器直径之比的平方，在最大切线速度轨迹面$(r=r_m=\dfrac{2}{3}r_o)$具有最大值。

　　实际压力降和实际水头损失，就是考虑了射流阻力对水力旋流器分离过程影响的压力降和水头损失。

　　根据伯努利原理，最大切线速度轨迹面的压力最小，也就是说，从周边到最大切线速度轨迹面间的压力降和水头损失最大。将$r=r_m=\dfrac{2}{3}r_o$代入方程（3-2）和方程（3-3），则半自由涡域最大实际压力降和最大实际水头损失分别为：

$$\Delta p_m = p_k - p_m = \frac{6.845}{n}\rho_m v_i^2 \left(\frac{d_i}{D}\right)^2 \left[\left(1.5\,\frac{R}{r_o}\right)^{2n} - 1\right] \quad (3-4)$$

和

$$\Delta h_m = h_k - h_m = \frac{6.845}{ng} v_i^2 \left(\frac{d_i}{D}\right)^2 \left[\left(1.5\,\frac{R}{r_o}\right)^{2n} - 1\right] \quad (3-5)$$

式中：Δp_m——半自由涡域最大实际压力降；

　　　　Δh_m——半自由涡域最大实际水头损失；

　　　　p_m——最大切线速度轨迹面处$(r=r_m)$压力；

　　　　h_m——最大切线速度轨迹面处$(r=r_m)$水头。

　　这里所说的实际就是考虑了射流的影响并要以此为据导出旋流器生产能力的计算式。

　　从方程（3-4）和方程（3-5）看出，当旋流器的结构参数一定时，呈组合涡运动流体的半自由涡域的最大实际压力降，正比于给矿速度的平方和给矿矿浆密度；最大实际水头损失，正比于给矿速度的平方。

（2）强制涡域（$0 \leqslant r \leqslant r_m$）的最大实际压力降

方程（2－19）和方程（2－20）是组合涡中强制涡域运动流体在理想状态下，沿径向的压力降和水头损失通式。根据组合涡中半自由涡与强制涡自然分界面的基本性质，可将其最大切线速度修正为 $u_{mt} = 3.7\left(\dfrac{d_i}{D}\right)\left(\dfrac{R}{r_m}\right)^n v_i$，式中 $r_m = \dfrac{2}{3} r_o$。将其代入方程（2－19）和方程（2－20），则组合涡中强制涡域运动流体沿径向的实际压力降和实际水头损失分别为：

$$\Delta p_c = p_m - p_c = 6.845\left(\frac{d_i}{D}\right)^2\left(1.5\,\frac{R}{r_o}\right)^{2n}\rho_m v_i^2\left[1 - \left(1.5\,\frac{r_c}{r_o}\right)^2\right]$$

$$(3-6)$$

和

$$\Delta h_c = h_m - h_c = \frac{6.845}{g}\left(\frac{d_i}{D}\right)^2\left(1.5\,\frac{R}{r_o}\right)^{2n} v_i^2\left[1 - \left(1.5\,\frac{r_c}{r_o}\right)^2\right]$$

$$(3-7)$$

式中：Δp_c——强制涡域实际压力降；

$\quad\quad \Delta h_c$——强制涡域实际水头损失；

$\quad\quad p_c$——强制涡域任一半径处压力；

$\quad\quad r_c$——强制涡域任一半径。

方程（3－6）和方程（3－7）是水力旋流器中呈组合涡运动的流体，在强制涡域沿径向的实际压力降和实际水头损失的通式。从中可以看出，实际压力降正比于给矿速度的平方、矿浆密度给矿管直径与旋流器直径之比的平方，反比于强制涡域任一半径与溢流管半径之比的平方；实际水头损失正比于给矿速度的平方、给矿管直径与旋流器直径之比的平方。在轴心处（$r_c = 0$）出现最大值。

　　将 $r_c = 0$ 代入方程(3-6)和方程(3-7)，则强制涡域运动流体沿径向的最大实际压力降和最大实际水头损失分别为：

$$\Delta p_{cm} = p_m - p_{co} = 6.845 \left(\frac{d_i}{D}\right)^2 \left(1.5\frac{R}{r_o}\right)^{2n} \rho_m v_i^2 \qquad (3-8)$$

和　　　　　$$\Delta h_{cm} = h_m - h_{co} = \frac{6.845}{g} \left(\frac{d_i}{D}\right)^2 \left(1.5\frac{R}{r_o}\right)^{2n} v_i^2 \qquad (3-9)$$

式中：Δp_{cm}——强制涡域最大实际压力降；

　　　　Δh_{cm}——强制涡域最大实际水头损失；

　　　　p_{co}——旋流器轴心处($r_c = 0$)压力；

　　　　h_{co}——旋流器轴心处($r_c = 0$)水头。

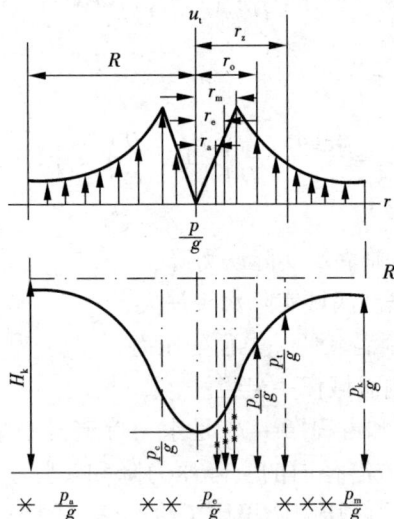

图3-2　自然分界面示意图

　　从方程(3-8)和方程(3-9)看出，当旋流器的结构参数一定时，呈组合涡运动流体的强制涡域最大实际压力降正比于给矿速度的平方、给矿矿浆密度；最大实际水头损失正比于给矿速度的平方。

　　(3)计算压力降的基准面

　　综上所述，水力旋流器在分离过程中，呈组合涡运动流体沿径向的实际压力分布可用图3-2表示。从图中可以看出：组合涡中半自由涡与强制涡的自然分界面是最大切线速度轨迹面所限定的圆柱面，圆柱面的半径 $r = r_m = \dfrac{2}{3}r_o$。当 $r < \dfrac{2}{3}r_o$ 时，属强制涡，其压力为负值，即低于外部空间的大气压力；当 $r > \dfrac{2}{3}r_o$ 时，属半自由涡，其压力为正值，即大于外部空间的大气压力；当 $r = r_m = \dfrac{2}{3}r_o$ 时，属过渡状态，其压力基本上等于外部空间的大气压力。

　　水力旋流器分离的主要作用在半自由涡域($r_m \leqslant r \leqslant R$)。从图3-2还可看出：最大切线速度轨迹面的半径 $r_m < r_o < r_z$，r_z 为零速包络面半径。将相应半径代入方程(3-2)，则得旋流器中呈组合涡运动的流体，在半自由涡域各相应半径间的实际压力降分别为：

$$p_k - p_m = \frac{6.845}{n}\rho_m v_i^2 \cdot \left(\frac{d_i}{D}\right)^2 \left[\left(1.5\,\frac{R}{r_o}\right)^{2n} - 1\right]$$

$$p_k - p_o = \frac{6.845}{n}\rho_m v_i^2 \cdot \left(\frac{d_i}{D}\right)^2 \left[\left(\frac{R}{r_o}\right)^{2n} - 1\right]$$

$$p_k - p_z = \frac{6.845}{n}\rho_m v_i^2 \cdot \left(\frac{d_i}{D}\right)^2 \left[\left(\frac{R}{r_z}\right)^{2n} - 1\right]$$

式中：p_o——溢流管等径处($r = r_o$)压力；

　　　　p_z——零速包络面处($r = r_z$)压力。

从上述方程可以看出：半自由涡域$(r_m \leqslant r \leqslant R)$的实际压力降在过渡状态$(r = r_m)$具有最大值，即最大实际压力降。它分别大于溢流管等径处的压力降和零速包络面处的压力降，即

$$p_k - p_m > p_k - p_o > p_k - p_z$$

很明显，这个最大实际压力降就是水力旋流器分离过程中的实际能量消耗，可以用作选择给矿砂泵、泥浆泵功率和计算生产能力的依据。强制涡域$(0 \leqslant r \leqslant r_m)$的压力降在轴心处$(r_c = 0)$具有最大值，这个压力降就是水力旋流器中空气柱的真空度，可以借此来控制其分离的程度。

从上述的分析可以得出：水力旋流器分离过程中计算能量消耗的最佳基准面，应该是最大切线速度轨迹面（半自由涡与强制涡的自然分界面亦即过渡状态），只有这个基准面才能得到旋流器分离过程中的最大实际能量消耗（最大实际压力降）。这个基准面的位置就在旋流器内距轴心$\frac{2}{3}r_o$处；这个基准面的几何形状就是以$r = r_m = \frac{2}{3}r_o$为半径、以溢流管入口到沉砂口间的距离为高的圆柱面，见图3-1。

2. 生产能力计算方法

水力旋流器分离过程中的能量消耗，主要在器壁$(r = R)$到过渡状态（最大切线速度轨迹面）间的半自由涡域。根据半自由涡域的最大实际压力降方程$(3-4)$，可以得到给矿管中矿浆的平均速度：

$$v_i = 0.38 \frac{D}{d_i} \sqrt{\frac{n \Delta p_m}{\rho_m \left[\left(1.5 \frac{R}{r_o} \right)^{2n} - 1 \right]}} \tag{3-10}$$

或

$$v_i = 0.38 \frac{D}{d_i} \sqrt{\frac{n \Delta p_m}{\rho_m \left[\left(1.5 \frac{D}{d_o} \right)^{2n} - 1 \right]}} \tag{3-11}$$

当 $n = 0.64$（D、d_i、d_o 单位用 cm，Δp_m 单位用 MPa）时，将式（3-11）代入方程（3-1）并经过简化修正后得到的生产能力一般计算式为：

$$q_m = 2.69 D d_i \sqrt{\dfrac{\Delta p_m}{\rho_m \left[\left(1.5\dfrac{D}{d_o}\right)^{1.28} - 1\right]}} \qquad (3-12)$$

式中：q_m——旋流器生产能力，m^3/h；

　　　D——旋流器直径，cm；

　　　d_i——给矿管直径，cm；

　　　d_o——溢流管直径，cm；

　　　Δp_m——给矿压力（最大实际压力降），MPa；

　　　ρ_m——给矿矿浆密度，t/m^3。

通常水力旋流器的结构参数 $D/d_o > 1$，如果忽略式（3-12）中的 1，则其计算结果不会有多大影响，但计算过程就相当简便了。简化后水力旋流器生产能力的近似计算式为：

$$q_m \approx 2.1 D^{0.36} d_o^{0.64} d_i \sqrt{\dfrac{\Delta p_m}{\rho_m}} \qquad (3-13)$$

当矿石密度和给矿矿浆质量浓度 c_{iw} 已知时，则矿石与水组成的矿浆密度 ρ_m 用下式计算：

$$\rho_m = \dfrac{\delta}{c_{iw} + \delta(1 - c_{iw})} \qquad (3-14)$$

方程（3-12）和方程（3-13）是根据旋流器中呈组合涡运动的流体在半自由涡域从周边到最大切线速度轨迹面具有的最大实际压力降导出的旋流器生产能力计算式，称为最大切线速度轨迹生产能力计算法。该法的基本特点是无任何修正系数，计算简便。

3. 实际应用效果

通过如下实例介绍最大切线速度轨迹法生产能力的计算过程，并用现场生产旋流器的技术指标同理论计算值的对比结果来证实其实际应用的效果。

（1）实例计算过程

实例一 某铜矿选矿厂，采用 FXK－500 水力旋流器同 $\phi 3.2\ m \times 4.5\ m$ 溢流型球磨机构成一段闭路磨矿回路，见图 3－3。磨机实际处理能力 $Q = 66\ t/h$，矿石密度 $\delta = 2.83\ t/m^3$，返砂比 $S = 366.3\%$，旋流器给矿浓度 $c_{iw} = 59.00\%$。每组旋流器4台，其中 2 台生产 2 台备用，要求旋流器分级溢流浓度为 32%～35%，细度 －200 目占比为 65%～70%。试计算单台分级旋流器的生产能力。

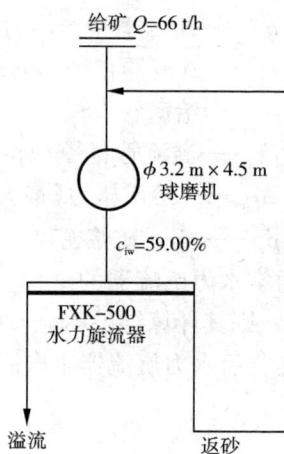

给矿 Q=66 t/h

$\phi 3.2\ m \times 4.5\ m$ 球磨机

c_{iw}=59.00%

FXK－500 水力旋流器

溢流　　　　　返砂

图 3－3　实例一流程

c_o 为 32%～35%；$S = 366.3\%$； －200 目 65%～70%

①列出旋流器的主要参数。

旋流器直径 $D = 500\ mm = 50\ cm$；

给矿管直径 $d_i = 130\ mm = 13\ cm$；

溢流管直径 $d_o = 160\ mm = 16\ cm$；

沉砂口直径 $d_s = 90\ mm = 9\ cm$；

给矿压力 $\Delta p_m = 0.08\ MPa$；矿石密度 $\delta = 2.83\ t/m^3$；给矿浓度 $c_{iw} = 59.00\%$。

②计算给矿矿浆密度。

由方程(3 – 14)得给矿矿浆密度：

$$\rho_m = \frac{\delta}{c_{iw} + \delta(1 - c_{iw})}$$

$$= \frac{2.83}{0.59 + 2.83 \times (1 - 0.59)}$$

$$\approx 1.617 \ (t/m^3)$$

为方便起见，已将各种不同密度矿石在不同矿浆浓度下的矿浆密度绘制成图形，见第七章图 7 – 5。应用时只需根据其具体矿石的密度和矿浆的浓度，直接从图 7 – 5 中查得与其相应的矿浆密度。

③计算旋流器生产能力。

将上述参数代入方程(3 – 12)计算单台旋流器的生产能力：

$$q_m = 2.69 D d_i \sqrt{\frac{\Delta p_m}{\rho_m \left[\left(1.5 \dfrac{D}{d_o}\right)^{1.28} - 1\right]}}$$

$$= 2.69 \times 50 \times 13 \sqrt{\frac{0.08}{1.617 \times \left[\left(1.5 \times \dfrac{50}{16}\right)^{1.28} - 1\right]}}$$

$$\approx 155.9 \ (m^3/h)$$

为了对比起见，再用简化的近似计算式(3 – 13)计算单台旋流器生产能力：

$$q_m = 2.1 D^{0.36} d_o^{0.64} d_i \sqrt{\frac{\Delta p_m}{\rho_m}}$$

$$= 2.1 \times 50^{0.36} \times 16^{0.64} \times 13 \times \sqrt{\frac{0.08}{1.617}}$$

$$\approx 146.4 \ (m^3/h)$$

由其计算值可知，方程(3 – 13)比方程(3 – 12)的计算值小，相对生产能力约小6%。

实际生产中,当给矿压力在 0.065 ~ 0.08 MPa 和返砂比在 330% 至 370% 波动时,实际生产能力为 146 ~ 157 m³/h。其技术指标统计结果见表 3 – 1。

从表 3 – 1 看出,当生产能力在 146 至 157 m³/h 间波动时,其技术指标符合生产要求,生产能力的理论计算值同实际生产值相吻合。

表 3 – 1　FXK – 500 分级旋流器生产统计技术指标

项目	1	2	3	4	5	6	7	8	9	平均值
溢流浓度/%	32.32	33.85	30.42	31.89	30.50	33.12	35.42	34.00	30.46	32.44
溢流细度/ –200 目%	60.00	68.00	64.00	60.00	71.00	60.00	71.00	66.00	66.00	65.11
沉砂浓度/%	83.00	80.00	78.00	81.00	80.00	81.00	80.00			80.43
沉砂细度/ –200 目%	14.41	11.94	11.10	13.90	14.71	13.94	20.20	12.45	13.45	14.01
给矿浓度/%	55.44	60.39	55.64	54.74	58.27	53.91	54.91	53.87	61.76	56.55
给矿细度/ –200 目%	26.75	23.12	26.02	27.94	28.10	28.65	39.04	26.87	24.21	27.86
给矿压力/MPa	0.065	0.065	0.07	0.08	0.065	0.065	0.07	0.07	0.07	0.07
返砂比/%	292	433	324	302	321	273	312	530	333	346.67
分级效率/%	45.02	51.10	59.15	52.41		57.05	55.62	43.36	51.17	51.86

实例二　某铜矿选矿厂,采用自磨机排矿进筒筛筛分,筛下产物经 Krebs 型直径为 660 mm 旋流器分级并同 φ3.6 m × 6 m 球磨机构成闭路磨矿系统,筒筛筛上产物进短头圆锥碎矿机再碎的

ABC 流程，详见图 3 - 4。试计算单台旋流器的生产能力。

①列出旋流器主要参数。

$D = 660$ mm；

$d_i = 195$ mm；

$d_o = 260$ mm；

$\Delta P_m = 0.08$ MPa；

$\delta = 2.83$ t/m^3；

$c_{iw} = 54.3\%$。

②计算或由图 7 - 5 查得其给矿矿浆密度。

$\rho_m = 1.541$ t/m^3

③计算旋流器生产能力。

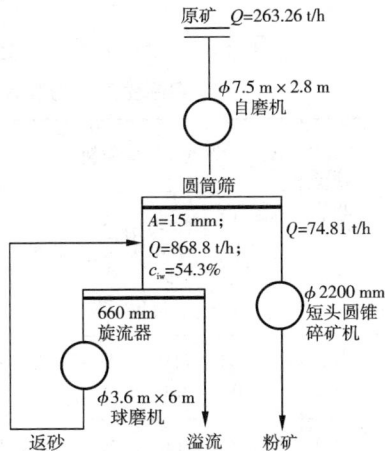

原矿　$Q = 263.26$ t/h

$\phi 7.5$ m × 2.8 m
自磨机

圆筒筛

$A = 15$ mm；
$Q = 868.8$ t/h；
$c_{iw} = 54.3\%$

$Q = 74.81$ t/h

$\phi 2200$ mm
短头圆锥碎矿机

660 mm
旋流器

$\phi 3.6$ m × 6 m
球磨机

返砂　　　溢流　　粉矿

图 3 - 4　实例二流程

$Q = 188.45$ t/h；-200 目 65%；$C_o = 33.3\%$

先按一般式(3 - 12)计算单台旋流器生产能力：

$$q_m = 2.69 \times 66 \times 19.5 \sqrt{\frac{0.08}{1.541 \times \left[\left(1.5 \times \frac{66}{26} \right)^{1.28} - 1 \right]}} \approx 370.3 \ (\text{m}^3/\text{h})$$

再用简化的近似计算式(3 - 13)计算单台旋流器生产能力：

$$q_m = 2.1 \times 66^{0.36} \times 26^{0.64} \times 19.5 \times \sqrt{\frac{0.08}{1.541}} \approx 339.2 \ (\text{m}^3/\text{h})$$

式(3 - 13)比式(3 - 12)计算的生产能力小 31 m^3/h，其相对生产能力小约 8%。

(2)效果比较

为了验证最大切线速度轨迹法旋流器生产能力计算式的适应性和可靠程度，现用国内外有关选矿厂水力旋流器的实际生产资料和制造厂家系列产品的技术性能资料与理论计算值进行对比。

详见表 3 - 2 ～ 表 3 - 7。

表 3 - 2　苏联有关铁矿选矿厂水力旋流器实际生产能力和计算值比较

采选公司名称	旋流器直径/mm	主要结构参数				主要操作参数		生产能力		
		给矿口直径/（mm×mm）	溢流口直径/mm	沉砂口直径/mm	锥角/(°)	给矿浓度/%	给矿压力/MPa	实际值/(m³·h⁻¹)	计算值/(m³·h⁻¹)	相对误差/%
南方	500	40×120	110	60	20	42.2	0.18	113.1	114.4	1.14
	350	40×90	80	42～45	20	34.7	0.22	85.7	81.8	-4.55
中央	750	100×200	200	85	20	35.9	0.16	416.7	391.8	-5.97
	350	30×90	80	32～36	20	35.7	0.20	59.8	57.5	-3.84
英格列茨	350	40×90	90	52～56	20	42.3	0.20	85.7	81.8	-4.55
列贝金斯克	750	85×200	250	75	20	53.1	0.07	263.3	256.3	-2.65
索科罗夫－萨尔巴伊	500	40×140	110	50	20	39.4	0.14	121.0	112.5	-7.00
	350	40×90	80	50	20	33.2	0.20	79.3	78.6	-0.88
第聂伯	1000	120×310	250	120	20	54.6	0.12	500.0	532.1	6.42
	710	85×200	200	100	20	36.2	0.16	378.7	355.5	-6.12
	720	85×200	200	100	20	26.6	0.18	373.8	393.6	5.29
新克里沃罗格	500	55×140	110	60	20	35.3	0.20	125.0	116.4	-6.78
	350	30×90	70	42	20	26.3	0.20	60.0	63.7	5.81
北方	350	30×90	80	35～40	20	21.7	0.20	64.6	68.4	5.88

注：计算值系按式(3-12)计算的结果。

表 3 – 3 我国有关铁矿选矿厂水力旋流器实际生产能力和计算值比较

选矿厂名称	作业名称	主要结构参数					主要操作参数		生产能力		
		旋流器规格/mm	给矿口直径/mm	溢流口直径/mm	沉砂口直径/mm	锥角/(°)	给矿浓度/%	给矿压力/MPa	实际值/(m³·h⁻¹)	计算值/(m³·h⁻¹)	相对误差/%
鞍钢烧结总厂	铁矿控制分级	1000	80×240 (156.4)	300	110	20	47.9	0.20	575.0	578.0	0.52
武钢铁山选矿厂	二段分级	500	76	147	48	20	27.0	0.07	100.0	93.5	-6.50
首钢大石河选矿厂	二段分级	500	100	110	35	20	52.0	0.08	81.2	86.7	6.77
本钢南芬选矿厂	二段检查分级	350	52.3	105		20	20.0	0.08	50.0	49.4	-1.20
鞍钢弓长岭选矿厂	二段分级	350	60.0	133		20	36.8	0.05	50.8	49.6	-2.30

注:计算值系按式(3－12)计算的结果。

表 3 – 4 辽源型重型机器厂 Krebs 型分级旋流器实际生产能力和计算值比较

型号及规格/mm	主要结构参数				主要操作参数		生产能力		
	给矿口直径/(mm×mm)	溢流口直径/mm	沉砂口直径/mm	锥角/(°)	给矿浓度/%	给矿压力/MPa	实际值/(m³·h⁻¹)	计算值/(m³·h⁻¹)	相对误差/%
FX – 711	127×127	305	127	20	20.0	0.10	437.0	407.0	-6.70
FX – 610	108×108	260	102	20	20.0	0.10	317.0	295.8	-6.68
FX – 508	92×92	216	83	20	20.0	0.10	224.0	209.5	-6.47
FX – 356	64×64	152	57	20	20.0	0.10	110.0	102.5	-6.82
FX – 254	44×44	108	44.5	20	20.0	0.10	54.0	50.5	-6.46

注:计算值系按式(3－12)计算的结果。

表 3 – 5   辽源重型机器厂 Krebs 衬胶旋流器实际生产能力和计算值比较

| 旋流器直径/mm | 主要结构参数 | | | | 主要操作参数 | | 生产能力/(m³·h⁻¹) | | 备 注 |
	给矿口直径/(mm×mm)	溢流口直径/mm	沉砂口直径/mm	锥角/(°)	给矿浓度/%	给矿压力/MPa	实际值	计算值	
660	115×225 (181.5)	254	152	20	50.0	0.10	350.0	386.1	
500	110×120 (129.6)	140 (160) 180	70 90 110	20	40.0	0.10	170~220	190.0	计算采用的矿石密度 δ = 2.65 t/m³
350	65×80 (81.4)	95 (105) 115	60 70 80	20	30.0	0.10	74~90	83.1	
300	47×60 (60.0)	65 (75)	35 40	20	30.0	0.10	37~43	45.8	
150	22×22 (24.8)	25 32 (40) 50	16 24 32	15	25.0	0.10	7.5~15	10.3	

注：计算值系将式(3 – 12)计算的结果。

表 3 – 6   云南锡业公司旋流器实际生产能力和计算值比较

| 旋流器直径/mm | 主要结构参数 | | | | 主要操作参数 | | 生产能力/(m³·h⁻¹) | |
	给矿口直径/(mm×mm)	溢流口直径/mm	沉砂口直径/mm	锥角/(°)	给矿浓度/%	给矿压力/MPa	实际生产能力	计算生产能力
500	120×65 (100)①	150	30~50 (40)	30	15~20 (18.0)	0.05~0.07 (0.06)	104.2~125	118.9
250	70×30 (51.7)	70	20~30 (25)	20	10~15 (12.5)	0.05~0.07 (0.06)	25~33.3	29.8
125	30×15 (24)	35	10~15 (12.5)	15	10~15 (12.5)	0.15~0.20 (0.18)	12.5~14.6	12.0
75	15×9 (13)	20	6~8 (7)	15	7~10 (8.0)	0.15~0.20 (0.18)	2.9~4.2	3.8
50	11×6 (9.2)	15	4~6 (5)	15	7~10 (8.0)	0.1~0.15 (0.12)	1.25~2.10	1.6

注：①括号中的数据系计算时用的当量直径或平均直径。②计算时用的矿石密度为 δ = 2.65 t/m³。

表 3 – 7 某铜矿 ϕ500 mm 旋流器不同给矿压力的实际生产能力和计算值比较

给矿压力/MPa	实际生产能力/(m³·h⁻¹)	计算生产能力/(m³·h⁻¹)		相对误差/%		备 注
		式(3–12)	式(3–13)	式(3–12)	式(3–13)	
0.157	223.92	241.31	221.04	7.76	–1.28	1. 本表中的实际生产能力系分级试验的测定值
0.146	222.84	236.17	216.33	5.98	–2.92	
0.131	217.80	216.82	198.61	–0.45	–8.81	2. 主要目的是用式(3–12)和式(3–13)的计算值与实际值进行比较
0.120	207.72	212.19	194.37	2.15	–6.42	
0.080	166.68	171.76	158.33	3.04	–5.01	
0.030	100.80	106.71	97.80	5.86	–2.97	

从上述大量国内外生产现场实例的计算结果和数据可以看出，最大切线速度轨迹生产能力一般计算法的计算值同实际值相当吻合，它适用于生产现场水力旋流器的实际检测和技术控制，也适用于科研单位对水力旋流器的结构改进和参数优化的审定与测试；最大切线速度轨迹生产能力近似计算法的计算值比实际值小 2%～8%，它适用于设计单位对新建、扩建和改建选矿厂所需水力旋流器的选择计算。由于它计算的生产能力比实际生产能力小 2%～8%，选用的水力旋流器台数可稍有富余，有利于将来生产现场对生产过程的调整和控制。

二、等压面法

达尔扬于 1953 年根据旋转运动流体的离心头（$dp/dr = \rho u_t^2/r$）和组合涡运动的基本性质，在忽略射流阻力、内摩擦力和机械摩擦力损失的情况下，导出水力旋流器中旋转运动流体沿径向压力降和水头损失的基本方程。1955 年达尔扬提出：水力旋流器分离过程中的能量损失（能量消耗），应该是从周边（$r = R$）到溢流管入口下部、同溢流管等径的圆柱面间总压力降或总水头损失，亦即计算压力降的基准面是同溢流管等径的圆柱面,该圆柱面是直径 $d = d_o$、高等于溢流管入口到沉砂口间距离、同旋流器共轴的圆柱面。1981 年达尔扬在其著作中又提出:水力旋流器分离过程中的能量损失,应该是从周边到溢流管入口下部同外界压力相等的等压面间总压力降或总水头损失,亦即压力降的基准面是同外界压力相等的等压面,该等压面是直径 $d = d_e (r = r_e)$、高等于溢流管入口到沉砂口间距离、同旋流器共轴的圆柱面,但 $d_e < d_m$。当考虑到射流阻力损失的影响时,导出的总压力降和总水头损失方程分别为:

$$\Delta p = \frac{\varphi^2 v_i^2}{2} \rho_m \left[\left(\frac{m^{2n} - 1}{n} \right) + m^{2n} (1 - t^2) + \left(\frac{1 - \varphi}{\varphi} \right)^2 \right] \quad (3-15)$$

$$\Delta h = \frac{\varphi^2 v_i^2}{2g} \left[\left(\frac{m^{2n} - 1}{n} \right) + m^{2n} (1 - t^2) + \left(\frac{1 - \varphi}{\varphi} \right)^2 \right] \quad (3-16)$$

就常用的分级旋流器而言,达尔扬将方程(3 – 15)和方程(3 – 16)简化为:

$$\Delta p = \frac{\rho_m u_{kt}^2}{2} \cdot \frac{7.5^{2n} - 1}{0.8n} \quad (3-17)$$

和

$$\Delta h = \frac{u_{kt}^2}{2g} \cdot \frac{7.5^{2n} - 1}{0.8n} \quad (3-18)$$

式中: φ ——速度降低系数, $\varphi = \dfrac{u_{kt}}{v_i} = \dfrac{5.31}{\left(\dfrac{R}{r_i} - 0.5 \right)^{1.13}}$, u_{kt} 为旋流器

周边($r = R$)流体切线速度, r_i 为给矿管半径;

m ——旋流器半径与最大切线速度轨迹面半径之比,即 $m = R/r_m \approx 7.5$, r_m 为最大切线速度轨迹面半径。

t ——等压面半径与溢流管半径之比,即 $t = \dfrac{r_e}{r_o} \approx 0.8$, r_e 为等压面半径。

从上述方程不难看出 v_i 与 Δp 之间的关系。将 v_i 值代入方程

（3–1），即可求出旋流器生产能力的等压面法计算式。但达尔扬在其著作中均未导出生产能力计算式，然而他的论述是旋流器生产能力理论计算法的基础，对选矿界有重大影响。

三、空气柱界面法

波瓦罗夫（А. И. Пораров）认为：水力旋流器分离过程中的能量损失，应该是从周边到空气柱界面间的总压力降或总水头损失，即计算压力降的基准面应该是空气柱界面，该界面的直径 $d = d_a (r = r_a)$、高等于溢流管入口到沉砂口间距离，而 $d_a < d_e < d_m$。当忽略射流阻力损失影响时，导出的总压力降方程为：

$$\Delta p = \frac{u_{kt}^2 \rho_m}{(2n-1)} \left[\left(\frac{R^{2n}-1}{r_a^{2n}-1} \right) - 1 \right] \tag{3–19}$$

波瓦罗夫研究将 $n = 0.5$，$r_a = 0.6 r_o$ 代入式（3–19）并经有关代换后，得：

$$\Delta p = K^2 \rho_m v_i^2 \left(\frac{d_i}{D} \right)^2 \ln \frac{D}{1.2 d_o} \tag{3–20}$$

式中：n、K——分别为指数、常数。

将式（3–20）中的 v_i 值代入式（3–1），并经修正后，得到空气柱界面法生产能力计算式：

$$q_m = 3 K_D K_\theta d_i d_o \sqrt{\Delta p} \tag{3–21}$$

式中：K_D——旋流器直径修正系数，$K_D = 0.8 + \dfrac{1.2}{1 + 0.1 D}$；

K_θ——旋流器锥角修正系数，$K_\theta = 0.79 + \dfrac{0.044}{0.0379 + \tan \dfrac{\theta}{2}}$，

θ 为锥角，（°）；

Δp——旋流器入口压力，MPa。

拉苏莫夫（К. А. Разумов）1982 年的著作中对波瓦罗夫生产

能力计算式中的给矿压力进行了修正，即用旋流器入口矿浆的工作压力 p'_o 代替旋流器入口压力 Δp。修正后旋流器的生产能力计算式为：

$$q_m = 3K_D K_\theta d_i d_o \sqrt{\Delta p'_o} \qquad (3-22)$$

式中：K_D——旋流器直径修正系数，见式（3-21）或图3-5；

　　　K_θ——旋流器锥角修正系数，见式（3-21）或图3-5；

　　　d_i、d_o——分别为给矿口和溢流口直径，cm；

　　　$\Delta p'_o$——旋流器入口矿浆工作压力，MPa。

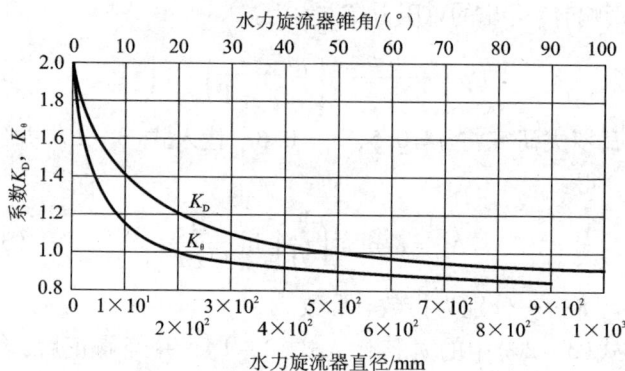

图3-5　K_D 和 K_θ 同直径和锥角的关系

当旋流器直径 $D > 500$ mm 时，入口处的工作压力必须考虑旋流器高度的影响，即：

$$\Delta p'_o = \Delta p + 0.01 H_o \rho_m$$

式中：Δp——旋流器入口压力，MPa；

　　　H_o——旋流器高度（表3-8），m。

表 3 – 8　旋流器的直径、高度和高度修正系数

旋流器直径/mm	150	250	360	500	710	1000	1400	2000
K_D	1. 28	1. 14	1. 06	1. 00	0. 95	0. 91	0. 88	0. 81
高度/m					3. 50	4. 50	6. 00	8. 00

拉苏莫夫式同波瓦罗夫式基本相同，只是对 $D > 500$ mm 旋流器的入口压力进行了有关修正。$D \leqslant 500$ mm 的旋流器入口压力无须修正。

波瓦罗夫的旋流器生产能力计算式在我国有广泛的影响，我国以往选矿设计中旋流器的选择计算，基本是采用波瓦罗夫计算法。

第二节　经验计算法

水力旋流器生产能力的经验计算法，基本上都是根据生产实践和科学试验的系统测定资料，运用数学统计分析得到的经验数学模型。这类计算式很多，而且结构形式各式各样。现分别介绍其中主要的计算式(本节各计算式中 Δp 的单位为 kPa)。

一、达尔斯特罗姆(D. A. Dahlstrom)计算式

达尔斯特罗姆是根据实验资料建立水力旋流器生产能力数学模型的先驱，其模型为：

$$q_m = 0. 43 (d_i d_o)^{0.9} \sqrt{\Delta h} \qquad (3 – 23)$$

式中：Δh——给矿水头，mH_2O[①]。

d_i、d_o——分别为给矿口、溢流口直径，cm。

---

① 　$1 \ mH_2O = 9.8 \ kPa$。

二、普里特(L. R. Plitt)计算式

普里特采用三种不同规格的水力旋流器对硅石进行大量的试验后,根据其试验结果运用数学分析法首先得到压力降与生产能力的函数关系式:

$$\Delta p = \frac{1.88 q_m^{1.78} \exp(0.0055 c_{iv})}{D^{0.37} d_i^{0.94} h_x^{0.28} (d^2 + d_s + d_o^2)^{0.87}} \qquad (3-24)$$

将式(3-24)经过有关变换后得到的生产能力计算式为:

$$q_m = \frac{0.7 D^{0.21} d_i^{0.53} h_x^{0.16} (d_s^2 + d_o^2)^{0.49} \Delta p^{0.56}}{\exp(0.0031 c_{iv})} \qquad (3-25)$$

式中: h_x ——自由旋涡高度,即旋涡溢流管入口到沉砂口间的距离,cm;

d_s ——沉砂管直径,cm;

c_{iv} ——给矿矿浆体积浓度,%;

D、d_i ——分别为旋流器、给矿口的直径,cm;

Δp ——旋流器给矿压力,kPa;

d_o ——溢流口直径,cm。

三、林奇和劳(A. J. Lynch 和 T. C. Rao)计算式

林奇和劳采用多种规格的 Krebs 水力旋流器,对纯度为99%的石灰石进行工业试验后,根据其试验结果建立生产能力模型如下。

当给矿粒度组成不变时:

$$q_m = 0.81 d_o^{0.73} d_i^{0.86} \Delta p^{0.42} \qquad (3-26)$$

当给矿粒度组成发生变化时:

$$q_m = 9 d_o^{0.68} d_i^{0.85} d_s^{0.16} \Delta p^{0.49} \beta_{-0.053}^{-0.35} \qquad (3-27)$$

式中: $\beta_{-0.053}$ ——给矿中 -0.053 mm 粒级含量,%。

四、阿提本(R. A. Arterburn)[1]计算式

阿提本采用标准型 Krebs 旋流器进行大量的科学试验后，按其试验结果建立生产能力计算式：

$$q_{\mathrm{m}} = 0.009D^2 \sqrt{\Delta p} \qquad (3-28)$$

阿提本采用标准型 Krebs 旋流器的结构参数：

给矿口面积 A_i 为 $(0.05 \sim 0.02) \pi D^2$；

溢流口直径 $d_o = 0.4D$；

沉砂口直径 $d_s = 0.1D$；

锥角 $\alpha = \begin{cases} 20°, & D > 250 \text{ mm}; \\ 12°, & D < 250 \text{ mm}。 \end{cases}$

五、苗拉和鸠尔(A. L. Mular 和 N. A. Jull)[2]计算式

苗拉和鸠尔也是采用标准型 Krebs 旋流器的试验结果，建立起同阿提本相似的生产能力计算式：

$$q_{\mathrm{m}} = 0.0094D^2 \sqrt{\Delta p} \qquad (3-29)$$

式中：D——旋流器直径，cm；

　　　Δp——给矿压力，kPa；

第三节　效果对比

为了验证水力旋流器各种生产能力计算式的适用范围和可靠程度，现用主要计算式的理论计算值同国内外有关选矿厂工业旋流器的生产实际值进行具体对比。其对比结果见表 3-9~表 3-11。

---

① R. A. Arterburn 有些文献译为阿特伯恩，下同。

② A. L. Mular 和 N. A. Jull 有些文献译为穆拉尔和朱尔，下同。

表 3-9　苏联有关选矿厂水力旋流器实际生产能力与理论计算值比较

选矿厂名称	矿石种类及作业名称	旋流器直径/mm	主要结构参数				主要操作参数		实际生产能力/(m³·h⁻¹)
			给矿口直径/mm	溢流口直径/mm	沉砂口直径/mm	锥角/(°)	给矿浓度/%	给矿压力/MPa	
基洛夫(1)	磷灰石、霞石脱泥($\delta=2.8$)	1400	300	375	250	20	12.7	0.15	1646
基洛夫(2)	磷灰石、霞石控制分级($\delta=2.8$)	1000	230	260	170	20	68.0	0.15	636
ATMK	铜矿脱泥($\delta=2.8$)	750	120	200	70	20	42.1	0.25	360
HTMK	铜镍矿控制分级($\delta=2.8$)	650	100	200	80	20	30.0	0.12	230
CYM3	硫化矿控制分级($\delta=2.8$)	500	95	150	34	20	38.7	0.14	152
ЮГОК	磁选中矿分级($\delta=3.4$)	350	68	77.5	42.5	20	46.0	0.17	69

选矿厂名称	矿石种类及作业名称	理论式计算值/(m³·h⁻¹)							
		笔者式(3-12)	笔者式(3-13)	波瓦罗夫式	拉苏莫夫式	达尔斯特罗姆式	林奇和劳式	阿提本式	苗拉和鸠尔式
基洛夫(1)	磷灰石、霞石脱泥($\delta=2.8$)	1489.0	1420.2	1149.4	1374.6	937.0	1742.5	2161.0	2257.0
基洛夫(2)	磷灰石、霞石控制分级($\delta=2.8$)	629.5	602.0	632.3	780.0	530.8	1062.0	1103.0	1151.5
ATMK	铜矿脱泥($\delta=2.8$)	360.2	343.7	338.4	369.2	301.3	621.4	800.0	836.0
HTMK	铜镍矿控制分级($\delta=2.8$)	212.7	200.3	199.5	223.8	177.2	387.7	416.0	435.0
CYM3	硫化矿控制分级($\delta=2.8$)	157.2	151.3	160.0	160.0	141.0	320.7	266.0	278.0
ЮГОК	磁选中矿分级($\delta=3.4$)	68.1	66.0	69.1	69.1	63.5	162.4	144.0	150.0

注：林奇和劳法系采用式(3-26)的计算结果，下同。

表 3－10　我国有关铁矿选矿厂水力旋流器实际生产能力与理论计算值比较

选矿厂名称	矿石种类及作业名称	旋流器直径/mm	实际生产能力/(m³·h⁻¹)	理论式计算值/(m³·h⁻¹)		
				笔者式(3－12)	笔者式(3－13)	波瓦罗夫式
鞍钢烧结总厂	铁矿控制分级	1000	575.0	578.0	545.6	572.8
武钢铁山选矿厂	二段磨矿分级	500	100.0	93.50	87.1	88.7
首钢大石河选矿厂	二段磨矿分级	500	81.2	86.7	84.1	93.3
本钢南芬选矿厂	二段磨矿分级	350	50.0	49.4	46.7	49.8
鞍钢弓长岭选矿厂	二段磨矿分级	350	50.8	49.6	45.8	57.1

选矿厂名称	矿石种类及作业名称	理论式计算值/(m³·h⁻¹)				
		拉苏莫夫式	达尔斯特罗姆式	林奇和劳式	阿提本式	苗拉和鸠尔式
鞍钢烧结总厂	铁矿控制分级	663.1	492.8	954.8	1272.8	1329.4
武钢铁山选矿厂	二段磨矿分级	88.7	81.0	151.0	188.2	196.6
首钢大石河选矿厂	二段磨矿分级	93.3	84.4	212.8	201.1	210.2
本钢南芬选矿厂	二段磨矿分级	49.8	45.2	118.0	98.6	103.0
鞍钢弓长岭选矿厂	二段磨矿分级	57.1	50.0	129.3	78.0	81.4

表 3－11　云南锡业公司锡矿分级、脱泥试验旋流器的实际生产能力与理论计算值比较

旋流器直径/mm	主要结构参数				主要操作参数		实际生产能力/(m³·h⁻¹)	理论式计算值/(m³·h⁻¹)	
	给矿口直径/(mm×mm)	溢流口直径/mm	沉砂口直径/mm	锥角/(°)	给矿浓度/%	给矿压力/MPa		笔者式(3－12)	笔者式(3－13)
500	60×140(100)	150	30~50	30	16.0	0.07	110.0	127.5	121.5
250	30×70(50)	75	20~30	20	13.2	0.07	29.2	32.5	30.4
150	15×30(24)	32	9~14	15	12.1	0.20	10.4	12.4	12.0
50	6×11(9)	12	4~6	10~15	4.9	0.15	2.0	1.5	1.4

续表 3-11

旋流器直径/mm	理论计算生产能力/(m³·h⁻¹)						备 注
	波瓦罗夫式	拉苏莫夫式	达尔斯特罗姆式	林奇和劳式	阿提本式	苗拉和鸠尔式	
500	110.7	110.7	104.4	252.2	188.2	196.6	锡矿分级试验
250	35.6	35.6	30.0	83.9	47.1	49.2	锡矿分级试验
150	13.9	13.9	12.2	14.1	9.1	9.6	锡矿脱泥试验
50	2.1	2.1	1.8	6.9	0.9	0.92	锡矿脱泥试验

注：计算采用矿石密度 $\delta = 2.65$ t/m³。

从大量的水力旋流器生产实践资料的考核和验证结果看出，生产能力的理论计算法的计算值同实际值相当吻合。其准确性和适应性依次为：笔者的最大切线速度轨迹法、波瓦罗夫的空气柱界面法和拉苏莫夫对波瓦罗夫式的压力修正法。

经验计算法的准确性和适应性不及理论计算法。

上述考核和验证的数据，从国内外目前选矿厂使用水力旋流器的实际情况来看，仍属少部分。读者可以根据自己的生产实践和掌握的具体资料，进行更为广泛的考核和验证，以得出更为切合实际和更具代表性的普遍规律。

参考文献

[1] 波瓦罗夫 А И. 选矿厂水力旋流器[M]. 北京：冶金工业出版社，1982.

[2] 庞学诗. 水力旋流器生产能力的计算方法[J]. 国外金属矿选矿，1988
    (8)：15-21.

[3] 庞学诗. 水力旋流器生产能力计算[J]. 矿冶工程，1986(12)：22-25.

[4] 庞学诗. 水力旋流器生产能力计算方法的研究及应用[J]. 湖南有色金
    属，1988(5)：16-18.

[5] 选矿设计参考资料编辑组. 选矿设计参考资料[M]. 北京：冶金工业出

版社, 1972: 122 – 123.

[6] 庞学诗. 水力旋流器分离粒度的计算[J]. 矿冶工程, 1986(3): 24 – 29.

[7] 选矿设计手册编委会. 选矿设计手册[M]. 北京: 冶金工业出版社, 1988.

[8] 北京有色冶金设计研究总院, 江西铜业公司德兴铜矿. 旋流器分级及堆坝试验报告[R]. 1987.

[9] 庞学诗. 螺旋涡的基本性质及其在旋流器中的应用[J]. 有色金属, 1991(4): 30 – 34.

[10] 达尔扬 G. 匈牙利选矿科学技术[M]. 北京: 煤炭工业出版社, 1958.

[11] PaZумов К А, Перов В А. ПРОЕКТИРОВАИЕ Обогатнитеъных. Фабрик[M]. МОСКВА НЕДРА, 1982.

[12] Dahlstrom D A. Cyclone Operating Factors and Capacities on Caol and Refuse Slurries[J]. Trans. AIME, 184, 1949, 331 – 344.

[13] Plitt L R. A Mathematical Model of the Hydrocyclone Classifiers[J]. CIM Bull, 1976(1): 114 – 123.

[14] Lynch A. J, Rao T C. Modelling and Scale up of the Hydrocyclone Classifiers[C]. 11th. Int. Miner. Process. Congr. , Cagliari, 1976, 245 – 269.

[15] Weiss N L. SME Mineral Processing Handbook[M]. New York, 1985.

[16] Austin L G, Klimpel R R, Luokie P T. Process Engineering of Size Reduction Ball Milling[M]. New York, 1984.

[17] 庞学诗. 水力旋流器技术与应用[M]. 北京: 中国石化出版社, 2010.

第四章　分离粒度计算

　　分离粒度是水力旋流器分离过程的质量指标，也是选择计算设备和工艺过程控制的主要依据。

　　分离粒度同旋流器的结构参数、操作参数有关。国内外学者为了及时准确地预测生产过程中旋流器的分离粒度，根据其有关学说和实践资料提出了各式各样理论的、经验的和半经验的计算式。如，G. Tarjan 在 Mineral Processing 一书中列出 11 个计算式；姚书典和隋志宇在《高浓度条件下水力旋流器的分离粒度》一文中汇总 12 个公式；庞学诗在《水力旋流器分离粒度的计算方法》一文中介绍 18 种计算方法。这些公式或方法，在相应的时期的相应条件下，对指导生产实践起到相应的作用。

　　分离粒度有两种：实际分离粒度和校正分离粒度。实际分离粒度就是旋流器的实际分配曲线上同其分配率 50% 相对应的颗粒粒度，它没有考虑水力旋流器分离过程中短路流的影响，通常用 d_{50} 表示；校正分离粒度就是旋流器的校正分配曲线上同其分配率 50% 相对应的颗粒度，它考虑了水力旋流器分离过程中短路流的影响，通常用 d_{50c} 表示。校正分离粒度比实际分离粒度大。

　　在生产实践中，分级产物和选别产物的细度多用其分级粒度或最大粒度表示。分级粒度或最大粒度就是产物中 95% 通过的筛孔尺寸，常用 d_m 表示。分级粒度或最大粒度与实际分离粒度的关系：d_m 为 $(1.5 \sim 2.0)d_{50}$。

　　水力旋流器分离粒度的计算方法，按其导出的理论依据大致分四类：平衡轨道法、停留时间法、受阻排料法和经验模型法。现分类介绍其基本理论和主要公式导出过程；与此同时，还用生产实例对其主要公式进行理论计算值和实际测定值的对比，供读者在实际工作中选择和计算时参考。

第一节　平衡轨道法

在水力旋流器分离过程中，固体颗粒所受的离心力和流体的径向阻力相平衡的那些颗粒粒度就是旋流器的分离粒度。

按照该假设，在相同的分离条件下，不同的轨道(不同的旋转半径)有不同的分离粒度。水力旋流器的平衡轨道面(亦即分离面)就是分离过程中分离粒度所处平衡轨道的总体(轨迹)，它是平衡轨道法分离粒度计算式导出的基本依据。在平衡轨道法中，准确地选定旋流器分离过程中平衡轨道的位置、形状和大小，对导出分离粒度计算式的准确性和可靠性至关重要。研究者的中心任务就是要准确地选定旋流器分离过程中平衡轨道面的位置、形状和大小，并以此为据导出适应性强、简便易行的分离粒度计算式。近年来，国内外学者提出的主要平衡轨道面见图4-1。

在旋流器分离过程中，理想的平衡轨道面应该是以该面为界，在轨道面以内的固体物料为溢流产物，其粒度全部小于分离粒度；在轨道面以外的固体物料为沉砂产物，其粒度全部大于分离粒度；处于轨道面而且以动态平衡存在的固体物料粒度就是水力旋流器的分离粒度。研究者的最终目的，就是导出处于轨道面而以动态平衡存在的固体物料的颗粒粒度。

现以图4-1中国内外学者提出的水力旋流器分离过程的平衡轨道面为依据，论述其理论基础、主要分离粒度计算式导出的过程及实用效果。

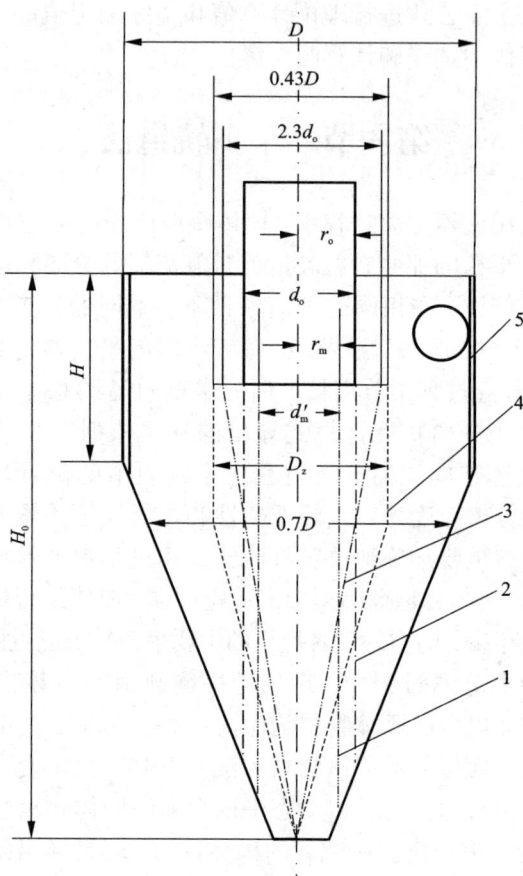

图 4 - 1 平衡轨道面示意图

1. —···—最大切线速度轨迹法平衡轨道面;
2. —·—内旋流法平衡轨道面;
3. —··—零速包络面法的锥体平衡轨道面;
4. ------零速包络面法的柱锥联体平衡轨道面;
5. ——外旋流法平衡轨道面

一、最大切线速度轨迹法

在水力旋流器分离过程中，呈组合涡运动的流体，沿径向的离心力和切应力的分布规律及其最大切线速度轨迹面的形成，是其分离过程进行的主要依据和分离粒度计算的理论基础。最大切线速度轨迹分离粒度计算法（简称最大切线速度轨迹法）就是以笔者提出的"复合螺线涡或由其简化的组合涡是在水力旋流器分离过程中进行的特有流体运动形式，其中的最大切线速度轨迹面就是它的自然分离面（自然平衡轨道面）"学说导出的分离粒度计算方法。兹将其理论基础、导出过程和实用效果概述如下。

1. 理论基础

正如第二章所述，组合涡是水力旋流器分离过程中的特有形式。很自然，组合涡也是水力旋流器分离作用赖以进行的理论依据。组合涡是由半自由涡和强制涡组合而成的复合涡运动。现在从组合涡运动流体沿径向的速度分布规律及其产生的离心力和切应力沿径向的分布规律来研究水力旋流器的分离过程和分离作用，从而证实组合涡中从半自由涡域向强制涡域过渡时的最大切线速度轨迹面，就是水力旋流器分离过程中理想的平衡轨道，即自然分离面。并以此为据，导出水力旋流器的分离粒度计算式，再用大量的国内外生产实践资料见证其使用效果。

具有黏性的两相流体同理想流体的性质和运动形式是有差异的，在组合螺线涡中的强制螺线涡和自由螺线涡的两种涡型交界处，并非明显的线而是一个过渡区，但其力学性质和运动规律基本不变。同样，由其简化而成的组合涡中的强制涡和半自由涡的两种涡型交界处，也非明显的线而是一个过渡区，见图 4-2。

从图 4-2 可以看出，组合涡中实际流体和理想流体的速度分布规律基本相同。为简便起见，现根据理想流体的分布规律，探讨由其产生的离心力和切应力沿径向的分布规律及其在分离过程中的作用。

（1）半自由涡域（$r_m \leq r \leq R$）的离心力和切应力分布

①离心力分布。

物体作圆周运动的离心力：

$$F = \frac{m u_t^2}{r} \qquad (4-1)$$

式中：F——离心力；

　　　　m——物体质量；

　　　　u_t——物体的切线速度；

　　　　r——旋转半径。

在水力旋流器分离过程中，矿浆由给矿管进入筒体的射流阻力是不能忽视的。射流阻力是矿浆由高速到低速的速度变化引起，当考虑到射流阻力影响时，矿浆由给矿管进入旋流器筒体的周边（$r = R$）切线速度应为 $u_{kt} = \varphi v_i$。

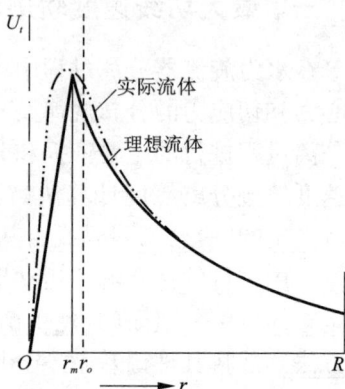

图 4-2　组合涡中实际流体和理想流体的速度分布

由方程（2-1）可知，组合涡运动流体沿径向的切线速度为 $u_t = u_{kt} \left(\dfrac{R}{r} \right)^n$。将周边切线速度 $u_{kt} = \varphi v_i$ 代入该式，则得组合涡运动流体沿径向的切线速度：

$$u_t = \varphi v_i \left(\frac{R}{r} \right)^n \qquad (4-2)$$

当指数 $n = 0.64$ 并将式（4-2）代入方程（4-1），则得组合涡运动流体在半自由涡域单位质量流体沿径向的离心力：

$$F = \varphi^2 v_i^2 \frac{R^{1.28}}{r^{2.28}} \qquad (4-3)$$

式中：φ——速度降低系数。

从方程(4-3)看出，在水力旋流器分离过程中，半自由涡域运动流体沿径向的离心力与其速度降低系数的平方、给矿管中矿浆平均速度的平方和旋流器半径的 1.28 次方成正比，与半自由涡域旋转半径的 2.28 次方成反比。很明显，在最大切线速度轨迹面或自然分界面或过渡状态将会出现最大值。

将组合涡中半自由涡和强制涡自然分界面半径 $r = r_{m} = \dfrac{2}{3}r_{o}$ 代入方程(4-2)，则得组合涡中半自由涡与强制涡运动流体在自然分界面或过渡状态的最大切线速度：

$$u_{mt} = 1.296\varphi v_{i}\left(\dfrac{R}{r_{o}}\right)^{0.64} \tag{4-4}$$

再将方程(4-4)代入方程(4-1)，则得单位质量运动流体在自然分界面的最大离心力 F_{m}：

$$F_{m} = 2.521\varphi^{2} v_{i}^{2}\left(\dfrac{R^{1.28}}{r_{o}^{2.28}}\right) \tag{4-5}$$

由方程(4-5)可以看出，当旋流器的结构参数一定时，单位质量运动流体在自然分界面的最大离心力与其在给矿管中平均速度的平方和速度降低系数的平方成正比。其值可根据旋流器的结构参数和操作参数求出。

②切应力分布。

组合涡中半自由涡域运动流体沿径向的切应力，就是相邻流层间的内摩擦力。它是由运动流体沿径向相邻流层间的速度差所引起的。就均质运动流体而言，其切应力或内摩擦力为：

$$\tau = \mu\dfrac{du_{t}}{dr} \tag{4-6}$$

式中：τ——切应力，即流层间的内摩擦力；

　　　μ——流体的黏滞系数；

　　　$\dfrac{du_{t}}{dr}$——沿径向流层间的速度梯度。

对方程(4 − 2)微分得:

$$\frac{du_t}{dr} = -n\varphi v_i \frac{R^n}{r^{n+1}}$$

当 $n = 0.64$ 时，则得组合涡中半自由涡域运动流体沿径向流层间的速度梯度:

$$\frac{du_t}{dr} = -0.64\varphi v_i \frac{R^{0.64}}{r^{1.64}} \qquad (4-7)$$

将方程(4 − 7)代入方程(4 − 6)，则得组合涡中半自由涡域运动流体沿径向流层间的切应力:

$$\tau = -0.64\mu\varphi v_i \frac{R^{0.64}}{r^{1.64}} \qquad (4-8)$$

由方程(4 − 8)可以看出，水力旋流器分离过程中，半自由涡域运动流体沿径向的切应力，与其黏滞系数、速度降低系数、给矿管中流体平均速度的一次方和旋流器半径的 0.64 次方成正比，与旋转半径的 1.64 次方成反比。同样，在其最大切线速度轨迹面或自然分界面将会出现最大值。式中负号的物理意义是切应力的方向同其运动流体的方向相反，是阻止快速流层流动的阻力。

把 $r = r_m = \frac{2}{3}r_o$ 代入方程(4 − 7)，则得半自由涡域运动流体沿径向的最大切线速度梯度:

$$\frac{du_{mt}}{dr} = -1.244\varphi v_i \frac{R^{0.64}}{r_o^{1.64}} \qquad (4-9)$$

再将方程(4 − 9)代入方程(4 − 6)，则得组合涡中最大切线速度轨迹面的最大切应力:

$$\tau_m = -1.244\mu\varphi v_i \frac{R^{0.64}}{r_o^{1.64}} \qquad (4-10)$$

由方程(4 − 10)可以看出，当旋流器的结构参数一定时，其中运动流体在最大切线速度轨迹面的最大切应力，与其黏滞系数、速度降低系数和给矿管中流体平均速度的一次方成正比。其值也可根据旋流器的结构参数和操作参数求得。

（2）强制涡域（$0 \leqslant r \leqslant r_m$）的离心力和切应力分布

①离心力分布。

由方程（1－12）知其强制涡运动流体的速度为 $u_{ct} = Cr_c$，并将其代入方程（4－1），得单位质量运动流体在组合涡中强制涡域沿径向的离心力 F_c：

$$F_c = \frac{u_{ct}}{r_c} = c^2 r_c \qquad (4-11)$$

从方程（4－11）可以看出，在水力旋流器分离过程中，强制涡域单位质量运动流体沿径向的离心力，与其流型常数的平方和旋转半径的一次方成正比。同样，在其最大切线速度轨迹面出现最大值。

正如前述，将组合涡中半自由涡和强制涡自然分界面半径 $r = r_m = \frac{2}{3}r_o$ 代入方程（1－12），则得强制涡域运动流体在自然分界面的最大切线速度：

$$u_{cmt} = u_{mt} = \frac{2}{3}Cr_o \qquad (4-12)$$

式中：u_{cmt}——强制涡域最大切线速度，亦即过渡状态的切线速度。

应该指出，最大切线速度轨迹面是组合涡中半自由涡与强制涡的边界条件，它既适用半自由涡的基本规律，也遵从强制涡的基本条件。方程（4－4）和方程（4－12）中的最大切线速度是不同涡型下的不同表现形式。同样，由其产生的最大离心力也有不同的表现形式。

将式（4－12）代入方程（4－11），则得单位质量运动流体在强制涡域的最大切线速度轨迹面的最大离心力 F_{cm}：

$$F_{cm} = 0.667C^2 r_o \qquad (4-13)$$

从方程(4-13)可以看出，当水力旋流器的结构参数一定时，分离过程中单位质量运动流体在强制涡域的最大离心力只与流体的运动形式有关。

②切应力分布。

由强制涡运动流体的速度分布 $u_{ct} = Cr_c$，可知其沿径向运动的速度梯度为常数，即

$$\frac{du_{ct}}{dr_c} = C \qquad (4-14)$$

将式(4-14)代入方程(4-6)，则得强制涡域运动流体的切应力：

$$\tau_c = C\mu \qquad (4-15)$$

从方程(4-15)明显可以看出，在水力旋流器分离过程中，强制涡域运动流体沿径向的切应力为常数，它仅仅同运动流体的性质(反映在黏滞系数上)和运动的形式(反映在强制涡域常数 C 上)有关，而同其旋转半径无关。式中正号的物理意义，是切应力同运动流体的运动方向相同，有使慢速运动流体加速流动的作用。

(3)组合涡($0 \le r \le R$)离心力和切应力的分布规律及其在分离过程中的作用

水力旋流器在正常分离过程中，流体的运动形式是组合涡。组合涡是由半自由涡和强制涡组成，由其产生的离心力和切应力沿径向的分布，也应由半自由涡域的离心力和切应力与强制涡域的离心力和切应力沿径向的分布组成。综合上述研究的结果，就水力旋流器旋涡溢流管入口以下某一断面而言，离心力和切应力沿径向分布的基本规律可用图4-3表示。

水力旋流器在正常分离过程中，呈组合涡运动的流体，是由不同粒径的固体物料和液体(通常为水)组成的两相流体。不同

物理性质(主要指粒度、密度和形状)的固体物料,在其离心力、切应力、径向阻力和重力等的综合作用下,或者沿径向由周边经半自由涡和强制涡向轴心运动,最后由溢流管作溢流产物排出;或者沿轴向循旋流器内壁向下运动,最后由沉砂管作沉砂产物排出。

现根据图4-3中组合涡运动流体沿径向的离心力和切应力分布规律,分析其在分离过程中的作用。

①离心力在分离过程中的作用。

图4-3　组合涡运动流体的离心力和切应力沿径向分布基本规律

在水力旋流器分离过程中,离心力是决定组合涡运动的两相流体中不同物理性质(主要指粒度和密度)固体物料走向的动力。

从方程(4-3)可知,在半自由涡域,离心力的大小与其旋转半径的2.28次方成反比,即旋转半径越小离心力越大,当到达最大切线速度轨迹面($r = r_{m} = \frac{2}{3}r_{o}$)时出现最大值。随后进入强制涡域,由方程(4-11)又知,其离心力与旋转半径的一次方成正比,即旋转半径越小离心力越小。这种独特的分布规律,使得其中被分离的固体颗粒从周边经半自由涡和强制涡向轴心运动的沿程阻力越来越大,直到最大切线速度轨迹面时达到最大值即离心力力峰。凡能顺利越过离心力力峰的固体颗粒,就有可能成为溢流产物,反之,则为沉砂产物。因此,在旋流器的分离过程中,

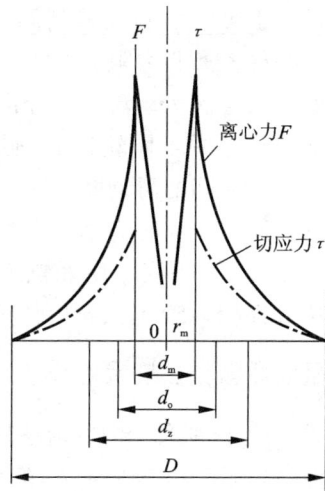

被分离的固体颗粒要想进入溢流产物的第一基本条件，就是要克服沿径向由半自由涡到强制涡（由周边到轴心）时最大切线速度轨迹面的最大离心力阻力。

根据组合涡运动流体沿径向的离心力分布规律（见图 4-3）和平衡轨道法中不同轨道面（见图 4-1）的相应位置，当忽略固体颗粒同流体间的滑动摩擦时，则单位质量固体颗粒的离心力和单位质量流体的离心力基本上相同。就一定物理性质的固体颗粒而言，其离心力取决于所处轨迹面的位置和其相应的切线速度。

从方程（4-5）可以看出，就同一分离条件的旋流器而言，单位质量固体颗粒在最大切线速度轨迹面（$r = r_m = \dfrac{2}{3} r_o$）的最大离心力 F_m，要分别大于内旋流法轨道面（$r = r_o$）的离心力 F_o、零速包络面法轨道面（$r_z = 0.43R$）的离心力 F_z 和外旋流法轨道面（$r = R$）的离心力 F_k，即

$$F_m > F_o > F_z > F_k$$

很明显，将方程（4-3）中的旋转半径用相应轨道面半径取代时，得组合涡中半自由涡域单位质量运动流体在相应轨道面的离心力。方程（4-5）与方程（4-3）之比，就是最大切线速度轨迹面的离心力与相应轨道面离心力的比值，即

$$E_f = 1.521 \left(\frac{r}{r_o} \right)^{2.28} \tag{4-16}$$

式中：E_f——最大离心力与相应轨道面离心力的比值；

　　　　r——半自由涡域任一轨道面半径；

　　　　r_o——溢流管半径。

从方程（4-16）可以看出，在旋流器分离过程中，在同一结构参数的操作条件下，单位质量运动流体在最大切线速度轨迹面与相应轨道面的离心力之比，同其所处轨道面半径与溢流管半径之比的 2.28 次方成正比。

由方程(4－16)可以分别求得半自由涡域单位质量运动流体，在最大切线速度轨迹面离心力与内旋流轨道面($r=r_o$)、零速包络面($r=0.43R$)、外旋流轨道面($r=R$)离心力的比值分别为

$$2.521;$$

$$0.368\left(\frac{R}{r_o}\right)^{2.28};$$

$$2.521\left(\frac{R}{r_o}\right)$$

通常，水力旋流器半径与其相应的溢流管半径之比$\dfrac{R}{r_0}$为$3.33\sim5.00$，即r_o为$(0.20\sim0.30)R$。将其代入方程(4－16)，得组合涡中半自由涡域($r_m\leqslant r\leqslant R$)最大切线速度轨迹面的最大离心力与各相应轨道面离心力之比E_f为$2.521\sim98.906$，即最大切线速度轨迹面的最大离心力是各相应轨道面离心力的$2.521\sim98.906$倍。

水力旋流器的分离作用，主要在组合涡运动流体的半自由涡域。从组合涡的半自由涡域运动流体沿径向的离心力分布规律看，内旋流法轨道面、零速包络面法轨道面和外旋流法轨道面均不具备分离作用的第一基本条件，不能用作计算分离粒度的分离面。因为，这些轨道面的离心力均小于最大切线速度轨迹面的离心力，尽管被分离的固体颗粒能够克服这些轨道面的离心力阻力，但尚未最终克服最大切线速度轨迹面的最大离心力阻力。

②切应力在分离过程中的作用。

切应力(内摩擦力)是组合涡运动流体沿径向的层间摩擦力，它是决定其间被分离的固体颗粒(设为球体)自转状态(速度和方向)的动力。

从方程(4－8)可知，在组合涡的半自由涡域，切应力的大小与其旋转半径的1.64次方成反比，同样在最大切线速度轨迹面出现最大值，即切应力力峰。随后进入强制涡域，由方程(4－

15）可知切应力为常数。这种分布规律不但会使其中被分离的固体颗粒从周边向轴心过渡中的自转速度越来越大，而且还会使其自转方向发生变化，即由半自由涡域的顺时针方向变为强制涡域的逆时针方向。凡能顺利越过最大切线速度轨迹面切应力力峰和自转状态发生变化的颗粒，就有可能成为溢流产物，反之则为沉砂产物。因此，在旋流器分离过程中，被分离的固体颗粒要想进入溢流产物的第二基本条件，就是既要克服由周边到轴心最大切线速度轨迹面的最大切应力阻力，还需其自转状态发生变化，即由半自由涡域的顺时针方向变为强制涡域的逆时针方向。

　　在旋流器分离过程中，当被分离的固体颗粒为均质球体时，就旋涡溢流管入口以下的某一断面而言，在径向运动流体切应力作用下的自转状态，基本上可用图 4 - 4 来表征。

　　根据组合涡运动流体切应力沿径向的分布规律（见图 4 - 3）和平衡轨迹法不同轨道面（见图 4 - 1）的相应位置，在一定分离条件下，运动流体沿径向的切应力大小，取决于

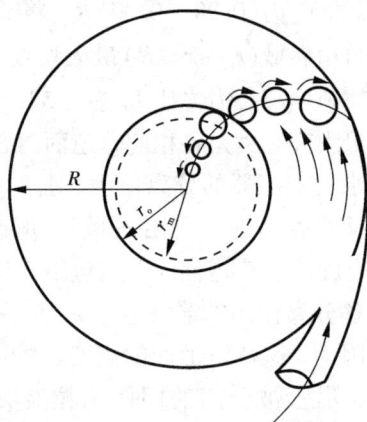

图 4 - 4　在切应力作用下均质球体颗粒的自转状态

所处轨道面的相应位置和该轨道面的流层与相邻流层间的速度梯度。同样，当忽略颗粒与流层间的滑动摩擦时，其固体颗粒沿径向所受的切应力，取决于所对轨道面的相应位置和该轨道面的流

层与相邻流层间的速度梯度。很明显，在半自由涡域($r_m = \dfrac{2}{3}r_o \leqslant$

$r \leqslant R$)的最大切线速度轨迹面流层与其相邻流层间的速度梯度最大，其切应力也应最大，用 τ_m 表示。由方程(4 - 10)可知其依次大于内旋流法轨道面($r = r_o$)的切应力 τ_o、零速包络面法轨道面($r = r_z = 0.43R$)的切应力 τ_z 和外旋流法轨道面($r = R$)的切应力 τ_k，即

$$\tau_m > \tau_o > \tau_z > \tau_k$$

同理，将方程(4 - 8)中的旋转半径用相应轨道面半径取代时，则得半自由涡域运动流体在相应轨道面的切应力。方程(4 - 10)与方程(4 - 8)之比，就是最大切线速度轨迹面的切应力与相应轨道面切应力的比值，即

$$E_\tau = 1.944\left(\frac{r}{r_o}\right)^{1.64} \tag{4 - 17}$$

从方程(4 - 17)可以看出，在水力旋流器分离过程中，组合涡运动流体在最大切线速度轨迹面的切应力与各相应轨道面切应力之比，同该轨道半径和溢流管半径之比的 1.64 次方成正比。

当旋流器的结构参数已知时，根据方程(4 - 17)可以分别得到最大切线速度轨迹面的最大切应力与内旋流轨道面($r = r_o$)、零速包络面($r = 0.43R$)和外旋流轨道面($r = R$)切应力的比值分别为

$$1.944；$$

$$0.487\left(\frac{R}{r_o}\right)^3 1.64；$$

$$1.944\left(\frac{R}{r_o}\right)1.64。$$

通常水力旋流器半径与溢流管半径之比 $\dfrac{R}{r_o}$ 为 3.33 ～ 5.00，即 r_o 为 $(0.20 ～ 0.30)R$。将其代入方程(4 - 17)，得半自由涡域($r_m \leqslant r \leqslant R$)最大切线速度轨迹面的最大切应力与各相应轨道面的切

应力之比 E_τ 为 1.944～27.228，即最大切线速度轨迹面切应力是各相应轨道面切应力的 1.944～27.228 倍。

正如前述，水力旋流器的分离作用，主要在组合涡运动流体的半自由涡域。从组合涡的半自由涡域运动流体沿径向切应力的分布规律看，内旋流法轨道面、零速包络面法轨道面和外旋流法轨道面均不具备分离作用的第二基本条件，不能用作计算分离粒度的分离面。因为这些轨道面的切应力均小于最大切线速度轨迹面的切应力，尽管被分离的固体颗粒能够顺利通过这些轨道面的切应力阻力，但不可能发生自转状态的变化。

③最大切线速度轨迹面在分离过程中的作用。

旋流器的分离过程就是两相流体在旋流器中涡流运动的产生、发展和消失的过程。决定其分离作用和分离粒度的，主要是组合涡运动流体的切线速度及其产生的离心力和切应力沿径向特有的分布规律(见图 4-3)。

从综合旋流器中组合涡运动流体沿径向切线速度、离心力和切应力特有的分布规律可以看出，最大切线速度轨迹面是组合涡中半自由涡与强制涡的自然分界面；是单位质量运动流体沿径向最大离心力的轨迹；是运动流体沿径向切应力由负变正(或运动流体沿径向速度梯度由负变正)的转折点；也是被分离的固体颗粒自转状态发生变化的分水岭。这个规律表明，水力旋流器分离过程中的最大切线速度轨迹面就是它的自然分离面，它可以把被分离的物料按粒度(密度)分成溢流产物和沉砂产物也可以使被分离的物料在其最大切线速度引起的公转离心力和其最大切应力引起的自转离心力的综合作用下，加速其分离过程和提高其分离效率。诚然，它就是计算水力旋流器分离粒度的主要依据——分离面。

研究表明，结构相似的旋流器，其最大切线速度轨迹面的形状和大小只是结构参数的函数，而同操作参数无关，均是以 $r = r_m$

$= \dfrac{2}{3} r_0$。为半径和溢流管入口到沉砂口间距离为高的圆柱面。当两

相流体中被分离的固体颗粒的旋转半径 $r > \dfrac{2}{3} r_0$ 时，其公转离心

力和自转（顺时针方向）离心力的方向相同，其总离心力大于流体的径向阻力，促使其同外旋流汇合作沉砂产物排出；当两相流体中被分离的固体颗粒的旋转半径 $r < \dfrac{2}{3} r_0$ 时，其公转离心力和自

转（逆时针方向）离心力的方向相反，其总离心力小于流体的径向阻力，促使其同内旋流汇合作溢流产物排出；当两相流体中被分离的固体颗粒的旋转半径 $r = \dfrac{2}{3} r_0$ 时，颗粒的自转状态消失（正负切应力相等），其公转离心力同流体的径向阻力相平衡，处于动平衡的过渡状态，进入沉砂和溢流产物的概率相等。按照分离粒度的概念，处于过渡状态的固体颗粒，就是水力旋流器的分离粒度，而最大切线速度轨迹面就是水力旋流器的自然分离面，其计算图形见图 4 - 5。

由图 4 - 5 可计算出旋

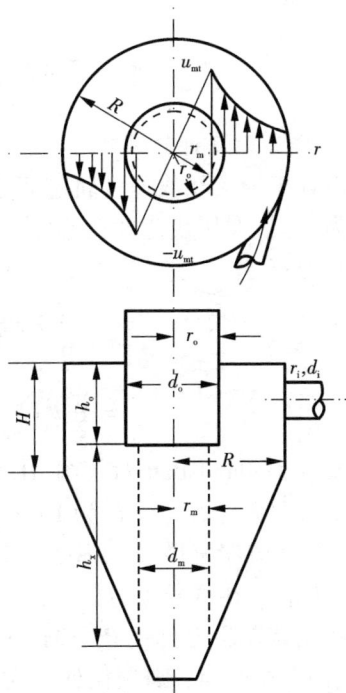

图 4 - 5　水力旋流器最大切线速度轨迹面（自然分离面）计算图

流器的最大切线速度轨迹面，即自然分离面的面积：

$$A_{\mathrm{m}} = \frac{2}{3}\pi d_{\mathrm{o}} h_{\mathrm{x}} = \frac{2}{3}\pi d_{\mathrm{o}}\left[(H - h_{\mathrm{o}}) + \frac{3D - 2d_{\mathrm{o}}}{6\tan\dfrac{\theta}{2}}\right] \qquad (4-18\mathrm{a})$$

式中：h_{x}——最大切线速度轨迹面(自然分离面)高度；

　　　H——旋流器筒体高度。

通常分级旋流器溢流管的插入深度 h_{o} 为 $(0.5 \sim 1.0)H$，多数采用 $h_{\mathrm{o}} = 0.8H$。作为近似计算取 $h_{\mathrm{o}} \approx H$，则最大切线速度轨迹面即自然分离面的近似面积为：

$$A_{\mathrm{m}} \approx \frac{2}{3}\pi d_{\mathrm{o}}\left[\frac{3D - 2d_{\mathrm{o}}}{6\tan\dfrac{\theta}{2}}\right] \qquad (4-18\mathrm{b})$$

2. 分离粒度计算方法

设处于最大切线速度轨迹面的固体颗粒为球体，其直径为 d，密度为 δ，最大切线速度轨迹面的矿浆密度为 ρ_{m}，则其所受的最大离心力：

$$\begin{aligned}F_{\mathrm{m}} &= \frac{\pi}{6}d^3(\delta - \rho_{\mathrm{m}})\frac{u_{\mathrm{mt}}^2}{r_{\mathrm{m}}} \\ &= \frac{\pi}{2}d^3(\delta - \rho_{\mathrm{m}})\frac{u_{\mathrm{mt}}^2}{d_{\mathrm{o}}} \qquad (4-19)\end{aligned}$$

A. R. Holland-Batt 对德国 AKA Vortex 水力旋流器雷诺数的研究结果：当旋流器直径 D 为 $10 \sim 200$ mm 时，雷诺数 Re 为 $0.17 \sim 1.26$；当旋流器直径 D 为 $300 \sim 1200$ mm 时，雷诺数 Re 为 $2.31 \sim 5.40$。故而，在推导水力旋流器分离粒度计算式时，基本上可以采用斯托克斯阻力公式 $R_{\mathrm{s}} = 3\pi d u_{\mathrm{rm}}\mu_{\mathrm{m}}$。

当 $F_{\mathrm{m}} = R_{\mathrm{s}}$ 时，则颗粒处于动平衡的过渡状态，这时的颗粒粒度正是旋流器的分离粒度，即

$$\frac{\pi}{2}d^3(\delta - \rho_{\mathrm{m}})\frac{u_{\mathrm{mt}}^2}{d_{\mathrm{o}}} = 3\pi d u_{\mathrm{rm}}\mu_{\mathrm{m}}$$

整理上式,则得旋流器的分离粒度:

$$d = d_{50} = \sqrt{\frac{6d_o\mu_m u_{rm}}{(\delta - \rho_m)u_{mt}^2}} \qquad (4-20)$$

式中: μ_m——最大切线速度轨迹面的矿浆黏度,可近似采用给矿
矿浆黏度;

u_{rm}——最大切线速度轨迹面流体的径向速度;

u_{mt}——最大切线速度,即最大切线速度轨迹面流体的切线
速度。

方程(4-20)中最大切线速度轨迹面流体的径向速度 u_{rm},可
近似用方程(3-12)与方程(4-18)的商求得。实践表明,由于
旋流器沉砂口附近沉砂的淤积和环流的干扰,自然分离面(最大
切线速度轨迹面)大约只有 2/3 得到充分利用,故自然分离面实
际的径向速度:

$$u_{rm} = \frac{2.25q_m}{\pi d_o\left[(H-h_o) + \dfrac{3D-2d_o}{6\tan\dfrac{\theta}{2}}\right]} \qquad (4-21a)$$

作为近似计算法,即当 $h_o = H$ 时,自然分界面或过渡状态流
体的径向速度:

$$u_{rm} \approx \frac{2.25q_m}{\pi d_o\left[\dfrac{3D-2d_o}{6\tan\dfrac{\theta}{2}}\right]} \qquad (4-21b)$$

根据组合涡中半自由涡的基本性质 $r_m^{0.64}u_{mt} = R^{0.64}u_{kt} = C$,自
然分界面或最大切线速度轨迹面上运动流体的最大切线速度:

由 $$r_m^{0.64}u_{mt} = R^{0.64}u_{kt} = C$$

得: $$u_{mt} = \left(\frac{R}{r_m}\right)^{0.64}u_{kt} = \left(\frac{3D}{2d_0}\right)^{0.64}u_{kt}$$

又 $u_{kt} = \varphi u_i = \varphi \left(\dfrac{4q_m}{\pi d_i^2} \right)$

将其代入上式则得：

$$u_{mt} = \varphi \left(\dfrac{3D}{2d_0} \right)^{0.64} \left(\dfrac{4q_m}{\pi d_i^2} \right) \qquad (4-22)$$

式中：φ——速度降低系数，$\varphi = 3.7 \dfrac{d_i}{D}$；

$\qquad$ q_m——旋流器生产能力，见式（3-12）。

将式（4-21a）和式（4-21b）及式（4-22）分别代入式（4-20），经过相应的整理和简化后，水力旋流器分离粒度的一般计算式和近似计算式分别为：

$$d_{50} = 448.5 \sqrt{\dfrac{D^{0.36} d_o^{0.64} d_i \rho_m^{0.5} \mu_m}{(\delta - \rho_m)\left[(H - h_o) + \dfrac{3D - 2d_o}{6\tan \dfrac{\theta}{2}} \right] \Delta p_m^{0.5}}} \quad (\mu m)$$

$$(4-23a)$$

和 $\qquad d_{50} \approx 1100 \sqrt{\dfrac{D^{0.36} d_o^{0.64} d_i \rho_m^{0.5} \mu_m}{(\delta - \rho_m)(3D - 2d_o) \Delta p_m^{0.5}} \tan \dfrac{\theta}{2}} \quad (\mu m)$

$$(4-23b)$$

生产实践中，常用分级粒度作为衡量选矿产物细度的技术指标，而分级粒度要比分离粒度大，统计表明，分级粒度约为分离粒度的1.65倍，故旋流器分级粒度的一般计算式和近似计算式分别为：

$$d_m = 740 \sqrt{\dfrac{D^{0.36} d_o^{0.64} d_i \rho_m^{0.5} \mu_m}{(\delta - \rho_m)\left[(H - h_o) + \dfrac{3D - 2d_o}{6\tan \dfrac{\theta}{2}} \right] \Delta p_m^{0.5}}} \quad (\mu m)$$

$$(4-24a)$$

和
$$d_m \approx 1815 \sqrt{\frac{D^{0.36} d_o^{0.64} d_i \rho_m^{0.5} \mu_m}{(\delta - \rho_m)(3D - 2d_o) \Delta p_m^{0.5}} \tan \frac{\theta}{2}} \quad (\mu m)$$

$$(4-24b)$$

式中：d_{50}、d_m——分别为分离粒度、分级粒度，μm；

　　　　D、d_i、d_o——分别为旋流器、给矿口、溢流口的直径，cm；

　　　　H、h_o——分别为旋流器筒体高度和溢流管插入深度，cm；

　　　　δ、ρ_m——分别为矿石和给矿矿浆的密度，t/m^3；

　　　　μ_m——给矿矿浆的黏度，Pa·s；

　　　　ΔP_m——给矿压力，MPa；

　　　　θ——旋流器锥体维角，(°)。

实践表明，当旋流器的结构参数和操作参数相同时，式(4−23a)和式(4−23b)计算的分离粒度之间的差别与采用式(4−24a)和式(4−24b)计算的分级粒度之间的差别均在允许的范围之内。同时在多数水力旋流器生产厂家系列产品的技术性能中，很少标出溢流管插入深度的技术参数。为方便起见，在一般情况下计算分离粒度时采用式(4−23b)，计算分级粒度时采用式(4−24b)，可以满足生产和科研的精度要求。故而，在实际应用部分中，均采用近似计算式进行实际计算。

对于常用的分级、脱泥、浓缩作业的标准型旋流器，$\theta = 20°$，将其代入式(4−23b)和式(4−24b)可得其分离粒度和分级粒度的近似计算式，分别为：

$$d_{50} \approx 462 \sqrt{\frac{D^{0.36} d_o^{0.64} d_i \rho_m^{0.5} \mu_m}{(\delta - \rho_m)(3D - 2d_o) \Delta p_m^{0.5}}} \quad (\mu m) \quad (4-25)$$

和
$$d_m \approx 1.65 d_{50} = 762 \sqrt{\frac{D^{0.36} d_o^{0.64} d_i \rho_m^{0.5} \mu_m}{(\delta - \rho_m)(3D - 2d_o) \Delta p_m^{0.5}}} \quad (\mu m)$$

$$(4-26)$$

式中：d_{50}、d_m——分别为分离粒度、分级粒度，μm；

D、d_i、d_o——分别为旋流器、给矿口、溢流口的直径，cm；

H、h_o——分别为旋流器筒体高度和溢流管插入深度，cm；

δ、ρ_m——分别为矿石和给矿矿浆的密度，t/m^3；

μ_m——给矿矿浆的黏度，Pa·s；

ΔP_m——给矿压力，MPa；

θ——旋流器锥体维角，(°)。

上述水力旋流器分离粒度和分级粒度计算式，是把组合涡运动流体的最大切线速度轨迹面作为自然分离面导出的，统称为"最大切线速度轨迹法"分离粒度和分级粒度计算式。从中可以看出，水力旋流器的分离粒度和分级粒度不但是结构参数（D、d_i、d_o、θ）的函数，而且还同其操作参数（δ、ρ_m、μ_m、Δp_m）直接有关。这些计算式的共同特点就是没有任何修正系数。

采用"最大切线速度轨迹法"计算旋流器分离粒度和分级粒度时，必须预先知道给矿矿浆的密度和黏度。

给矿矿浆的密度可以采用式（3-14）求得，给矿矿浆黏度可用托马斯公式求得：

$$\mu_m = \mu\left[\left(1 + 2.5c_{iv} + 10.05c_{iv}^2 + 0.00273\exp(16.6c_{iv})\right)\right]$$

$$(4-27)$$

式中：μ_m——给矿矿浆黏度，Pa·s；

μ——水的黏度，$\mu = 1$ MPa·s；

c_{iv}——给矿矿浆体积浓度，%。

当矿浆由矿石和水组成时，则给矿矿浆的体积浓度 c_{iv} 和组成矿浆的矿石密度 δ 及其质量浓度 c_w 的关系式为：

$$c_{iv} = \frac{c_w}{\delta + c_w(1 - \delta)} \qquad (4-28)$$

为计算方便起见，根据不同的矿石密度和不同的矿浆浓度，按上述计算式已经计算并绘制出与其相应矿浆密度和矿浆黏度曲线图，详见图7-5和图7-7。应用时直接从图中查得所需矿浆的密度和矿浆黏度的数据。

3. 实际应用效果

先通过如下实例介绍最大切线速度轨迹法旋流器分离粒度和分级粒度的计算过程,再用现场生产旋流器的技术指标同理论计算值以技术对比形式见证其实用效果。

(1)计算过程

实例一　某铜矿选矿厂磨矿系统是采用美国MPSI 公司引进的 $\phi 5.5$ m $\times 8.5$ m 溢流型球磨机和Krebs 型 660 mm 分级旋流器组成的一段闭路磨矿流程,见图 4 - 6。

同磨机组成闭路的分级旋流器每组 7 台,其中5 台生产 2 台备用,试问采用如下参数能否满足生产的细度(- 200 目 65%,约 - 200 μm)要求?

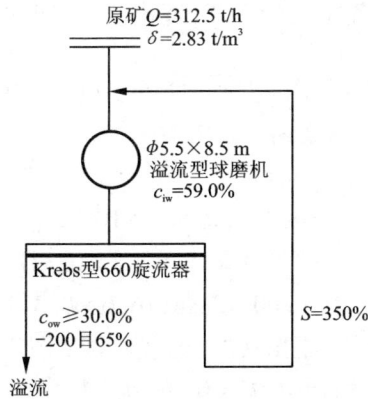

图 4 - 6　实例一的磨矿分级流程

Krebs 型 660 mm 分级旋流器的主要结构和操作参数:

旋流器直径　　$D = 660$ mm;

给矿管直径　　$d_i = 181.5$ mm;(225 mm × 115 mm)

溢流管直径　　$d_o = 254$ mm;

锥角　　　　　$\theta = 20°$;

矿石密度　　　$\delta = 2.83$ t/m^3;

给矿浓度　　　$c_{iw} = 59.00\%$;

给矿压力　　　$\Delta p_m = 0.07$ MPa。

①计算给矿矿浆密度。

由式(3-14)得给矿矿浆密度:

$$\rho_m = \frac{\delta}{c_{iw} + \delta(1 - c_{iw})} = \frac{2.83}{0.59 + 2.83 \times (1 - 0.59)} = 1.62 \ (t/m^3)$$

亦可从图7-5中直接查得$\rho_m = 1.62 \ t/m^3$。

②计算给矿矿浆黏度。

先按式(4-28)算出给矿矿浆的体积浓度:

$$c_{iv} = \frac{c_{iw}}{\delta + c_{iw}(1 - \delta)} = \frac{0.59}{2.83 + 0.59 \times (1 - 2.83)}$$

$$= 0.337 = 33.7\%$$

再将其体积浓度代入式(4-27)算得给矿矿浆黏度:

$$\mu_m = \mu[(1 + 2.5c_{iv} + 10.05c_{iv}^2 + 0.00273\exp(16.6c_{iv})]$$

$$= 0.001 \times [1 + 2.5 \times 0.337 + 10.05 \times 0.337^2 +$$

$$0.00273\exp(16.6 \times 0.337)] = 0.003885 \ (Pa \cdot s)$$

亦可根据其体积浓度直接从图7-7中查得$\mu_m \approx 0.0039 \ Pa \cdot s$。

③计算分离粒度和分级粒度。

实例一采用的分级旋流器的锥角$\theta = 20°$,属常用分级旋流器,采用方程(4-25)和方程(4-26)计算其分离和分级粒度。

$$d_{50} \approx 462 \sqrt{\frac{66^{0.36} \times 25.4^{0.64} \times 18.15 \times 1.62^{0.5} \times 0.0039}{(2.83 - 1.62) \times (3 \times 66 - 2 \times 25.4) \times 0.07^{0.5}}}$$

$$= 120.0 \ (\mu m)$$

$$d_m \approx 1.65 \times 120.0 = 198.0 \ (\mu m)$$

生产要求的细度-200目65%相当于-200 μm,而算得的分级粒度$d_m = 198 \ \mu m$符合其要求,所选分级旋流器的工作参数可以满足生产要求。

实例一实际生产过程中的旋流器分级溢流细度-200目63%~69%,其中的一组考察数据见表4-1。

表 4 - 1　Krebs 型 660 mm 分级旋流器生产数据

粒度/目	产物/%			备　注
	给矿	返砂	溢流	
80	50.38	64.83	4.34	磨矿浓度 75.5%
120	17.89	18.08	10.27	溢流浓度 30.0%
160	4.40	3.00	7.68	沉砂浓度 78.5%
200	5.58	4.99	8.67	溢流细度：-200 目 69.0%
275	21.75	9.10	21.04	
325			24.22	
400			8.12	
-400			15.66	
合计	100.00	100.00	100.00	

实例二　某锡矿选矿厂在入选之前，必须脱除其中 -19 μm 粒级的矿泥，以便提高其选矿指标。为提高选矿厂处理能力，特采用并联的 ϕ125 mm 旋流器组进行脱泥，试问采用如下参数能否满足生产要求？

ϕ125 mm 旋流器工作参数：

旋流器直径　　$D = 125$ mm；

给矿管直径　　$A_i = 14 \times 35 = 490$ mm²，相当于 $d_i = 25$ mm；

溢流管直径　　$d_o = 32$ mm；

锥角　　　　　$\theta = 15°$；

给矿浓度　　　$c_{iw} = 12.0\%$；

矿石密度　　　$\delta = 2.65$ t/m³；

给矿压力　　　$\Delta p_m = 0.15$ MPa。

①计算给矿矿浆密度。

由式(3 - 14)得：

$$\rho_{m} = \frac{2.65}{0.12 + 2.65 \times (1 - 0.12)} = 1.08 \ (t/m^3)$$

亦可从图 7-5 中直接查得 $\rho_{m} = 1.08 \ t/m^3$。

② 计算给矿矿浆黏度。

先由式(4-28)算出给矿矿浆的体积浓度：

$$c_{iv} = \frac{0.12}{2.65 + 0.12 \times (1 - 2.65)} = 4.9\%$$

再按式(4-27)算得给矿矿浆黏度：

$$\mu_{m} = 0.001 \times [1 + 2.5 \times 0.049 + 10.05 \times 0.049^2 +$$
$$0.00273 \exp(16.6 \times 0.049)]$$
$$= 0.0011 \ (Pa \cdot s)$$

亦可由图 7-7 中查得 $\mu_{m} = 0.0011 \ Pa \cdot s$。

③ 计算分级粒度。

脱泥旋流器的锥角 $\theta = 15°$，属非常用型旋流器，采用式(4-24b)计算其分级粒度。

$$d_{m} = 1815 \sqrt{\frac{12.5^{0.36} \times 3.2^{0.64} \times 2.5 \times 1.08^{0.5} \times 0.011}{(2.65 - 1.08) \times (3 \times 12.5 - 2 \times 3.2) \times 0.15^{0.5}} \tan \frac{15°}{2}}$$
$$= 18.5 \ (\mu m)$$

从分级粒度的计算结果看，所选参数符合生产要求。实际生产中的脱泥指标见表 4-2。

表 4-2　$\phi 125 \ mm$ 旋流器实际脱泥指标

−19 μm 含量/%			浓度/%			产率/%		分级效率/%	处理能力/(m³·d⁻¹)
给矿	沉砂	溢流	给矿	沉砂	溢流	沉砂	溢流		
40~80	<20	95~97	10~12	40~60	5~8	15~60	40~85	80~85	250~320

实例三　某铜矿的浮选粗精矿中含有辉钼矿，为综合利用国家矿产资源和提高企业经济效益，需将粗精矿再磨细至 −200 目

95%（原粗精矿为 -200 目 65%～70%）后进行铜 - 钼分离，采用的磨矿流程和分级旋流器参数见图 4 - 7 和表 4 - 3，溢流浓度要求 c_{ow} 为 18%～23%。试问采用表 4 - 3 参数可否满足生产要求？

$\phi250$ mm 旋流器的预先和控制分级参数见表 4 - 3。

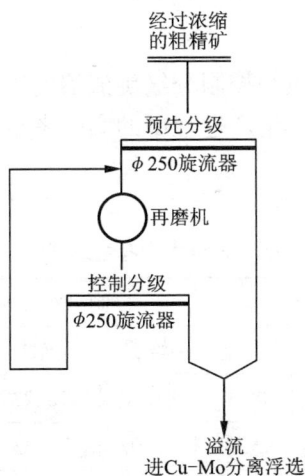

经过浓缩的粗精矿

预先分级

$\phi250$旋流器

再磨机

控制分级

$\phi250$旋流器

溢流
进Cu-Mo分离浮选

图 4 - 7　实例三的磨矿分级流程

表 4 - 3　$\phi250$ mm 旋流器主要参数

参数	预先分级	控制分级
旋流器直径/mm	250	250
给矿管直径/mm	50	50
溢流管直径/mm	75	75
沉砂管直径/mm	20	20
锥角/(°)	20	20
给矿浓度/%	30.0	48.6
矿石密度/(t·m^{-3})	3.0	3.0
给矿压力/MPa	0.15	0.15

①计算或查得给矿矿浆密度。

根据已知的矿石密度和矿浆浓度，从图 7 - 5 中直接查得预先和控制分级的给矿矿浆密度分别为 1.27 t/m³ 和 1.50 t/m³。

②计算或查得给矿矿浆黏度。

先按式(4 - 28)计算出旋流器给矿矿浆的体积浓度，分别为：

预先分级　　$c_{iv} = 12.5\%$；

控制分级　　$c_{iv} = 24.0\%$。

再按矿浆体积浓度从图 7 - 7 中直接查得其给矿矿浆黏度，分别为：

预先分级　　$\mu_m = 0.0016$ Pa·s；

控制分级　　$\mu_m = 0.0024$ Pa·s。

③计算分级粒度。

按式(4-26)计算的分级粒度分别为：

预先分级　　$d_m = 39$ μm；

控制分级　　$d_m = 54$ μm。

从计算的结果看出，所选预先分级和控制分级旋流器的工作参数基本符合要求。为便于比较，现将生产过程中的实际考察结果列于表4-4。

表4-4　ϕ250 mm 旋流器预先分级和控制分级生产考察结果

技术指标		预先分级			控制分级	
		给矿	沉砂	溢流	给矿	沉砂
细度	-200目%	70.65	51.69	98.37	87.98	78.72
	-325目%	56.18	32.57	96.87	61.07	39.43
浓度/%		26.78	78.78	16.44	38.60	82.14
产量 /(t·h^{-1})	按-200目	8.00	4.58	3.42	10.10	5.51
	按-325目	7.35	4.59	2.76	10.10	5.51
细度	-200目%	96.22	97.70	52.98	42.14	125.72
	-325目%	87.42	92.79	59.89	51.69	125.74
浓度/%		23.60	19.08			
产量 /(t·h^{-1})	按-200目	4.49	7.91			
	按-325目	4.45	7.21			

（2）效果比较

为了更广泛地验证最大切线速度轨迹法分离和分级粒度计算式的适应能力和可靠程度，现用国内外有关选矿厂工业生产型水力旋流器的实际生产资料同理论计算值进行技术效果比较。其结果详见表4-5~表4-9。

表4-5　大厂锡矿车河选厂旋流器实际分级粒度与理论计算值比较

参数		技术指标		
结构参数	旋流器直径/mm	50	250	125
	给矿管直径/mm	100	50	25
	溢流管直径/mm	100	63	30
	沉砂管直径/mm	50	19	10
	筒体高度/mm	360	165	200
	溢流管插入深度/mm	330	160	120
	锥角/(°)	30	20	15
操作参数	给矿质量浓度/%	14.24	12.36	7.30
	给矿体积浓度/%	6.0	5.1	3.0
	给矿压力/MPa	0.04	0.08	0.15
结果比较	实际分级粒度/%	-74	-37	-19
	（相应粒级含量/μm）	96.15	95.41	87.00
	计算分离粒度/μm	41.0	22.3	14.3
	计算分级粒度/μm	67.7	36.8	23.0

表4-6 首钢水厂选厂旋流器工业试验结果与理论计算值比较

参数		技术指标					
结构参数	旋流器直径/mm	500	500	500	500	500	500
	给矿管直径/mm	85	85	85	85	85	85
	溢流管直径/mm	108	108	133	133	155	108
	沉砂管直径/mm	45	55	55	65	45	45
	筒体高度/mm	380	380	380	380	380	380
	溢流管插入深度/mm	210	210	330	210	330	270
	锥角/(°)	20	20	20	20	20	20
操作参数	给矿质量浓度/%	52.8	50.2	50.4	49.6	52.4	53.2
	给矿体积浓度/%	27.2	25.2	25.3	24.7	26.8	27.5
	给矿压力/MPa	0.035	0.07	0.07	0.105	0.05	0.05
结果比较	实际分级粒度/-200目%	91.2	94.9	91.0	93.7	78.5	89.3
	计算分离粒度/μm	51.7	40.3	47.4	43.0	57.6	51.3
	计算分级粒度/μm	85.3	66.5	78.2	72.0	95.2	84.7

表4-7 某铜矿选厂旋流器实际分级粒度与理论计算值比较

参数		混合粗精矿磨矿分级	磨矿分级1	磨矿分级2
结构参数	旋流器直径/mm	350	500	660
	给矿管直径/mm	60	130	180
	溢流管直径/mm	70	160	250
	沉砂管直径/mm	25	90	150
	筒体高度/mm	350	360	660
	溢流管插入深度/mm	200	186	330
	锥角/(°)	20	20	20

参数		混合粗精矿磨矿分级	磨矿分级 1	磨矿分级 2
操作参数	给矿质量浓度/%	43.7	56.63	54.0
	给矿体积浓度/%	21.7	31.8	29.5
	给矿压力/MPa	0.16	0.065	0.08
结果比较	实际分级粒度/−200 目%	97.45	70.64	67.68
	计算分离粒度/μm	31.0	100.4	103.7
	计算分级粒度/μm	51.2	165.7	171.1

表 4−8　我国有关有色金属选厂旋流器实际分级粒度与理论计算值比较

参数		白银铜矿选厂	易门铜矿选厂	柴河铅锌矿选厂	八家子铅锌矿选厂
结构参数	旋流器直径/mm	750	600	500	350
	给矿管直径/mm	200	70×240 (124.3)	150	90×40 (67.7)
	溢流管直径/mm	50	175	150	100
	沉砂管直径/mm		85～90	45	45
	筒体高度/mm	400	330	470	400
	溢流管插入深度/mm	375	330	300	400
	锥角/(°)	20	20	20	20
操作参数	给矿质量浓度/%	45.0	35.0	53.0	53.0
	给矿体积浓度/%	22.6	16.0	28.7	28.7
	给矿压力/MPa	0.15	0.10	0.16	0.13
结果比较	实际分级粒度/−200 目%	96.0	90.0	54.0	75.0
	计算分离粒度/μm	37.2	45.2	64.4	44.7
	计算分级粒度/μm	61.4	74.6	106.3	73.8

表4-9　我国有关锡矿选厂旋流器实际分级粒度与理论计算值比较

	参数	云锡卡房选厂			云锡新冠选厂		云锡试验所		
		原矿预先分级	原矿预先脱泥	原矿预先脱泥	原矿脱泥	粗泥中矿脱水	锡矿分级	锡矿脱泥	锡矿脱泥
结构参数	旋流器直径/mm	500	125	75	125	125	500	250	125
	给矿管直径/mm	65×120 (100)	(35×24)		(15×30)	(15×30)	60×140	(30×70)	(15×30)
	溢流管直径/mm	150	24	13	24	24	103.4	51.7	24
	沉砂管直径/mm	40~50	32	17	32	32	50	75	32
	筒体高度/mm	200	10~12	7.0	10~12	18	30~50	20~30	9~14
	溢流管插入深度/mm	300	200	100	200	200	300	250	200
	锥角/(°)	30	100	70	100	100	200	170	100
			15	15	15	15	30	20	15
操作参数	给矿重量浓度/%	16.0	5.89	7.72	10.0	10.0	16.0	13.2	12.1
	给矿体积浓度/%	6.6	2.3	3.0	4.0	4.0	6.6	5.3	4.8
	给矿压力/MPa	0.06	0.16	0.21	0.27	0.15	0.07	0.07	0.20
结果比较	实际分级粒度/%	99.36	92.39	94.33	95.00	95.00	97.30	88.10	97.4
	(相应粒级含量)	(-200目)	(-19/μm)	(-10/μm)	(-19/μm)	(-19/μm)	(-200目)	(-37/μm)	(-19/μm)
	计算分离粒度/μm	38.4	11.0	7.0	10.8	11.2	29.5	25.0	10.5
	计算分级粒度/μm	63.4	18.2	11.6	17.8	18.5	48.7	41.3	17.3

综合上述大量计算结果和数据可以看出，水力旋流器的最大切线速度轨迹法的分离粒度和分级粒度计算法的计算值同实际值十分吻合，可作技术检测和设备选择计算的通用方法。它进一步证实作者提出的水力旋流器正常工作时，其工作流体呈组合螺线涡或由其简化的组合涡运动中的最大切线速度轨迹面就是它的自然分离面和计算压力降最佳基准面的学说，是符合客观实际的。由此，导出的一套工艺计算方法具有普遍的指导意义。

二、内旋流(溢流管等径)法

内旋流法是把旋流器分离过程中所形成的内旋流面作为平衡轨道面(即分离面)导出的分离粒度计算式。这里主要介绍达尔扬和波瓦罗夫的两个计算式。

1. 达尔扬公式

达尔扬是把水力旋流器的溢流管入口到沉砂口间半径 $r = r_o$ 所限定的圆柱面作为平衡轨道面导出的分离粒度计算式：

$$d_{50} = \frac{80d_i^2}{\sqrt{q_m h_x (\delta - \rho)}} \left(\frac{r_o}{R} \right)^n \qquad (4-29)$$

式中：n——指数，$n \approx 0.64$；

　　　q_m——旋流器生产能力，m^3/h；

$$h_x = H + \frac{R - r_o}{\tan \frac{\theta}{2}}$$

　　　H——筒体高度，cm；

　　　θ——锥角，°；

　　　δ、ρ——分别为矿石、液体的密度，t/m^3。

2. 波瓦罗夫公式

波瓦罗夫也是把水力旋流器的溢流管入口到沉砂口间半径 $r = r_o$ 所限定的圆柱面作为分离面，但他考虑到沉砂口附近沉砂淤积对分离面高度的影响，而对分离面作了相应的修正后导出适合于低浓度（浓度小于15%）给矿的旋流器分离粒度计算式：

$$d_{50} = 1.45 \sqrt{\dfrac{Dd_o \mu \tan \dfrac{\theta}{2}}{d_i \theta'^{0.6} K_D K_\theta (\delta - \rho) \Delta p^{0.5}}} \qquad (4-30)$$

式中：θ'——锥角，rad；

Δp——给矿压力，MPa；

K_D、K_θ——旋流器直径、锥角的修正系数，见式（3-21）。

对于锥角 $\theta = 20°$ 的常用分级旋流器，波瓦罗夫的分离粒度计算式为：

$$d_{50} = 0.83 \sqrt{\dfrac{Dd_o \mu}{d_i K_D (\delta - \rho) \Delta p^{0.5}}} \qquad (\mu m) \qquad (4-31)$$

就选矿厂常用分级旋流器给矿浓度而言，波瓦罗夫认为分级粒度（95%通过的筛孔尺寸）与排口比值的平方根成反比，而与给矿浓度的平方根成正比，当用这些关系给予修正时，则修正后的旋流器分级粒度计算式为：

$$d_m = 1.5 \sqrt{\dfrac{Dd_o C_{iw}}{d_s K_D (\delta - \rho) \Delta p^{0.5}}} \qquad (\mu m) \qquad (4-32)$$

式中：C_{iw}——给矿矿浆质量浓度，%；

d_s——沉砂管（口）直径，cm。

将式（4-32）的系数由 1.5 变为 0.83（$0.83 = \dfrac{1.5}{1.8}$）时，就是波瓦罗夫的分离粒度计算式。

拉苏莫夫认为：式（4-32）中的给矿压力应该用入口处矿浆的工作压力 p_o' 表示。当旋流器直径 $D > 500$ mm 时，其入口处压力必须考虑到旋流器的高度影响，即

$$p_o' = \Delta p + 0.01 H_o \rho_m$$

式中：Δp——给矿压力，MPa；

H_o——旋流器高度，m，见表 3 – 8。

当用入口处工作压力修正时，则波瓦罗夫的分级粒度计算式为：

$$d_m = 1.5 \sqrt{\frac{D d_o c_{iw}}{d_s K_D (\delta - \rho) \Delta p_o^{0.5}}} \qquad (4-33)$$

波瓦罗夫分级粒度计算式在我国选矿界影响很大，以往的选矿厂旋流器设计和现场的旋流器技术控制基本上采用波瓦罗夫的计算式。

三、零速包络面法

零速包络面法是在水力旋流器分离过程中，把运动流体所形成轴向速度为零的零速包络面（即零速轨迹面）作为分离面导出的分离粒度计算式。现主要介绍凯尔萨尔、布拉德里、里尔奇和姚书典的四个计算式。

1. 凯尔萨尔公式

凯尔萨尔认为：零速包络面是锥形表面，锥底直径 $D_z = 2.3 d_o$，锥高为旋流器溢流管入口到沉砂口间的距离。由此，导出分离粒度公式：

$$d_{50} = 20.914 \left[\frac{\tan \frac{\theta}{2} \mu (1 - R_w)}{q_m D (\delta - \rho)} \right]^{0.5} \left(\frac{2.3 d_o}{D} \right)^n \left(\frac{d_i^2}{\alpha} \right) \quad (4-34)$$

式中：d_{50}——分离粒度，μm；

θ——锥角，(°)；

μ——介质（液体）黏度，$Pa \cdot s$；

R_w——水量分配，即给矿矿浆中的水进入沉砂的百分率；

D——旋流器直径，cm；

d_i、d_o——分别为给矿管和溢流管直径，cm；

q_m——生产能力，m^3 / h；

δ、ρ——分别为矿石和介质的密度，t/m^3；

n——取决于旋流器结构的参数；

α——取决于流体性质和生产能力的参数。

2. 布拉德里公式

布拉德里认为：零速包络面是柱锥联合体的表面，但真正起分离作用的是锥形表面。锥底位于旋流器锥体直径为 $0.7D$ 的横断面上，锥底直径 $D_z = 0.43D$，锥高 $0.7D$ 为横断面到沉砂口间的距离。由此，导出的旋流器分离粒度公式：

$$d_{50} = 3(0.38)^n \frac{d_i}{\alpha} \left[\frac{\tan \dfrac{\theta}{2} \mu(1 - R_w)}{q_m D(\delta - \rho)} \right]^{0.5} \qquad (4-35)$$

式中：n、α——取决于旋流器结构和流体性质的参数。

布拉德里研究用的旋流器结构参数为：$\theta = 9°$、$d_i = D/7$、$d_o = D/5$ 时 $n = 0.8$，$\alpha = 0.45$。

其他参数同式（4-34）。

3. 里尔奇公式

里尔奇认为：零速包络面是锥形表面，但只有零速包络面与最大切线速度轨迹面交界处的表面才是旋流器的分离面，亦即只有处于交界面的颗粒才有进入沉砂和溢流相等的概率。里尔奇经过有关变换后得到的分离粒度公式：

$$d_{50} = 397.13 \frac{d_i^{0.87} D^{1.13}}{\left(1 - \dfrac{d_i}{D}\right)^{0.8}} \left[\frac{\mu(1 - R_w)}{q_m h_x (\delta - \rho)} \right]^{0.5} \qquad (4-36)$$

式中：h_x——自由旋涡高度，即溢流管入口到沉砂口间的距离，cm。

其他参数同式（4-34）。

4. 姚书典公式

姚书典和隋志宇根据布拉德里提出的零速包络面为锥形表面

的假说,把巴格诺尔德(R. A. Bagnold)的黏性剪切条件下固体颗粒受到的离散力,引入水力旋流器的分离过程,即当固体颗粒单位横断面上所受的离心力和离散力相平衡时,导出分离粒度公式:

$$d_{50} = K\left[0.389 d_i D \frac{\mu \lambda^{1.5}}{(\delta - \rho) q_m}\right] \qquad (4-37a)$$

或

$$d_{50} = K\left[0.495 D \frac{\rho}{(\delta - \rho)} \cdot \frac{\lambda^{1.5}}{Re_i}\right] \qquad (4-37b)$$

式中:K——常数,当 d 用 μm 作单位,其他物理量用国际单位制时,$K = 2.85 \times 10^3$;

Re_i——旋流器给矿口处雷诺数,$Re_i = \dfrac{V_i d_i \rho_m}{\mu}$,$V_i$、$\rho_m$ 分别为给矿管中矿浆的平均速度和密度;

λ——颗粒线性浓度,线性浓度和体积浓度与质量浓度的关系,$\lambda = \dfrac{d}{s}\left[\left(\dfrac{c_{oV}}{c_V}\right)^{1/\delta} - 1\right]^{-1}$,$c_v = \dfrac{\rho c_w}{\delta + c_w(\delta - \rho)}$,$d$ 为颗粒直径,s 为相邻两颗粒表面间距离,c_v 为体积浓度,c_{ov} 为自然紧密堆积时体积浓度。

其他参数同式(4-34)。

当均匀球体为四面体排列时,$c_{ov} = 0.74$;为相当圆滑且又均匀的颗粒时,$c_{ov} = 0.65$;为不规则形状和非均匀粒群时,可用试验确定其 c_{ov} 值。

姚书典和隋志宇认为式(4-37)适用于高浓度下水力旋流器分离粒度的计算。由试验还认为低浓度和高浓度的界限处的 c_{iv} 大约是 3.5%。

四、外旋流(旋流器等径)法

外旋流法是把水力旋流器分离过程中所形成的外旋流面(即周边 $r = R$)作为平衡轨道(分离面)来导出分离粒度计算式。提出这种学说的是达尔扬和波瓦罗夫。

达尔扬公式：

$$d_{50} = 80 \frac{d_i^2}{\sqrt{q_m H(\delta - \rho)}} \qquad (4-38)$$

波瓦罗夫公式：

$$d_{50} = 575.5 \sqrt{\frac{d_i \mu}{K_D K_\theta d_o H_o \theta'^{0.3} (\delta - \rho) \Delta p^{0.5}}} \qquad (4-39)$$

实践证明，用外旋流法测得的水力旋流器分离粒度比其实际值乃至其分级粒度大得多，误差很大，生产过程中并未采用。

第二节 停留时间法

停留时间法是根据固体颗粒在旋流器分离过程中的有效停留时间来确定其分离粒度，它类似于重力沉降槽或沉降设备理论中所使用的方法。主要介绍里特玛公式和荷兰德－贝特公式。

1. 里特玛(K. Rietema)公式

里特玛认为，平衡轨道法不符合水力旋流器的实际分离情况，因为进入旋流器分离的固体颗粒不可能在短暂的时间内达到动态平衡，从而提出，旋流器的分离粒度应该是开始处于给矿管中心位置，经过一定时间后正好运动到沉砂口的那些颗粒，亦即分离颗粒就是在旋流器分离过程的有效停留时间内，轴向正好走完 H_o 和径向正好走完 $\left[\frac{D}{2} - \left(\frac{d_i}{2} + \frac{d_o}{2}\right)\right]$ 的那些颗粒（H_o 是旋流器高度、D 是旋流器直径、d_i 是给矿口直径、d_o 是空气柱直径）。在低浓度、小底流和层流运动的条件下，里特玛根据凯尔萨尔实验测得的速度分布规律，导出旋流器分离粒度公式：

$$d_{50} = \sqrt{\frac{G\mu\rho q_{\mathrm{m}}}{H_{\mathrm{o}}(\delta-\rho)\Delta p}} \qquad (4-40)$$

式中，G 是水力旋流器的特性参数，它由其几何形状和相应尺寸而定。里特玛在试验中改变旋流器尺寸比例关系得到设计所需的最佳参数，并发现旋流器具有如下最佳相应尺寸时，G 值最小，即 $\dfrac{H_{\mathrm{o}}}{D}=5$，$\dfrac{h_{\mathrm{o}}}{D}=0.4$，$\dfrac{d_{\mathrm{i}}}{D}=0.28$ 和 $\dfrac{d_{\mathrm{o}}}{D}=0.34$ 时，$G=3.5$。

其符号的物理意义同上。

2. 荷兰德－贝特(A. R. Holland-Batt)公式

荷兰德－贝特根据混合原理，首先按旋流器的给矿压力、生产能力和几何特性求出矿浆在旋流器分离过程中的有效停留时间，与在此有效停留时间内转过的角位移，再用解颗粒流方程的方法得到颗粒的径向速度，最后根据颗粒粒度与径向速度的关系导出分离粒度计算式：

对球形颗粒：

$$d_{50} = \sqrt{\frac{18\mu v_{\mathrm{r}}}{(\delta-\rho)a(1-\bar{c}_{\mathrm{iv}})^{4.4}}} \qquad (4-41)$$

对非球形颗粒：

$$d_{50} = \sqrt{18\left(1+\frac{6}{2^{10K}}\right)\left[\frac{\mu v_{\mathrm{r}}}{(\delta-\rho)a(1-\bar{c}_{\mathrm{iv}})^{14}}\right]} \qquad (4-42)$$

式中：v_{r}——给矿矿浆体积浓度为 $\bar{c}_{\mathrm{iv}}$ 时颗粒的径向速度，$v_{\mathrm{r}}=\dfrac{q_{\mathrm{m}}}{A_{\mathrm{c}}}$

$+\dfrac{q_{\mathrm{m}}D}{v_{\mathrm{c}}}\ln 2$，cm/s，$A_{\mathrm{c}}$ 为平行于中心轴线的旋流器壁面积，cm^2，v_{c} 为旋流器内部体积，cm^3；

a——加速度，$a=\dfrac{4g\Delta p}{D}$，cm/s^2；

Δp——给矿压力，bar(巴)[①]；

$\bar{c}_{iv}$——给矿矿浆的平均体积浓度；

K——固体颗粒体积系数，通常 K 为 $0.1 \sim 0.4$，平均值 $K \approx 0.3$。

第三节　受阻排料法

受阻排料法是法尔斯特罗姆(P. H. Fashlstrom)于 1963 年提出的。他认为：在水力旋流器分离过程中，被分离的固体物料在其离心力作用下从沉砂口排出的概率取决于其质量，粗而重的颗粒首先排出。水力旋流器的分离过程不仅取决于其颗粒受阻沉降的程度，而且还取决于其通过锥体部分受阻的程度。法尔斯特罗姆根据罗辛 - 拉姆勒的粒度分布导出分离粒度方程：

$$d_{50} = d(-\ln \varepsilon_s)^{\frac{1}{s}} \qquad (4-43)$$

式中：d——分布方程中的粒度模数；

　　　ε_s——固体颗粒在沉砂中的回收率，（小数）；

　　　s——分布方程指数。

d 与 s 同物料性质有关，可通过实验求得。

第四节　经验模型法

经验模型分离粒度计算法，是根据水力旋流器的生产实践和科学试验测得的大量数据，通过数学处理得到的分离粒度模型。这类计算式很多，而且结构形式各式各样，现择其主要介绍如下（式中 Δp 单位为 kPa）。

---

① 　1 bar $= 10^5$ Pa。

1. 法尔斯特罗姆模型

法尔斯特罗姆 1949 年对直径 $D = 228.6$ mm 的水力旋流器进行系统的试验测定后，在矿浆体积浓度 8% 左右和沉砂与给矿的流量比大约为 0.15 的条件下，最早提出分离粒度经验模型：

$$d_{50} = \frac{13.7 (d_i d_o)^{0.68}}{q_m^{0.53} (\delta - \rho)^{0.5}} \qquad (4-44)$$

2. 吉冈直哉和霍特(Y. Hotta)模型

吉冈直哉和霍特 1955 年在稀矿浆浓度条件下，对直径分别为 76.2 mm、88.9 mm 和 152.4 mm 的水力旋流器进行系统的试验测定后，按其测定资料建立分离粒度模型：

$$d_{50} = \frac{375.1 D^{0.1} d_i^{0.6} d_o^{0.68} \mu}{q_m^{0.53} (\delta - \rho)^{0.5}} \qquad (4-45)$$

3. 舒伯特(H. Schubert)模型

舒伯特 1973 年研究和分析水力旋流器分离过程中紊流运动对其分离粒度的影响后，提出分离粒度数学模型：

$$d_{50} = 15 K_d \sqrt{\frac{D \lg [0.91 (d_o/d_s)^3]}{(\delta - \rho)(1 - c_{iv})^3 \Delta p^{0.5}}} \qquad (4-46)$$

式中：K_d——给矿粒度组成影响系数，$K_d = \left[0.07 d_z \left(\frac{\delta - \rho}{D} \right)^{0.5} \right]^m$，

d_z 为颗粒粒度分布平均数，m 为指数，当 $D < 100$ mm 时，$m = 0.1$，当 $D > 100$ mm 时，$m = 0.5$。

据报道，舒伯特模型对 D 为 $150 \sim 350$ mm 水力旋流器的分离粒度的计算值和实测值相当吻合。

4. 林奇(A. J. Lynch)模型

林奇先用纯度为 99% 的石灰石在球磨机中磨到三种不同的细度，即粗（-75 μm 43.1%）、中（-75 μm 53.2%）和细（-75 μm 72.4%）。分别用 Krebs 公司制造的直径为 102 mm、

152 mm、254 mm 和 381 mm 的旋流器，对给矿流量、给矿浓度、溢流管直径、沉砂管直径和给矿管面积等参数进行了系统的研究。最后又用硅石对直径为 508 mm 的旋流器进行工业试验。1977 年根据其研究资料建立的旋流器校正分离粒度数学模型为：

$$\lg d_{50c} = K_1 d_o - K_2 d_s + K_3 d_i + K_4 c_{iw} - K_5 q_m + K_6 \quad (4-47)$$

就硅石矿浆而言，当用 $D = 508$ mm 的 Krebs 型旋流器试验时，所得的常数分别是：

$K_1 = 0.04$；$K_2 = 0.0576$；$K_3 = 0.0366$；

$K_4 = 0.0299$；$K_5 = 0.00005$；$K_6 = 0.0806$。

当旋流器给矿粒度组成变化不大时，运用式(4-47)可以根据小型试验结果预测工业旋流器的校正分离粒度 d_{50c} 值。但当给矿粒度组成变化较大时，将会影响预测结果的准确性。如果考虑到给矿粒度组成变化时，适应全部数据的旋流器校正分离粒度模型为：

$$\lg d_{50c} = 0.0418 d_o - 0.0543 d_s + 0.0304 d_i + 0.0319 c_{iw} - 0.00006 q_m - 0.0042 \beta_{+420} + 0.0004 \beta_{-53} \quad (4-48)$$

式中：d_{50c}——校正分离粒度，μm；

$\quad$ q_m——生产能力，L/min；

$\quad$ β_{+420}——给矿中 $+420 \mu$m($+35$ 目)粒级含量，%；

$\quad$ β_{-53}——给矿中 -53μm(-300 目)粒级含量，%。

林奇及其同事建议：当评定大直径旋流器时，为了方便起见，通常用几何相似的小型旋流器试验得到的常数 $K_1 \sim K_5$ 来确定工业型大直径旋流器校正分离粒度 d_{50c}。鉴于常数 $K_1 \sim K_5$ 同旋流器直径无关，那么大直径旋流器的 K_6 可通过式(4-47)或式(4-48)求得。林奇及其同事还发现给矿粒度组成和矿石性质对各经验常数值有明显的影响，为了准确地描述不同粒度组成和不同矿石性质的 d_{50c}，应该有不同的试验常数。上述常数值是石灰石不同粒度组成给料试验结果的平均值。

5. 普里特(L. R. Plitt)模型

普里特采用石英作试料，对直径为 31.75 mm、63.5 mm 和 152.4 mm 的旋流器进行系统研究后，按其研究结果建立旋流器校正分离粒度模型：

$$d_{50c} = \frac{14.2 D^{0.46} d_i^{0.6} d_o^{1.21} \exp(0.063 c_{iv})}{d_s^{0.71} h_x^{0.38} q_m^{0.45} (\delta - \rho)^{0.5}} \qquad (4-49)$$

式中：q_m——生产能力，m^3/h。

6. 苗拉和鸠尔模型

苗拉和鸠尔采用 Krebs 公司生产的标准型旋流器，在标准条件下进行系统的研究后，于 1978 年建立旋流器校正分离粒度模型。

标准旋流器的结构参数：给矿口为长方形，其面积为旋流器断面的 6% ~ 8%；溢流管断面为旋流器断面的 35% ~ 40%；沉砂口直径不小于溢流管直径的 0.25 倍；$D < 254$ mm 时锥角 $\alpha = 12°$，$D > 254$ mm 时锥角 $\alpha = 20°$。标准条件参数：给矿液体(介质)为 20 ℃的水；给矿物料密度 $\delta = 2.65$ t/m^3；给矿矿浆浓度 $c_{iw} < 10\%$；给矿口压力 $\Delta p = 69$ kPa。

校正分离粒度模型

$$d_{50c} =$$

$$\frac{0.77 D^{1.875} \exp(-0.301 + 0.0945 c_{iv} - 0.00356 c_{iv}^2 + 0.0000684 c_{iv}^3)}{q_m^{0.6} (\delta - \rho)^{0.5}}$$

$$(4-50a)$$

或

$$d_{50c} =$$

$$\frac{12.67 D^{0.675} \exp(-0.301 + 0.0945 c_{iv} - 0.00356 c_{iv}^2 + 0.0000684 c_{iv}^3)}{\Delta p^{0.3} (\delta - \rho)^{0.5}}$$

$$(4-50b)$$

7. 阿提本模型

阿提本也是采用 Krebs 公司的标准旋流器，在标准条件下进行系统的研究后，建立起校正分离粒度模型。

标准旋流器的结构参数：筒体直径与其长度相等，$D = H$；给矿口为矩形，其长边和旋流器轴线相平行，给矿口面积约为旋流器断面的 0.05 倍；溢流管入口要伸到给矿口以下，溢流管入口断面为旋流器断面的 0.35 倍；锥角 α 为 10°～20°；沉砂口直径为旋流器直径的 0.1～0.35 倍。标准条件：给矿液体为 20℃ 的水；给料固体的密度为 2.65 t/m³ 的球形颗粒；给料浓度为固体体积浓度，要小于 4%；给矿压力为 69 kPa。

根据其研究结果，阿提本 1976 年首先建立基本分离粒度模型：

$$d_{50c(\text{基})} = 2.84D^{0.66} \qquad (4-51a)$$

式中：$d_{50c(\text{基})}$——基本校正分离粒度，μm。

在具体运用时，要结合实际情况对主要操作参数的给矿矿浆浓度、给矿压力和矿石密度进行修正，即

$$d_{50c} = d_{50c(\text{基})} C_1 \cdot C_2 \cdot C_3 \qquad (4-51b)$$

式中：C_1——给矿浓度修正系数，$C_1 = (1 - 0.019c_{iv})$，c_{iv} 为给矿矿浆体积浓度，%；

C_2——给矿压力修正系数，$C_2 = 3.27\Delta p^{-0.28}$，$\Delta p$ 为给矿压力，kPa；

C_3——矿石密度修正系数，$C_3 = \left(\dfrac{1.65}{\delta - \rho}\right)^{0.5}$，$\delta$、$\rho$ 为矿石和液体(介质)的密度，t/m³。

为了方便起见，阿提本已将 C_1、C_2、C_3 不同条件下的数值绘成了标准曲线(详见第七章)，应用时只需根据具体情况由相应的曲线查得所需的数值。

当用 C_1、C_2、C_3 各修正系数代入式(4-51b)并经过相应的

简化后，得到的校正分离粒度模型为：

$$d_{50c} = \frac{11.93D^{0.66}}{\Delta p^{0.28}(\delta - \rho)^{0.5}(1 - 0.019c_{iv})^{1.43}} \qquad (4-51c)$$

8. 杜亥姆(M. A. Doheim)模型

杜亥姆校正分离模型具有最简单的结构形式。杜亥姆采用 100 mm 直径的旋流器对白石英进行系统的分级研究，周密地考察了旋流器沉砂固体回收率与校正分离粒度的函数关系。根据研究资料建立校正分离粒度模型：

$$d_{50c} = 195.466 - 1.786R_f \qquad (4-52)$$

式中：R_f——沉砂固体回收率，%。

第五节　效果对比

水力旋流器分离粒度的计算，我国过去多采用平衡轨道法中内旋流的波瓦罗夫公式或拉苏莫夫的修正式，欧美多采用林奇或普里特的经验式。林奇、普里特和阿提本的三个经验式是西方国家的水力旋流器在高浓度操作时，预测其分离粒度的主要方法。

为考核与验证上述水力旋流器分离粒度主要计算式的适应性和可靠性，现以云锡式水力旋流器的生产实践资料为依据，进行其理论计算值和生产实践值对比，以便读者在实际运用时参考。诚然，仅用云锡式水力旋流器生产实践资料对比是有局限性的，但读者可以从中找出一些基本规律，不致在众多而繁杂的公式面前缩手缩脚。当然，读者亦可根据自己的生产实践资料进行更为广泛的验证与对比，以便从中找到更为广泛的适用规律。

云锡式水力旋流器在云南锡业公司的锡矿分级实践的技术参数和实际分级粒度见表 4-10，实际分级粒度与理论计算值的对比结果见表 4-11。

表 4 – 10　云锡式水力旋流器技术参数和实际分级粒度

技术参数和分级粒度		旋流器直径/mm			
		500	250	125	75
结构参数	给矿口直径/mm	100	50	35 × 14 (25)	13
	溢流口直径/mm	150	75	32	17
	沉砂口直径/mm	30 ~ 50	20 ~ 30	10 ~ 15	6 ~ 8
	筒体高度/mm	300	250	200	100
	溢流口插入深度/mm	200	170	100	70
	锥角/(°)	20	20	15	15
操作参数	给矿质量浓度/%	20.0	12.0	12.0	6.1
	给矿体积浓度/%	8.5	5.0	5.0	2.3
	给矿压力/MPa	0.06	0.08	0.15	0.20
结果	实际分级细度/%	$-74\mu m$ 96.7%	$-37\mu m$ 89.0%	$-19\mu m$ 96.6%	$-10\mu m$ 95.6%
	相应分级粒度/μm	73	39	18	10
	生产能力/($m^3 \cdot h^{-1}$)	95.7	29.4	10.4	3.8

表 4 – 11　云锡式水力旋流器实际分级粒度与理论计算值比较

分离粒度和分级粒度/μm		旋流器直径/mm			
		500	250	125	75
实际值	实际给矿浓度/%	20.0	12.0	12.0	6.1
	实际分极细度	$-74\ \mu m$ 96.7%	$-37\ \mu m$ 89.0%	$-19\ \mu m$ 96.6%	$-10\ \mu m$ 95.6%
	同实际分级细度相应的分级粒度/μm	73	39	18	10

续表 4 – 11

分离粒度和分级粒度/μm			旋流器直径/mm			
			500	250	125	75
平衡轨道法	外旋流法/μm	达尔扬、波瓦罗夫 d_{50}	116.2	57.8	26.6	17.0
		d_{50}	123.9	64.6	39.7	26.6
	内旋流法/μm	达尔扬 d_{50}	30.2	15.5	7.3	3.7
		d_m	49.8	25.6	12.1	6.1
		波瓦罗夫[①] d_m	143.0	61.7	32.4	15.0
	最大切线速度轨迹法/μm	笔者 d_{50}	43.9	21.8	10.6	6.4
		d_m	72.5	36.0	17.5	10.5
经验模型法	林奇法	给矿浓度/%	20.1	12.0	12.0	6.1
		d_{50c}/μm	21.6	5.7	3.9	2.2
		给矿浓度/%	30.0	30.0	30.0	30.0
		d_{50c}/μm	43.0	19.6	13.3	11.3
		给矿浓度/%	35.0	35.0	35.0	35.0
		d_{50c}/μm	60.7	27.6	18.8	15.9
		给矿浓度/%	40.0	40.0	40.0	40.0
		d_{50c}/μm	85.6	39.0	26.5	22.4
	阿提本法	给矿浓度/%	20.0	12.0	12.0	6.1
		d_{50c}/μm	50.0	26.3	13.9	8.6
		给矿浓度/%	30.0	30.0	30.0	30.0
		d_{50c}/μm	60.9	35.6	18.9	12.5
		给矿浓度/%	40.0	40.0	40.0	40.0
		d_{50c}/μm	77.9	45.5	24.1	15.9
	苗拉和鸠尔法	给矿浓度/%	20.0	12.0	12.0	6.1
		d_{50c}/μm	53.3	25.7	13.1	7.1
		给矿浓度/%	30.0	30.0	30.0	30.0
		d_{50c}/μm	67.7	39.0	20.2	13.1
		给矿浓度/%	40.0	40.0	40.0	40.0
		d_{50c}/μm	83.1	24.8	24.8	16.1

注：①波瓦罗夫分级粒度 d_m 按式(4 – 32)计算。

在结构参数和操作参数相同的条件下,就石英物料($\delta = 2.65$ t/m^3)的分级作业而言,各种主要计算方法的分级粒度和校正分离粒度的计算值同实际值之间的差别各不相同。

综合云锡式水力旋流器的实际分级粒度和理论计算值的对比结果可以看出,在结构参数和操作参数相同条件下:

①平衡轨道外旋流法的分离粒度计算值比实际分级粒度还要大,实践中不宜采用,但两个方法的计算值比较接近;

②平衡轨道的最大切线速度轨迹法(笔者法)的分级粒度计算值同实际值相当吻合;

③经验模型法适用于高浓度给矿的操作参数;林奇法、阿提本法以及苗拉和鸠尔法在给矿浓度为35%~40%时,其校正分离粒度计算值同实际分级粒度相接近。

上述规律只是对一种规格旋流器和一种类型给矿的分级计算,有局限性。各种分级粒度计算法对不同矿石类型的适用情况请读者在生产实践中给予更多的验证,以求得到更有普遍性的实用规律。

参考文献

[1] 姚书典,隋志宇.高浓度条件下水力旋流器的分离粒度[J].有色金属(选矿部分),1988(3):31-37.

[2] 庞学诗.水力旋流器分离粒度的计算方法[J].国外金属矿选矿,1992(5):15-24.

[3] 庞学诗.水力旋流器分离粒度计算方法的研究及应用[J].湖南有色金属,1988(11):27-30.

[4] 庞学诗.水力旋流器分离粒度的计算[J].矿冶工程,1986(3):24-29.

[5] 庞学诗.螺旋涡的基本性质及其在旋流器中的应用[J].有色金属,1991(4):30-34.

[6] Holland-Batt A R. A Bulk Model for Separation in Hydrocyclone[J]. Insti-

tution of Mining & Metallurgy, 1982(3): C21 – C25.

[7] 波瓦罗夫 А И. 选矿厂水力旋流器[M]. 北京: 冶金工业出版社, 1982.

[8] Razumov К А, Перов В А. ПРОЕКТИРОВАНИЕ Обогатите Пъных. Фабрик, МОСКВА НЕДРА, 1982: 263 – 268.

[9] Kelsall D F. A Study of the Motion of Solid Particles in a Hydraulic Cyclone [J]. Trans Instn Chen Engrs, 1965, 30: 87 – 108.

[10] Bradley D. The Hydrocyclone[M]. Oxford, Pergman Press, 1965.

[11] 斯瓦罗夫斯基 L. 固液分离[M]. 第2版. 北京: 化学工业出版社, 1990.

[12] Doheim M A, Zbrahim G A, Ahmed A A. Rapid Estimation of Corrected Cut Point in Hydrocyclone Classification Units[J]. International Journal of Mineral Processing, 1985(14): 149 – 159.

[13] Lilge E O. Hydrocyclone Fundamenals[J]. Bull of the Instn. of Min. and Metal, 1962(71): 285 – 337.

[14] Bagnold R A. Experiments on a Gravityfree Dispersion of Large Solid Spheres in a Newtonian Fluid Under Shear[J]. Proc Roy SOC, 1954 (225): 45.

[15] Rietema K. Performance and Design of Hydrocyclones[J]. Chen Eng Sci, 1961(15): 298 – 325.

[16] Fahlstrom P H. Studies of the Hydrocyclone as a Classifier[M]. Proc 6th, Int Miner Process Congr, Cannes, 1963: 87 – 109.

[17] Wills B A. Factors Affecting Hydrocyclone Performane[M]. Min Mag, 1980, 142, N2, 142 – 146.

[18] Dahlstrom D A. Cyclone Operating Factors and Capacities on Caol and Refuse Slurries[J]. Trans AIME, 1949(184): 331 – 344.

[19] Schubert H, Neesse T. The Rode of Turbulence in Wet Classification 10th [M]. London: Int Miner Process, 1973: 213 – 239.

[20] Plitt L R. A Mathematical Model of the Hydrocyclone Classifier[M]. CIM Bull, 1976: 114 – 123.

[21] Wills B A. Mineral Processing Technology[M]. 2nd Ed. Elsevier: 1981: 233 – 251.

[22] Mular A L, Jull N A. The Selection of Cyclone Classfiers. Pump & Pump – boxes for Grinding Circuits in Mineral Processing Plant Design [M]. AIMME, 1978.

[23] Arterburn R A. The Sizing and Selectiao of Hydrocyclones[J]. Design and Installation of Comminution Circuits, AIME, 1982: 592 – 607.

[24] Austin L G, Austin, et, al. Process Engineering of Size Reduction Ball Milling[M]. New York, 1984: 308 – 340.

[25] Doheim M A, 等. 水力旋流器分级粒度的迅速测定[J]. 国外金属矿选矿, 1984(6): 23 – 29.

[26] 庞学诗. 水力旋流器技术与应用[M]. 北京: 中国石化出版社, 2010.

第五章 产物分配计算

水力旋流器生产过程中的产物分配指标主要指：沉矿产物与溢流产物、沉砂产物与给矿产物间矿浆体积流量的分配关系；沉砂产物与溢流产物、沉砂产物与给矿产物间水量的分配关系；沉砂产物与溢流产物、沉砂产物与给矿产物间固体质量流量的分配关系。

生产过程中旋流器产物分配合理与否，不但影响其分离粒度和分离效率，而且还影响产物的浓度及其粒度组成，直至影响其选别作业的选别指标，必须给予严格的控制。

当水力旋流器用于分级、脱泥、浓缩、澄清和选别作业时，研究其产物分配指标的通用计算方法，对简化分级、脱泥、选别和其他分离流程的数质量及矿浆流程的计算与工艺过程的技术控制及其设备的选择计算等，均有重要的现实意义。

笔者曾在《水力旋流器产物分配的计算》一文中，就其计算方法及其应用效果作过简要的论述。在本章中仍以该文为基础，进一步阐述其计算方法的原理及其实用效果。

第一节 产物分配的表示方法

一、流量分配与流量比

流量分配是指正常生产旋流器沉砂产物与溢流产物的体积流量之比，即

$$S_v = \frac{Q_{sv}}{Q_{ov}} \qquad (5-1)$$

式中：S_v——流量分配；

　　Q_{sv}——沉砂产物的体积流量；

　　Q_{ov}——溢流产物的体积流量。

流量比有两种：底流流量比和溢流流量比。

底流流量比是指正常生产旋流器的沉砂产物与给矿产物的体积流量之比，即

$$R_v = \frac{Q_{sv}}{Q_{iv}} \qquad (5-2a)$$

溢流流量比是指正常生产旋流器的溢流产物与给矿产物的体积流量之比，即

$$R_v' = \frac{Q_{ov}}{Q_{iv}} = 1 - R_v \qquad (5-2b)$$

式中：R_v、R_v'——分别为沉砂（底流）、溢流的流量比；

　　Q_{sv}、Q_{ov}、Q_{iv}——分别为沉砂、溢流、给矿的体积流量。

二、水量分配与水量比

水量分配是指正常生产旋流器沉砂产物中的水量与溢流产物中的水量之比，即

$$S_w = \frac{Q_{sw}}{Q_{ow}} \qquad (5-3)$$

式中：S_w——水量分配；

　　Q_{sw}——沉砂产物中的水量；

　　Q_{ow}——溢流产物中的水量。

水量比有两种：沉砂（底流）水量比和溢流水量比。

底流水量比是指正常生产旋流器的沉砂产物中的水量与给矿产物中的水量之比，即

$$R_w = \frac{Q_{sw}}{Q_{iw}} \qquad (5-4a)$$

溢流水量比是指正常生产旋流器的溢流产物中的水量与给矿产物中的水量之比，即

$$R'_w = \frac{Q_{ow}}{Q_{iw}} = 1 - R_w \qquad (5-4b)$$

式中：R_w、R'_w——分别为沉砂（底流）和溢流的水量比；

Q_{sw}、Q_{ow}、Q_{iw}——分别为沉砂（底流）、溢流、给矿中的水量。

三、产量分配与产量比

产量分配是指正常生产旋流器沉砂产物中固体物料与溢流产物中固体物料的质量流量之比，即

$$S_m = \frac{Q_{sm}}{Q_{om}} \qquad (5-5)$$

式中：S_m——产量分配；

Q_{sm}——沉砂产物中固体物料的质量流量；

Q_{om}——溢流产物中固体物料的质量流量。

产量比也有两种：沉砂（底流）产量比和溢流产量比。

底流产量比是指正常生产旋流器沉砂产物中固体物料与给矿产物中固体物料的质量流量之比，即

$$R_m = \frac{Q_{sm}}{Q_{im}} \qquad (5-6a)$$

溢流产量比是指正常生产旋流器溢流产物中固体物料与给矿产物中固体物料的质量流量之比，即

$$R'_m = \frac{Q_{om}}{Q_{im}} = 1 - R_m \qquad (5-6b)$$

式中：R_m、R'_m——分别为沉砂（底流）、溢流的产量比；

Q_{sm}、Q_{om}、Q_{im}——分别为沉砂（底流）、溢流、给矿的固体物料质量流量。

综合上述产物分配表达式不难看出，正常生产旋流器的流量

比与流量分配、水量比与水量分配、产量比与产量分配之间存在
着如下关系：

$$R_v = 1 - R_v' \qquad (5-7a)$$

$$R_v = \frac{S_v}{1+S_v} \qquad (5-7b)$$

$$S_v = \frac{R_v}{1-R_v} \qquad (5-7c)$$

$$S_v = \frac{1-R_v'}{R_v'} \qquad (5-7d)$$

或

$$R_w = 1 - R_w' \qquad (5-8a)$$

$$R_w = \frac{S_w}{1+S_w} \qquad (5-8b)$$

$$S_w = \frac{R_w}{1-R_w} \qquad (5-8c)$$

$$S_w = \frac{1-R_w'}{R_w'} \qquad (5-8d)$$

或

$$R_m = 1 - R_m' \qquad (5-9a)$$

$$R_m = \frac{S_m}{1+S_m} \qquad (5-9b)$$

$$S_m = \frac{R_m}{1-R_m} \qquad (5-9c)$$

$$S_m = \frac{1-R_m'}{R_m'} \qquad (5-9d)$$

　　通常在生产过程中，只需测定出旋流器的流量比、水量比和
产量比指标，流量分配、水量分配和产量分配指标可以通过上述
关系式算出。

　　还可看出，当正常生产旋流器的给矿浓度和沉砂浓度很小
时，例如，环保工程的污水澄清作业和金银浸出厂的洗涤作业
等，流量比和水量比相当接近，即 $R_v \approx R_w$。

影响旋流器产物分配指标的主要因素是角锥比，即沉砂口直径与溢流口直径之比。但物料性质、生产能力、配置方式、给矿压力和排料状态等也是不容忽视的影响因素。

当结构参数和操作参数一定时，正常生产旋流器的产物分配指标基本不变，或在允许的范围内波动。正常生产旋流器的主要标志是排料呈伞状，最适宜的伞状夹角是 20°～30°。大于该夹角者，其沉砂浓度低且其细粒级含量高，分级效率低，说明沉砂口过大；小于该夹角者，其沉砂浓度高且溢流产物中粗粒级含量高，分级效率低，说明沉砂口过小。苗拉和鸠尔根据其研究结果，提出用旋流器分离过程中的沉砂浓度，作为检验其正常生产的基本标志，其近似检验式为：

$$c_{sv} \leqslant 0.5385 c_{ov} + 0.4931 \qquad (5-10)$$

式中：c_{sv}——旋流器沉砂产物体积浓度；

c_{ov}——旋流器溢流产物体积浓度。

为了简化计算程序和便于实际应用，在本章第二节"产物分配的计算方法"中，只对旋流器的流量比、水量比和产量比中的底流流量比、底流水量比和底流产量比的计算方法加以详细研讨，至于其溢流流量比、溢流水量比和溢流产量比指标，可以通过上述相应关系式求得。

第二节　产物分配的计算方法

目前国内外工业生产中广泛应用的是两产物水力旋流器，两产物以上的旋流器应用极少。现以两产物旋流器为例，研讨其在各种工艺流程中产物分配指标的具体计算方法。

选矿工艺流程中，水力旋流器同磨机组成的单元流程有两种：开路单元流程和闭路单元流程，见图 5-1 和图 5-2。

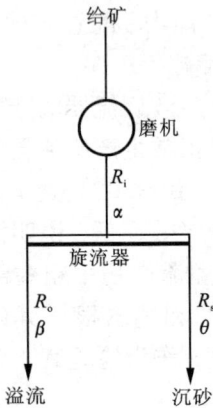

图 5 - 1　开路单元流程

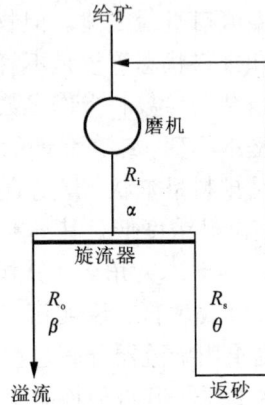

图 5 - 2　闭路单元流程

　　生产实践中，可以根据矿石性质、工艺条件和产物质量等因素，用这两种单元流程组成各种各样的生产工艺。因此，水力旋流器产物分配指标的具体计算方法，可用这两种单元流程为基础进行具体研讨。

　　旋流器产物分配指标的计算方法，根据其原理大致分为两类：平衡法和经验法。

一、平衡法

　　平衡法的原理是：<u>进入旋流器分离作业物料的质量，等于分离后从旋流器排出物料的质量</u>，即通常说的投入等于产出。根据这个原理，选矿生产实践中具体使用的方法，有水量平衡法和特定粒级平衡法两种。特定粒级、指定粒级和计算粒级是同一事物在不同情况下不同的表示方法，本书中可以通用。水量平衡法，顾名思义，就是进入旋流器分离作业的水量等于分离后从旋流器排出的水量；特定粒级平衡法就是进入旋流器分离作业的特定粒级物料量等于分离后从旋流器排出的特定粒级物料量。工业生产中，广泛应用的是水量平衡法。

应用平衡法计算旋流器产物分配指标时，必须对分离前后旋流器各相应产物的浓度（常用液固比表示）和特定粒级物料量（常用 -200 目%表示，亦可用 -270 目%或 -325 目%表示，最好用 $-d_{50}$ 粒级含量表示）进行测定。平衡法在生产实践中应用得相当普遍，特别是在中国。只要测定时的取样方法和加工技术合理，其结果完全能够客观地反映出设备技术性能的优劣和企业管理水平的高低。

就旋流器的分级、脱泥、浓缩和澄清作业而言，同一分离作业相应产物的固体物料密度可认为相同。这种假定不但对简化产物分配指标的计算方法十分有利，而且也同生产实践相一致。

根据水量平衡法原理，现就开路单元流程和闭路单元流程中旋流器的产物分配指标计算方法研讨如下。

1. 开路单元流程的产物分配计算

正如图 5-1 开路单元流程所示，当旋流器的结构参数和操作参数一定时，正常生产旋流器的沉砂产物和溢流产物的浓度基本不变，或在允许的范围内波动，其产物分配指标亦不随时间变化，或在允许的范围内波动。就同一分离作业而言，当旋流器各相应产物的浓度用液固比表示时，其产物分配指标的计算方法分别见下述。

（1）流量分配与流量比

① 流量分配。根据旋流器流量分配的定义及方程（5-1）有：

$$S_{v} = \frac{Q_{sv}}{Q_{ov}} = \frac{Q_{sm}\left(R_{s} + \dfrac{1}{\delta}\right)}{Q_{om}\left(R_{o} + \dfrac{1}{\delta}\right)} = \frac{\gamma_{s}(R_{s}\delta + 1)}{\gamma_{o}(R_{o}\delta + 1)} \qquad (5-11)$$

式中：γ_{s}、γ_{o}——沉砂产物、溢流产物的产率，%；

δ——矿石密度。

很明显，应用式（5-11）求流量分配之前，必须先求出沉砂

产率和溢流产率。其方法为：由图 5 - 1 的水量平衡关系得

$$\gamma_o = \frac{R_i - R_s}{R_o - R_s}, \ \gamma_s = 1 - \gamma_o$$

将 γ_o 和 γ_s 代入式（5 - 11），得旋流器的流量分配计算式：

$$S_v = \frac{(R_o - R_i)(R_s\delta + 1)}{(R_i - R_s)(R_o\delta + 1)} \tag{5-12}$$

式中：R_i——给矿产物液固比；

　　R_o、R_s——溢流产物、沉砂产物液固比；

　　δ——矿石或物料密度。

②流量比。根据旋流器流量比的定义及方程（5 - 2）有：

$$R_v = \frac{Q_{sv}}{Q_{iv}} = \frac{Q_{sm}\left(R_s + \dfrac{1}{\delta}\right)}{Q_{im}\left(R_i + \dfrac{1}{\delta}\right)} = \frac{\gamma_s(R_s\delta + 1)}{R_i\delta + 1} \tag{5-13}$$

同样，由式（5 - 13）可以看出，要想求得其流量比，必须预先知其沉砂产率。其方法为：由图 5 - 1 的水量平衡关系得

$$\gamma_s = \frac{R_o - R_i}{R_o - R_s}$$

将其代入式（5 - 13），得旋流器的流量比计算式

$$S_v = \frac{(R_o - R_i)(R_s\delta + 1)}{(R_o - R_s)(R_i\delta + 1)} \tag{5-14}$$

（2）水量分配与水量比

①水量分配。根据旋流器水量分配的定义及方程（5 - 3）有：

$$S_w = \frac{Q_{sw}}{Q_{ow}} = \frac{Q_{sm}R_s}{Q_{om}R_o} = \frac{\gamma_s R_s}{\gamma_o R_o} \tag{5-15}$$

同理，由图 5 - 1 的水量平衡关系得：

$$\gamma_s = \frac{R_o - R_i}{R_o - R_s}, \ \gamma_o = 1 - \gamma_s$$

将其代入式（5 - 15），得旋流器的水量分配计算式：

$$S_w = \frac{(R_o - R_i)R_s}{(R_i - R_s)R_o} \quad (5-16)$$

②水量比。根据旋流器水量比的定义及方程(5-4)有：

$$R_w = \frac{Q_{sw}}{Q_{iw}} = \frac{Q_{sm}R_s}{Q_{im}R_i} = \frac{\gamma_s R_s}{R_i} \quad (5-17)$$

同理，由图5-1的水量平衡关系得：

$$\gamma_s = \frac{R_o - R_i}{R_o - R_s}$$

将其代入式(5-17)，得旋流器的水量比计算式：

$$R_w = \frac{(R_o - R_i)R_s}{(R_o - R_s)R_i} \quad (5-18)$$

(3)产量分配与产量比

①产量分配。根据旋流器产量分配的定义及方程(5-5)有：

$$S_m = \frac{Q_{sm}}{Q_{om}} = \frac{\gamma_s}{\gamma_o} \quad (5-19)$$

同理，由图5-1的水量平衡关系得：

$$\gamma_s = \frac{R_o - R_i}{R_o - R_s}, \ \gamma_o = 1 - \gamma_s$$

将其代入式(5-19)，得旋流器的产量分配计算式：

$$S_m = \frac{R_o - R_i}{R_i - R_s} \quad (5-20)$$

②产量比。根据旋流器产量比的定义及方程(5-6)可知，旋流器的产量比实际上就是它的沉砂产率，即 $R_m = \frac{Q_{sm}}{Q_{im}} = \gamma_s$，其计算式：

$$R_m = \gamma_s = \frac{R_o - R_i}{R_o - R_s} \quad (5-21)$$

根据旋流器分离前后各相应产物中的特定粒级物料平衡关系，由图5-1可知其溢流产率和沉砂产率分别为：

$$\gamma_{\text{o}} = \frac{\alpha - \theta}{\beta - \theta}, \ \gamma_{\text{s}} = \frac{\beta - \alpha}{\beta - \theta}$$

则旋流器正常生产时的产量分配和产量比的计算式分别为：

$$S_{\text{m}} = \frac{\gamma_{\text{s}}}{\gamma_{\text{o}}} = \frac{\beta - \alpha}{\alpha - \theta} \qquad (5-22)$$

$$R_{\text{m}} = \gamma_{\text{s}} = \frac{\beta - \alpha}{\beta - \theta} \qquad (5-23)$$

式中：α——旋流器给矿中特定粒级含量，%；

β——旋流器溢流中特定粒级含量，%；

θ——旋流器沉砂中特定粒级含量，%。

2. 闭路单元流程的产物分配计算

如图5-2闭路单元流程所示，当旋流器的给矿用总给矿(磨机新给矿 + 返砂)和各相应产物浓度用液固比表示时，其产物分配的计算方法同其返砂比有关。

必须强调指出，闭路单元流程的返砂是对磨机而言，其总给矿是由新给矿和返砂两部分组成。就分级旋流器而言，其给矿总是磨机的排矿，即新给矿 + 返砂，但其性质同磨机给矿不一样。单纯从旋流器分级作业看，它同开路单元流程一样，有溢流和沉砂两种产物。故而在开路单元流程和闭路单元流程中，分级旋流器分配指标按液固比导出的计算式应该相同，只是导出的依据不同。当闭路单元流程的返砂比预知时，其计算过程更为简便。作为特例，现将具有返砂比的计算式和一般计算式(按液固比导出的计算式)一并列出，供读者在实践中参考。

(1)流量分配与流量比

①流量分配。流量分配指标同样根据旋流器流量分配的定义及方程(5-1)有：

$$S_v = \frac{Q_{sv}}{Q_{ov}} = \frac{SQ_{im}\left(R_s + \dfrac{1}{\delta}\right)}{Q_{om}\left(R_o + \dfrac{1}{\delta}\right)} \tag{5-24}$$

在闭路单元流程中，当磨矿分级回路正常生产时，则 $Q_{im} = Q_{om}$，其流量分配为：

$$S_v = \frac{S(R_s\delta + 1)}{(R_o\delta + 1)} \tag{5-25a}$$

由水量平衡关系得返砂比 $S = \dfrac{R_o - R_i}{R_i - R_s}$，将其代入式(5-25)，得闭路单元流程的流量分配一般计算式：

$$S_v = \left(\frac{R_o - R_i}{R_i - R_s}\right)\left(\frac{R_s\delta + 1}{R_o\delta + 1}\right) \tag{5-25b}$$

很明显，式(5-25b)与式(5-12)相同。

②流量比。同样根据旋流器流量比的定义及方程(5-2)，得闭路单元流程的流量计算式：

$$R_v = \frac{Q_{sv}}{Q_{iv}} = \frac{SQ_{im}\left(R_s + \dfrac{1}{\delta}\right)}{Q_{im}(1+S)\left(R_i + \dfrac{1}{\delta}\right)}$$

$$= \left(\frac{S}{1+S}\right)\left(\frac{R_s\delta + 1}{R_i\delta + 1}\right) \tag{5-26a}$$

将 $S = \dfrac{R_o - R_i}{R_i - R_s}$ 代入式(5-26a)，得流量比的一般计算式：

$$S_v = \left(\frac{R_o - R_i}{R_o - R_s}\right)\left(\frac{R_s\delta + 1}{R_i\delta + 1}\right) \tag{5-26b}$$

可以看出，式(5-26b)与式(5-14)相同。

（2）水量分配与水量比

①水量分配。同样根据水量分配的定义及方程(5-3)，得闭路单元流程的水量分配计算式：

$$S_w = \frac{Q_{sw}}{Q_{ow}} = \frac{SQ_{im}R_s}{Q_{om}R_o} = \frac{SR_s}{R_o} \qquad (5-27a)$$

如果把返砂比 $S = \dfrac{R_o - R_i}{R_i - R_s}$ 代入式(5 – 27a)，则得水量分配的一般计算式：

$$S_w = \left(\frac{R_o - R_i}{R_i - R_s}\right)\left(\frac{R_s}{R_o}\right) \qquad (5-27b)$$

同样看出，式(5 – 27b)与式(5 – 16)相同。

②水量比。同样根据水量比的定义及方程(5 – 4)得水量比：

$$R_w = \frac{SQ_{im}R_s}{(1-S)Q_{im}R_i} = \left(\frac{S}{1+S}\right)\left(\frac{R_s}{R_i}\right) \qquad (5-28a)$$

将 $\dfrac{S}{1+S} = \dfrac{R_o - R_i}{R_o - R_s}$ 代入式(5 – 28a)，则得水量比的一般计算式：

$$R_w = \left(\frac{R_o - R_i}{R_o - R_s}\right)\left(\frac{R_s}{R_i}\right) \qquad (5-28b)$$

同样，式(5 – 28b)与式(5 – 18)相同。

(3)产量分配与产量比

①产量分配。同样根据旋流器产量分配的定义及方程(5 – 5)有：

$$S_m = \frac{SQ_{im}}{Q_{om}} = S \qquad (5-29a)$$

很明显，正常生产旋流器的产量分配，实际上就是它的返砂比。其产量分配计算式为：

$$S_m = S = \frac{R_o - R_i}{R_i - R_s} \qquad (5-29b)$$

同样看出，式(5 – 29b)与式(5 – 20)相同。

②产量比。同样根据旋流器产量比的定义及方程(5 – 6)有：

$$R_m = \frac{SQ_{im}}{(1+S)Q_{im}} = \frac{S}{1+S} \qquad (5-30a)$$

将式(5-29b)代入式(5-30a),得产量比计算式:

$$R_m = \frac{S}{1+S} = \frac{R_o - R_i}{R_o - R_s} \qquad (5-30b)$$

同样可以看出,式(5-30b)与式(5-21)相同。

根据图5-2中特定粒级物料平衡关系,得其返砂比为:

$$S = \frac{\beta - \alpha}{\alpha - \theta}$$

又从式(5-29b)可以看出,闭路单元流程中旋流器的产量分配等于其返砂比。当用特定粒级物料含量表示时,其产量分配指标为:

$$S_m = S = \frac{\beta - \alpha}{\alpha - \theta} \qquad (5-31)$$

又从式(5-30)的产量比同返砂比的关系,可知其闭路单元流程中旋流器的产量比:

$$R_m = \frac{S}{1+S} = \frac{\beta - \alpha}{\beta - \theta} \qquad (5-32)$$

3. 生产实例

实例一 某铜矿选厂的最终尾矿,采用国产 FXK-500 水力旋流器进行分级堆坝试验,其中一组压力条件试验的流程、参数和结果见图 5-3、表 5-1和表 5-2。实际产物的分配指标和采用平衡法计算的产物分配指标的对比结果见表 5-3。

从表 5-3 的产物分配指标可以看出,水量平衡法的理论计算值同实测值

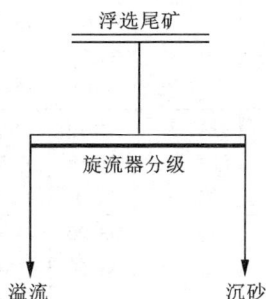

图5-3 某铜矿浮选尾矿分级堆坝试验流程

相当吻合，特定粒级物料平衡法的理论计算值同实测值有一定的出入，这可能是由于取样和样品加工过程中的精确度不够引起。

表 5 – 1　FXK – 500 旋流器分级堆坝压力试验参数

序号	1	2	3	4	5
给矿口直径/mm	110	110	110	110	110
溢流口直径/mm	180	180	180	180	180
沉砂口直径/mm	90	90	90	90	90
锥角/(°)	20	20	20	20	20
给矿压力/MPa	0.044	0.066	0.097	0.121	0.160
尾矿密度/(t·m^{-3})	2.83	2.83	2.83	2.83	2.83

表 5 – 2　FXK – 500 旋流器分级堆坝压力试验结果

序号	产物名称	体积流量/(L·s^{-1})	浓　　度			质量流量/(kg·s^{-1})	水量流量/(L·s^{-1})	– 200 目含量/%
			质量浓度/%	体积浓度/%	液固比			
1	给　矿	32.60	18.69	7.51	4.35	6.93	30.15	39.8
	溢　流	27.88	10.15	3.84	8.85	3.03	26.81	56.4
	沉　砂	4.72	53.87	29.21	0.86	3.90	3.34	23.9
2	给　矿	40.20	19.11	7.71	4.23	8.77	37.10	43.5
	溢　流	34.38	9.16	3.44	9.92	3.35	33.30	60.5
	沉　砂	5.82	58.10	32.88	0.72	5.42	3.90	16.7
3	给　矿	48.40	13.13	5.07	6.62	6.94	45.95	38.0
	溢　流	41.39	6.50	2.40	14.38	2.81	40.40	64.0
	沉　砂	7.01	42.70	20.84	1.34	4.13	5.55	15.0
4	给　矿	53.20	21.49	8.82	3.65	13.27	48.51	30.1
	溢　流	45.50	7.62	2.83	12.12	3.64	44.21	60.3
	沉　砂	7.70	69.14	44.19	0.54	9.63	4.30	10.5
5	给　矿	60.50	22.15	9.13	3.52	15.63	54.98	33.5
	溢　流	51.74	9.47	3.56	9.56	5.21	49.90	58.9
	沉　砂	8.76	67.23	42.02	0.49	10.42	5.08	11.3

表 5 – 3　FXK –500 旋流器分级堆坝压力试验产物分配指标

序号	产物分配指标名称		流量分配 S_v	流量比 R_v	水量分配 S_w	水量比 R_w	产量分配 S_m	产量比 R_m
1		实测值	0.169	0.145	0.125	0.111	1.287	0.563
	计算值	水量平衡法	0.170	0.145	0.125	0.112	1.290	0.564
		特定粒级平衡法					1.044	0.511
2		实测值	0.169	0.145	0.117	0.105	1.168	0.618
	计算值	水量平衡法	0.169	0.145	0.118	0.105	1.621	0.617
		特定粒级平衡法					0.634	0.388
3		实测值	0.169	0.145	0.137	0.121	1.470	0.595
	计算值	水量平衡法	0.169	0.145	0.138	0.120	1.470	0.596
		特定粒级平衡法					1.130	0.531
4		实测值	0.169	0.145	0.097	0.089	2.646	0.726
	计算值	水量平衡法	0.176	0.150	0.098	0.089	2.723	0.730
		特定粒级平衡法					1.541	0.606
5		实测值	0.169	0.145	0.102	0.092	2.000	0.667
	计算值	水量平衡法	0.170	0.169	0.102	0.093	1.990	0.666
		特定粒级平衡法					1.144	0.534

　　实例二　某铜矿选矿厂设计规模 $Q = 60000 \ t/d$，共有 8 个磨矿系统，每系统采用一台 $\phi 5.5 \ m \times 8.5 \ m$ 溢流型球磨机与一台 16/14 瓦曼泵（无级变速控制）和一组 Krebs 型 $D = 660 \ mm$ 水力旋流器（设计为每组 7 台，其中 5 台生产 2 台备用）组成一段闭路磨矿分级流程。其流程水力旋流器的参数和生产技术指标见图 5 – 4 和表 5 – 4、表 5 – 5。旋流器产物分配的实测值和用水量平衡法的计算值见表 5 – 6。

原矿 Q=312.5 t/h

ϕ=5.5 m × 8.5 m
溢流型球磨机

旋流器
-200目65%
c_o=33.0%

返砂
S=400%
c_a=79.0%

溢流

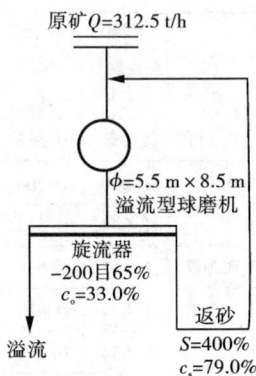

**图 5 - 4　某铜矿选矿厂
的磨矿分级流程**

表 5 - 4　Krebs 型 D = 660 mm 旋流器参数

参数名称	数　值
给矿口直径/mm	225 × 115(181.5)
溢流口直径/mm	254
沉砂口直径/mm	152
锥角/(°)	20
给矿压力/MPa	0.05
尾矿密度/(t·m^{-3})	2.83

表 5 - 5　旋流器生产技术指标

产物名称	体积流量/(m^3·h^{-1})	浓度			质量流量/(t·h^{-1})	水量流量/(m^3·h^{-1})	备　注
		质量浓度/%	体积浓度/%	液固比			
给矿	1518.8	61.6	36.24	0.62	1562.5	972.0	给矿系旋流器的总给矿
溢流	743.8	33.0	14.82	2.03	312.5	634.5	
沉砂	775.0	79.0	57.25	0.27	1250	337.5	

表 5 - 6　旋流器产物分配指标

产物分配指标名称	流量分配 S_v	流量比 R_v	水量分配 S_w	水量比 R_w	产量分配 S_m	产量比 R_m
实测值	1.042	0.510	0.532	0.347	4.000	0.800
水量平衡法计算值	1.046	0.512	0.532	0.348	4.028	0.802

二、经验法

水力旋流器产物分配的经验法，均是在特定的技术条件下，根据科学试验结果或生产实践资料运用数学处理方法得到的经验模型，其适应范围和准确程度往往随着技术条件的变化而有一定的变化。但大多数模型具有结构形式简单和计算过程简便的优点，如若对其产物分配指标要求不十分严格时，作为近似计算法有其现实意义。

水力旋流器分配指标的经验法，均采用开路单元流程的经验模型。

1. 主要经验模型

（1）流量分配

按照影响旋流器流量分配技术指标因素的多少，将其经验模型分为三种基本类型：单因素模型、双因素模型和多因素模型。

①单因素模型。旋流器单因素法流量分配的技术指标只是角锥比（沉砂口直径与溢流口直径之比）的函数，而与其他参数无关，其通式：

$$S_v = K\left(\frac{d_s}{d_o}\right)^w \qquad (5-33)$$

式中：S_v——流量分配；

　　　d_s——沉砂口直径；

　　　d_o——溢流口直径；

　　　K——常数；

　　　w——指数。

不同学者根据其研究结果，提出的常数 K 和指数 w 值见表5-7。

表 5 – 7　单因素法的常数 K 和指数 w

学　　者	K	w
提列（R. Tille）	1.13	3.0
达尔扬	1.10	3.0
斯太斯（M. Staas）	1.34	3.5
吉冈直哉和霍田	1.05	4.0
布拉德里	8.00	4.4
笔者	1.50	2.9

注：正如第三章和第四章所述，组合涡是水力旋流器中流体运动的特有形式，也是水力旋流器分离作用赖以进行的理论基础。组合涡是由半自由涡和强制涡组成，其中半自由涡和强制涡的自然分界面，是水力旋流器生产能力和分离粒度计算式导出的主要依据。同样，按照其最大切线速度轨迹面的特性，得出水力旋流器流量分配单因素法的系数 $K = 1.5$，指数 $w = 2.9$ 是一个经验值，通常它同旋流器的参数有关。

②双因素模型。旋流器双因素法流量分配指标不但是角锥比的函数，而且同其生产能力有关，其通式：

$$S_v = K \left(\frac{d_s}{d_o} \right)^w q_m^m \qquad (5-34)$$

式中：q_m——旋流器生产能力，L/s；

w、m——分别为角锥比、生产能力的指数。

不同学者根据其研究结果，提出的常数 K 和指数 w、m 值见表 5 – 8。

表 5 – 8　双因素法的常数 K 和指数 w、m

学　　者	K	w	m
布拉德里	1.90	1.75	– 0.75
法尔斯特罗姆	6.13	4.40	– 0.44

③多因素模型。旋流器多因素法流量分配指标不但是角锥比

的函数，而且还同其结构参数和操作参数有关，其代表式是普里特模型：

$$S_v = \frac{1.9\left(\dfrac{d_s}{d_o}\right)^{3.31} h_x^{0.54} (d_s^2 + d_o^2)^{0.36} \exp(0.0054c_{iv})}{H_b^{0.24} D^{1.11}} \qquad (5-35)$$

式中：S_v——流量分配；

d_s、d_o——分别为旋流器沉砂口直径和溢流口直径，cm；

D——旋流器直径，cm；

h_x——自由旋涡高度（旋涡溢流管入口到沉砂口间距离），cm；

c_{iv}——给矿矿浆体积浓度，%，计算方法见式（4-28）；

H_b——通过旋流器的压力降（给矿压力），mH_2O[①]。

（2）流量比

旋流器流量比指标经验法中，阿提本计算式具有代表性。1982 年阿提本提出，在正常生产的分级旋流器的短路流等于其水量比的前提下，按其研究结果首先得到旋流器给矿矿浆体积流量和沉砂体积流量的近似计算式：

$$q_m = 0.0025 D^2 \sqrt{\Delta p}$$

和

$$Q_{sv} = K_o d_s^2$$

再根据旋流器流量比的定义导出流量比技术指标计算式：

$$R_v = \frac{Q_{sv}}{q_m} = \frac{K_o d_s^2}{0.0025 D^2 \sqrt{\Delta p}} \qquad (5-36)$$

式中：R_v——流量比；

Q_{sv}——旋流器沉砂矿浆体积流量，L/s；

q_m——旋流器给矿矿浆体积流量，L/s；

d_s——沉砂口直径，cm；

D——旋流器直径，cm；

---

① 　$1\ mH_2O = 9.8\ kPa$。

Δp——给矿压力，kPa；

K_{o}——同给矿压力有关的系数，$K_{\mathrm{o}} = 0.00215\Delta p + 0.2665$。

据报道，阿提本的流量比计算式用于旋流器的稀矿浆给矿时，其理论计算值同实测值相当接近。

（3）水量比

短路流就是在水力旋流器分离过程中，没有经过分离作用而直接进入沉砂或溢流产物中的矿浆量，它直接影响分离粒度和分离效率。旋流器分离过程中的短路流量（未经分离作用的固体物料量）与其水量比成正比。为了评定旋流器的分离效率和进行其他技术指标的控制及计算，往往需要预测其水量比。

正如前述，在正常情况下只要知其旋流器的水量比，就可通过式（5-8）换算出水量分配。因此，在本节中只简要介绍正常生产旋流器的水量比计算方法。经验法中，具有代表性的水量比计算式是林奇模型。

林奇及其同事经大量研究工作发现，水力旋流器正常分离过程中的水量比，同其给矿中矿浆的含水量和沉砂口直径有关，其通式：

$$R_{\mathrm{w}} = K_1 + \frac{d_{\mathrm{s}}}{Q_{\mathrm{iw}}} - \frac{K_2}{Q_{\mathrm{iw}}} + K_3 \qquad (5-37)$$

式中：K_1、K_2、K_3——常数，其值同给矿物料的粒度有关，详见表 5-9。

表 5-9　林奇水量比模型中的常数值

适应粒级范围	K_1	K_2	K_3	备　　注
粗粒级	152.7	213.9	6.67	
中粒级	102.2	124.5	7.49	粒级标准见第四章第四
细粒级	225.5	303.3	-7.40	节的林奇模型部分
全粒级	193.0	271.6	-1.61	

当旋流器的给矿粒度组成属同一种类型，而且可用某一特定参数描述时，例如给矿粒度组成用 $+420~\mu m$（$+35$ 目）和 $-53~\mu m$（-300 目）的含量两个特定参数描述时，则适应于全粒级的最佳水量比方程：

$$R_w = \frac{201.2}{Q_{iw}}d_s - \frac{268.6}{Q_{iw}} - \frac{0.87Q_{iw}}{\beta_{+420}} + \frac{7.85Q_{iw}}{\beta_{-53}} - 6.21 \qquad (5-38)$$

式中：R_w——水量比；

d_s——沉砂口直径，cm；

Q_{iw}——给矿矿浆中水的流量，t/h；

β_{+420}——给矿中 $+420~\mu m$ 粒级含量，%；

β_{-53}——给矿中 $-53~\mu m$ 粒级含量，%。

方程(5-38)比方程(5-37)更为准确，因为它反映出给料粒度组成对水量比的影响。

2. 生产实例

为了验证经验法的实用效果，特用下列生产型水力旋流器的实测值与经验法的理论计算值进行对比。

实例三　某铜矿选矿厂采用辽源重型机器厂生产的仿国外 Krebs 型的 FXK - 500 衬胶水力旋流器，进行"旋流器代替一段闭路磨矿流程中螺旋分级机的工业试验"，试验流程见图 5 - 5。

用旋流器代替螺旋分级机的试验要求：

分级溢流产物细度 - 200 目 65% ~ 70%；分级溢流产物浓度 33% ~ 35%。

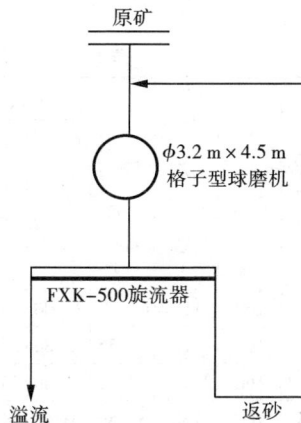

图 5 - 5　某铜矿选矿厂闭路磨矿流程

　　试验是在工业型 $\phi3.2$ m×4.5 m 格子型球磨机(排矿端安装有自返粗粒装置)与一组 FXK – 500 mm(共计四台)分级旋流器构成的闭路磨矿流程中进行。共计进行了溢流口直径、沉砂口直径等参数对溢流产物浓度和细度影响的试验。旋流器适宜的技术参数见表 5 – 10,其中一组试验的技术指标见表 5 – 11。

表 5 – 10　　旋流器适宜的技术参数

参数名称	数　值	备　注
给矿口直径/mm	110×120 130.07	1. 磨机实际处理能力: 　$Q = 66$ t/h
溢流口直径/mm	160	2. 矿石密度:
沉砂口直径/mm	110	$\delta = 2.83$ t/m^3
溢流管插入深度/mm	350	3. 每组旋流器四台,其中二台生
锥角/(°)	20	产,二台备用
给矿压力/MPa	0.07 ~ 0.12	

表 5 – 11　　旋流器参数试验技术指标

序号	参数		技术指标						返砂比/%	磨矿效率/(t·m^{-3}·h^{-1})	分级效率/%
	溢流口直径/mm	沉砂口直径/mm	给矿浓度/%	给矿细度/-200目%	溢流浓度/%	溢流细度/-200目%	沉砂浓度/%	沉砂细度/-200目%			
1	160	110	63.22	23.00	35.87	77.17	78.28	8.76	380.4	1.43	50.97
2	160	110	68.55	22.86	37.38	67.50	82.00	11.60	396.0	1.02	51.00
3	160	110	62.51	24.60	35.00	68.30	83.30	10.70	315.0	1.09	56.86
4	160	130	63.50	20.20	34.30	69.10	82.20	9.10	441.1	1.10	56.13
5	160	130	64.77	24.43	34.90	74.09	80.94	13.91	472.0	1.28	47.02
6	160	110	58.54	31.45	31.80	75.77	78.90	11.85	326.1	1.31	63.04
7	140	110	61.04	25.33	35.13	72.33	77.33	11.90	349.9	1.20	55.23
8	140	110	55.65	31.50	35.00	74.91	79.00	10.41	205.8	1.38	65.73

在旋流器适宜的技术参数条件下,生产技术指标见表5-12。根据旋流器生产技术指标,用经验计算的产物分配指标和实测产物分配指标的对比结果见表5-13。

表5-12 FXK-500旋流器生产技术指标

项目	实测值							
	1	2	3	4	5	6	7	8
给矿浓度/%	51.33	55.04	56.60	53.00	50.52	57.82	56.72	58.61
溢流浓度/%	21.25	28.97	28.40	29.00	32.28	33.00	33.60	34.20
溢流细度/-200目%	85.85	69.53	70.10	76.31	69.29	78.63	72.95	69.80
沉砂浓度/%								
返砂比/%	393.0	300.0	393.0	347.0	364.0	470.0	322.0	299.0
给矿压力/MPa	0.09	0.10	0.09	0.09	0.09	0.08	0.09	0.08
磨矿效率/$(t \cdot m^{-3} \cdot h^{-1})$	1.18	1.02	1.29	1.17	1.39	1.40	1.34	1.35
分级效率/%	72.76	64.34	62.50	63.12	60.22	64.75	61.34	48.30

项目	实测值							均值
	9	10	11	12	13	14	15	
给矿浓度/%	59.07	60.62	62.75	65.52	63.48	66.51	65.66	59.00
溢流浓度/%	34.64	35.00	35.80	36.60	36.66	39.78	40.15	33.30
溢流细度/-200目%	71.37	70.50	70.70	68.00	66.08	56.81	53.80	70.00
沉砂浓度/%								74.74
返砂比/%	430.0	276.0	366.0	405.0	355.0	418.0	357.0	366.3
给矿压力/MPa	0.09	0.10	0.07	0.08	0.09	0.08	0.07	0.086
磨矿效率/$(t \cdot m^{-3} \cdot h^{-1})$	1.29	1.27	1.35	1.19	1.14	1.11	1.03	1.24
分级效率/%	56.00	64.64	60.31	52.31	54.68	46.42	46.68	58.56

表5-13　FXK-500旋流器产物分配指标实测值与经验法计算值的对比结果

产物分配指标名称	实测值	计算值										
		水量平衡法	单因素法						双因素法		多因素法	阿提本法
			提列法	达尔扬法	斯太斯法	吉冈直哉法	布拉德里法	笔者法	布拉德里法	达尔斯特罗姆法	普里特法	
流量分配 S_v	1.073	1.075	0.367	0.357	0.361	0.235	1.583	0.506	0.022	0.126	0.851	
流量比 R_v	0.518	0.519										0.942
水量分配 S_w	0.618	0.618										
水量比 R_w	0.382	0.382										
备　注	1. FXK-500旋流器实际生产能力：$q_m = 161.3$ m³/h 　采用式(3-12)计算的生产能力：$q_m = 161.5$ m³/h 2. FXK-500旋流器产物浓度： 　$R_i = 0.695(C_{iv} = 33.71\%)$；$R_o = 2.003$；$R_s = 0.338$ 3. FXK-500旋流器产物的实测体积流量： 　$Q_{iv} = 161.3$ m³/h；$Q_{ov} = 77.8$ m³/h；$Q_{sv} = 83.5$ m³/h											

　　实例四　某铁矿选矿厂采用直径 $D = 350$ mm 分级旋流器进行二段检查分级，在不同角锥比时，其流量分配的单因素法计算值与实测值见图5-6；流量分配的双因素法计算值与实测值见图5-7。

　　实例五　正如平衡法中的生产实例一，国产 FXK-500 水力旋流器的分级堆坝试验参数见表5-14，给矿压力试验的结果见表5-15，而实际产物的分配指标和经验法的计算结果比较见表5-16。

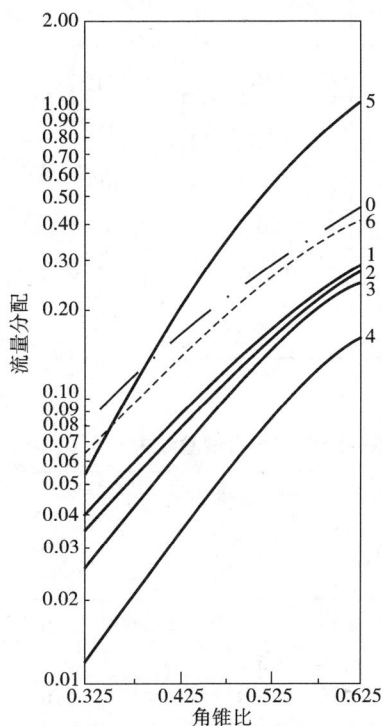

图 5－6　流量分配的
单因素法计算值与实测值

0—实测值；1—提列计算值；2—达尔
扬计算值；3—斯太斯计算值；4—吉冈
直哉计算值；5—布拉德里计算值；
6—笔者计算值

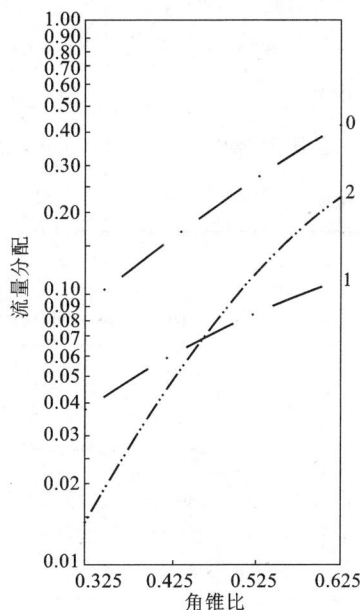

图 5－7　流量分配的
双因素法计算值与实测值

0—实测值；

1—布拉德里计算值；

2—法尔斯特罗姆计算值

表 5 - 14　　**FXK - 500 旋流器分级堆坝压力试验参数**

序号	1	2	3
给矿口直径/mm	110	110	110
溢流口直径/mm	180	180	180
沉砂口直径/mm	68	68	68
锥角/(°)	20	20	20
给矿压力/MPa	0.086	0.104	0.168
尾矿密度/(t·m^{-3})	2.83	2.83	2.83

表 5 - 15　　**FXK - 500 旋流器分级堆坝压力试验结果**

序号	产物名称	体积流量/(L·s^{-1})	浓　　度			质量流量/(kg·s^{-1})	水量流量/(L·s^{-1})	-200目含量/%
			质量浓度/%	体积浓度/%	液固比			
1	给　矿	40.7	16.72	6.62	4.98	7.63	38.00	41.0
	溢　流	37.52	9.31		9.74	3.72	36.23	61.5
	沉　砂	3.18	68.4		0.46	3.91	1.77	13.0
2	给　矿	45.4	17.04	6.77	4.87	8.69	42.32	35.0
	溢　流	41.85	9.5		9.53	4.23	40.31	62.3
	沉　砂	3.55	69.35		0.44	4.46	2.02	12.5
3	给　矿	56.9	17.44	6.95	4.73	11.19	52.93	31.4
	溢　流	52.46	10.02		8.98	5.62	50.47	50.0
	沉　砂	4.45	69.22		0.45	5.57	2.46	10.6

表 5-16 FXK-500 旋流器分级堆坝压力试验产物
分配指标的实测值与计算值

序号	产物分配 指标名称	实测值	计算值				
			水量平衡法	单因素法			
				提列法	达尔扬法	斯太斯法	姚晓卡法
1	流量分配 S_v	0.085	0.085	0.061	0.059	0.044	0.021
	流量比 R_v	0.078	0.079				
	水量分配 S_w	0.049	0.050				
	水量比 R_w	0.047	0.050				
2	流量分配 S_v	0.085	0.084	0.061	0.059	0.044	0.021
	流量比 R_v	0.078	0.078				
	水量分配 S_w	0.050	0.049				
	水量比 R_w	0.048	0.046				
3	流量分配 S_v	0.085	0.086	0.061	0.059	0.044	0.021
	流量比 R_v	0.078	0.079				
	水量分配 S_w	0.049	0.050				
	水量比 R_w	0.047	0.048				
4	流量分配 S_v	0.110	0.089	0.022	0.017	0.074	
	流量比 R_v						0.361
	水量分配 S_w						
	水量比 R_w						
5	流量分配 S_v	0.110	0.089	0.020	0.016	0.071	
	流量比 R_v						0.356
	水量分配 S_w						
	水量比 R_w						
6	流量分配 S_v	0.110	0.089	0.017	0.014	0.063	
	流量比 R_v						0.359
	水量分配 S_w						
	水量比 R_w						

注：计算采用的尾矿密度 $\delta = 2.83 \ t/m^3$。

　　生产实践和计算实例均表明，平衡法是水力旋流器开路单元流程和闭路单元流程产物分配指标可靠的计算方法，只要取样方法正确、样品加工技术合理，其理论计算值和实测值相当吻合。经验法误差大，但经验法的大多数计算式具有形式简单、计算简便的特点，如果在实际工作中采用，可根据其实际情况给予必要的修正。

　　从流量分配指标看，实例一和实例三是水力旋流器分离作业的两个特例。前者分配指标 $S_v > 1$，即旋流器分离过程中的沉砂产物体积流量大于溢流产物体积流量；后者分配指标 $S_v < 1$，即沉砂产物体积流量小于溢流产物体积流量。不论是前者还是后者，平衡法的计算值同实测值相当吻合，而经验法的计算值只同后者比较接近。这个规律同实例二的计算值一样，均说明经验法的有关公式比较适用于旋流器分离作业 $S_v < 1$ 的近似计算。

参考文献

[1] 北京有色冶金设计研究院.江西铜业公司德兴铜矿：旋流器分级堆坝试验报告[R]. 1987.

[2] 波瓦罗夫 А И. 选矿厂水力旋流器[M]. 北京：冶金工业出版社，1982.

[3] Plitt L R. A Mathematical model of the Hydrocyclone[J]. Classifier, CIM Bulletin, 1976(11)：4 – 123.

[4] Yoshioka N, Hott Y. Liquid Cyclone a Hydraulic Classifier[J]. Chem Eng Japan, 1955, 19(12)：632 – 635.

[5] Bradley D. The Hydrocyclone[M]. Pergman Press, 1965：331.

[6] Dahlstrom D A. Fundamentals and Aplications of the Liquid Cyclone[J]. Chem Eng Prog, Symp. Series No. 15, Mineral Engineering Techniques, 1954(50)：41.

[7] 林奇 A J. 破碎和磨矿回路模拟最佳化设计和控制[M]. 北京：原子能出版社，1983.

[8] Weiss N L. SME Mineral Processing Handbook[M]. New York, B. Society

of Mining Engineers of the American Institute of Mining, Metallurgical, and Petroleum Enginees, 1985.

[9] 冯绍灌. 选煤数学模型[M]. 北京：煤炭工业出版社, 1990.

[10] 骆淑龄. 国内水力旋流器在一段磨矿中的应用[J]. 有色矿山, 1989 (12)：29 - 34.

[11] 庞学诗. 水力旋流器技术与应用[M]. 北京：中国石化出版社, 2011.

第六章　分离效率计算

选矿工艺中，采用水力旋流器进行分离的作业主要是：分级、脱泥、澄清、浓缩、洗涤和选别。分级、脱泥、澄清、浓缩和洗涤主要是按水力粒度的差异进行分离的作业；选别主要是按矿物密度的差异进行分离的作业。为便于研究和讨论，上述分离过程统称为分离过程。

分离(级)过程中，溢流产物中小于指定粒级(密度)物料的量与其给料(矿)中小于指定粒级(密度)物料的量之比或沉砂产物中大于指定粒级(密度)物料的量与其给料(矿)中大于指定粒级(密度)物料的量之比或分离(级)效率，通常用百分数表示。

分离效率是衡量水力旋流器分离过程进行的完善程度的技术指标。它物理意义明确，处理过程简便，取值范围为 $0 \sim 100\%$，同时能从质与量两方面反映出设备性能的好坏、操作参数的优劣及管理水平的高低，为改良设备结构、优化操作参数和制订管理措施提供技术依据。

旋流器分离效率的评定方法，按处理过程大致分为两类：图示法和计算法。图示法是根据旋流器的效率曲线(分配率曲线)的形状来评定其分离过程进行的完善程度，它具有直观、形象、不受物料粒度组成限制的特点，但处理过程比较复杂而且无公认的定量标准。图示法多用于西方国家。计算法是根据旋流器分离过程中的产物质量测定结果，运用目前公认的效率计算式的计算值，来评定其分离过程进行的完善程度，它具有处理过程简便和定量概念确切的特点，但当产物质量用计算粒级含量作计算成分时，计算粒级的选定必须慎重考虑。计算法多用于东方国家，特别是中国。

必须指出，旋流器分离效率评定方法的分类主要是从处理过程考虑，是相对的。很明显，图示法中的效率曲线亦可用相应的计算式或数学表达式表示，而计算法中的效率计算式亦可用其相应的图形或曲线表示。

笔者曾在《水力旋流器分离效率评定方法》一文中，就图示法和计算法的表征和运用作过简要的论述。长期以来，选矿界围绕着分离效率评定方法争论较多。很显然，准确可靠和简便易行的分离效率评定方法，是理论研究和生产实践中亟待解决的技术问题。

第一节　图示法

正如前述，图示法是根据旋流器的效率曲线形状来评定其分离过程进行的完善程度。旋流器分离过程进行的完善程度（分离效率），受其结构参数（旋流器直径 D、给矿口直径 d_i、溢流口直径 d_o、沉砂口直径 d_s、溢流管插入深度 h_o、筒体高度 H 和锥角 α 等）和操作参数（给矿压力 Δp、给矿浓度 c_i、物料密度 δ、物料粒度组成和旋流器配置方式等）的影响。评定这些参数对旋流器分离过程的综合性影响，效率曲线是最直观和最形象的表示方法。

一、效率曲线

水力旋流器的效率曲线亦称特拉姆分配曲线，它是 1937 年荷兰学者特拉姆（Tromp）首先提出并在重力选煤厂得到应用和发展。就分级、脱泥、澄清和浓缩作业而言，旋流器的效率曲线表示给料中各种不同粒度物料进入沉砂（底流）的质量百分数与各相应粒度间的关系。实际上，它是一条粒度分配曲线，亦即粒度（粒级）回收率曲线或称量效率曲线。

在这里主要研讨旋流器的分
级、脱泥、澄清、浓缩和洗涤作
业的效率曲线，至于选别效率曲
线中只将粒度换成密度或品位即
可通用。

给料

Q_{im}

α

分离或分级

Q_{om}　　　　　　　　Q_{sm}

β　　　　　　　　θ

γ_o　　　　　　　　γ_s

溢流　　　　　　　　沉砂

图6-1　分级或分离流程

实际测定和绘制的旋流器效
率曲线，其上的每一点均表示该
粒度物料在沉砂中的回收率（即
效率或分配率），就图6-1而
言，其数学表达式为：

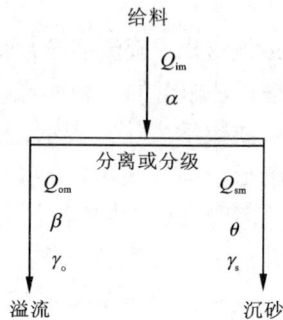

$$E_a = \frac{Q_{sm}\theta}{Q_{im}\alpha} \times 100\% = \frac{\gamma_s \theta}{\alpha} \times 100\%$$

由计算粒级平衡关系，知其旋流器沉砂产率 $\gamma_s = \dfrac{\beta - \alpha}{\beta - \theta}$，将其
代入上式得：

$$E_a = \frac{\theta(\beta - \alpha)}{\alpha(\beta - \theta)} \times 100\% \qquad (6-1)$$

式中：E_a——旋流器实际分离的效率，%；

　　　Q_{im}——旋流器给矿的质量流量，t/h；

　　　Q_{sm}——旋流器沉砂的质量流量，t/h；

　　　α——旋流器给矿中计算粒级含量，%；

　　　β——旋流器溢流中计算粒级含量，%；

　　　θ——旋流器沉砂中计算粒级含量，%；

　　　γ_s——旋流器沉砂产率，%。

在生产实践中，经常性地测定旋流器的给矿、溢流和沉砂中
计算粒级的含量 α、β、θ，就可计算效率和绘制效率曲线。

采用上述方法绘制的效率曲线称为旋流器的实际效率曲线，
用 E_a 表示。实际效率曲线并不通过坐标原点，其原因是在旋流

器的实际分离过程中，有一部分物料未经分离作用而直接分配到沉砂产物中，即通常说的短路流现象。很明显，在旋流器中有两种作用，一种是离心分离作用，一种是短路流作用。因此，在旋流器的沉砂产物中，亦有两部分物料，即由离心分离作用进入沉砂的物料和由短路流作用进入沉砂的物料。凯尔萨尔提出：水力旋流器分离过程中，当给矿矿浆中有 $R_w\%$ 的液体（水）进入沉砂时，则给矿中各粒级的物料均有 $R_w\%$ 的量不受离心分离作用而直接由水带入沉砂。真正得到离心分离作用的物料应该扣除由水直接带入沉砂的部分，即对旋流器的实际效率应该给予校正。根据上述假说，旋流器的校正分离效率应为：

$$E_c = \frac{E_a - R_w}{1 - R_w} \times 100\% \qquad (6-2)$$

式中：E_c——校正分离效率，简称校正效率，%；

　　　　R_w——给矿矿浆的水（液体）进入沉砂的含量，即水量比，%。

按照校正效率绘制的曲线称为旋流器校正效率曲线，用 E_c 表示。校正效率曲线经过延伸可以通过坐标原点。实际效率曲线和校正效率曲线的形状见图6-2。

从图6-2可以看出，旋流器的校正效率曲线低于其实际效率曲线，亦即同一粒度物料的校正效率要小于其实际效率。旋流

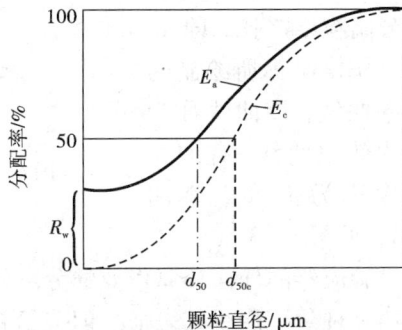

图6-2　旋流器效率曲线

器的分离粒度就是在分离过程中，进入沉砂和溢流概率相等的那些颗粒粒度，在效率曲线上就是与分离效率50%相对应的颗粒粒

度。很明显，实际效率曲线上同效率 50%相对应的颗粒粒度称为实际分离粒度，通常用 d_{50} 表示。d_{50} 的真实含义是在旋流器分离时物料实际进入沉砂和溢流概率均为 50%的颗粒粒度。校正效率曲线上同效率 50%相对应的颗粒粒度称为校正分离粒度，通常用 d_{50c} 表示，d_{50c} 的真实含义是在旋流器分离时物料仅仅由于分离作用而进入沉砂和溢流概率相等的颗粒粒度。d_{50} 是分离和短路流两种作用的合成产物，而 d_{50c} 则仅仅是分离作用的产物。校正分离粒度大于实际分离粒度，即 $d_{50c} > d_{50}$。

　　吉冈直哉和霍田 1955 年研究发现，就同一给料而言，不同结构参数和操作参数的旋流器的各种校正效率曲线的形状相似。从而提出把这些校正效率曲线简化成一条单一效率曲线的方法，即用校正效率作纵坐标，用相对粒度（颗粒粒度与校正分离粒度之比，即 d/d_{50c}）作横坐标所绘制的效率曲线，该曲线称为简约效率曲线（有的文献中称为折算效率曲线），见图 6 - 3。

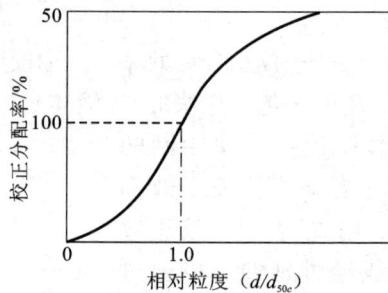

图 6 - 3　旋流器简约效率曲线

　　旋流器的任何分离作业的分离效率指标均可用实际、校正和简约三种效率曲线来表征。但当给料性质变化时，只有简约效率曲线才能用于评定其技术性能。简约效率曲线是固体物料受离心分离作用而进入沉砂产物的一种概率性度量，它受物料性质和旋流器有关参数的影响。

　　正因为同一物料简约效率曲线的形状不受旋流器的结构参数和操作参数的影响，因而可用小型旋流器的研究结果绘制的简约效率曲线预测和放大工业型旋流器。预测和放大设计工业型旋流器时,还必须用到实际效率曲线,由简约效率曲线导出实际效率曲线的依据是校正分离粒度 d_{50c} 和水量比 R_w,这些数据通过试验测得。从预测和放大设计的角度而言,简约效率曲线是很有用的。表征旋流器简约效率曲线的数学模型很多,现介绍两种简便而又常用的数学模型。

(1)普里特模型

普里特认为,影响旋流器分离效率的主要原因是紊流引起的混合作用。他根据分离和混合两种过程的分析结果,提出了简约效率曲线数学模型:

$$E_c = 1 - \exp\left[-0.693\left(\frac{d}{d_{50c}}\right)^m \right] \qquad (6-3)$$

式中:m——描述简约效率曲线形状的指数。

m 值越大,效率曲线越陡,分离效率越高,可以通过下式求得:

$$m = \exp\left[0.58 - 1.58R_v \right]\left(0.034\ 72\ \frac{D^2 h_x}{Q}\right)^{0.15}$$

式中:R_v——流量比,即旋流器沉砂产物与给矿产物的体积流量之比;

D——旋流器直径,m;

h_x——溢流口至沉砂口间的距离,m;

Q——旋流器生产能力,m^3/s。

(2)林奇模型

林奇及其同事根据多种规格旋流器的研究结果,用计算机进行多项回归分析后导出简约效率曲线模型:

$$E_c = \frac{e^{\alpha x} - 1}{e^{\alpha x} + e^{\alpha} - 2} \qquad (6-4)$$

式中:x——相对粒度,即 $x = d/d_{50c}$(d 为颗粒粒度,μm;d_{50c} 为校

正分离粒度，μm）；

α——描述效率曲线的指数，α 值越大，曲线越陡，效率越高，沉砂中细粒级含量越少，溢流中粗粒级含量越低（不同 α 值的简约效率曲线的形状见图 6-4）。

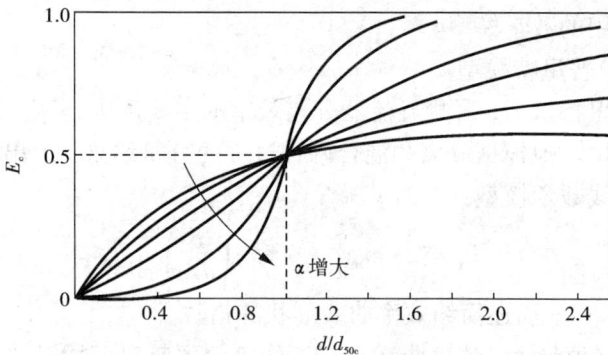

图 6-4　α 值对简约效率曲线的影响

研究结果表明，上述两个简约效率曲线数学模型中的指数 α 和 m 有如下线性关系：

$$\alpha = 1.74m - 0.47 \qquad (6-5)$$

由于普里特和林奇均是采用式（6-2）的校正效率形式，故可将式（6-3）代入式（6-2），得旋流器实际效率的另一表达式：

$$E_{\mathrm{a}} = \left\{ 1 - \exp\left[-0.693\left(\frac{d}{d_{50\mathrm{c}}} \right)^{m} \right] \right\}(1 - R_{\mathrm{w}}) + R_{\mathrm{w}} \qquad (6-6)$$

从式（6-6）看出，对旋流器的任何分离作业，只要求出其校正分离粒度 $d_{50\mathrm{c}}$、水量比 R_{w} 和指数 m，就可计算其实际分离效率 E_{a}。如果旋流器的给矿性质及粒度组成已知，就可预测其沉砂和溢流产物的粒度组成。

很明显，要想求式（6-6）的解，必须知其指数 m。m 值可通过式(6-5)求得，但式(6-5)中的 α 是式(6-4)中 E_c 的函数，而式(6-4)系超越方程，不能化为线性方程，只能用近似法求其 α 值，其方法如下。

先将式(6-4)变成：

$$E_c(e^{\alpha x} + e^{\alpha} - 2) = e^{\alpha x} - 1$$

令

$$A_1 = E_c(e^{\alpha x} + e^{\alpha} - 2)$$

$$A_2 = e^{\alpha x} - 1$$

再将不同粒度的校正效率试验值代入 A_1 和 A_2 方程，并以一定步长赋予 α 值，当 $A_1 = A_2$ 时的 α 值即是所要求得的 α 值。

李松仁的研究工作发现，采用式(6-2)计算旋流器分离效率时，最细粒级的校正效率出现负值，即 $-E_c$，因为在所有试验中的 R_w 值均大于最细粒级的 E_a。很显然，E_c 为负值的现象，在理论上和实践中均无法加以解释。按照其研究结果，李松仁提出计算校正效率 E_c 的新方法是：

$$E_c = \frac{E_a - E_z}{100 - F_z} \times 100\% \qquad (6-7)$$

式中：F_z——沉砂产物中最细粒级的含量，%。

采用式(6-7)计算的校正效率 E_c，不但可以避免最细粒级校正效率的不合理负值，还比较精确。

二、效率曲线评定方法

效率曲线自 1937 年特拉姆提出到现在已得到比较广泛的应用，特别是在重力选煤厂。原因就是它不但能微观评定旋流器的分离过程，而且还能宏观预测旋流器分离产物的质量和数量，对旋流器分离过程的技术评价和技术控制起到了积极的作用。但效率曲线本身只是一种图示，而且无公认的技术标准，用于评价、预测和控制旋流器分离过程甚为不便。为此，有关学者提出了许多评定旋流器效率曲线的特性指标，例如，可能偏差、清晰度指数、不完善度和陡度指数等。这些特性指标基本上都是以效率曲线为S形的正态分布规律为依据，亦即效率曲线符合正态分布数理统计规律。实践表明，效率曲线并不完全符合正态分布的数理统计规律，多呈不对称形曲线，特别是接近两端的部分。因而，这些评定方法只能表征效率曲线中间部分的特性，亦即只能反映旋流器分离过程的近似技术性能。

最为直观的评定方法是根据旋流器效率曲线的形状来评定其分离效果。旋流器效率曲线的主线段(中间曲线段)越陡，分离的精确度越高，反之，精确度越低。旋流器分离过程的最理想分离效率，是效率曲线在分离粒度 d_{50c} 处的斜率为无限大，即曲线通过 d_{50c} 垂直于横坐标的直线，它表示大于 d_{50c} 的粒级全部进入沉砂产物，小于 d_{50c} 的粒级全部进入溢流产物。旋流器分离过程中最不理想的分离效率，是效率曲线在分离粒度 d_{50c} 处的斜率为零，即曲线通过分配率为50%的点而平行于横坐标的直线，它表示没有任何分离作用，而沉砂产物和溢流产物仅仅是量间的机械分配，没有质的变化。

图 6-5 是旋流器分离过程的典型效率曲线，ABCD 折线是最理想的分离过程，也是最理想的效率曲线；EF 曲线(实际上为平行于横坐标的直线)是最不理想的分离过程，也是最不理想的效率曲线；AD 曲线是分离过程的实际效率曲线。

近似而又简便的旋流器分离效率评定方法，都是根据效率曲线主线段的特征进行，因而只能反映效率曲线的主线段特性，不能反映效率曲线的全貌，亦即只能反映入选物料的中间粒级分离的精确程度。常用的旋流器分离效率曲线段，是分配率(效率)为25%~75%所对应的曲线段，亦即同分离粒度为 $d_{25c} \sim d_{75c}$ 所对应的曲线段，详见图 6-6。

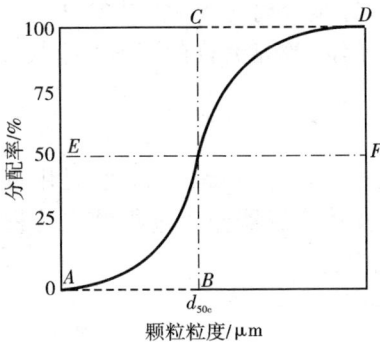

图 6 - 5　旋流器典型效率曲线

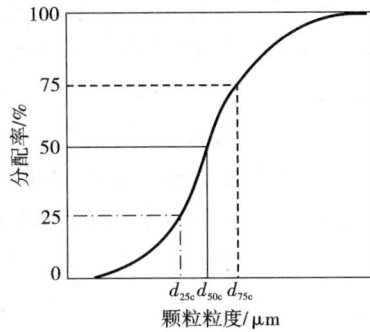

图 6 - 6　旋流器效率曲线评定

1. 可能偏差

可能偏差亦称为泰拉指数，由法国选煤专家 Andre Terra 首先提出。可能偏差是以校正效率的偏差量为依据，求出该曲线相对于正态分布的平均可能偏差，亦即求出 d_{75c} 和 d_{25c} 之差的平均值。当用 E_f 表示时，则可能偏差的表达式为：

$$E_f = \frac{d_{75c} - d_{25c}}{2} \qquad (6-8)$$

式中：E_f——可能偏差；

　　　d_{75c}——校正效率曲线上同分配率 75% 相对应的颗粒粒度；

　　　d_{25c}——校正效率曲线上同分配率 25% 相对应的颗粒粒度。

从式（6-8）可以看出，可能偏差 E_f 越小，水力旋流器分离过程中的分离精确度越高，效率越好，但无明确和公认的取值范围与具体的定量标准。

2. 清晰度指数

清晰度指数是 d_{75c} 与 d_{25c} 的比值。当用 ϕ 表示时，其数学表达式为：

$$\phi = \frac{d_{75c}}{d_{25c}} \qquad (6-9)$$

从式(6-9)可以看出,理想或完全分离的清晰度指数 $\phi = 1$。但当 $\phi > 3$ 时,旋流器的分离效果不佳,通常允许的清晰度指数 ϕ 为 $1 \sim 3$。

3. 不完善度

不完善度(imperfection)是由法国 Belugou 提出的。它是用可能偏差与校正分离粒度的比值来表示旋流器分离过程的完善程度。当用 I 表示时,其数学表达式为:

$$I = \frac{d_{75c} - d_{25c}}{2d_{50c}} \tag{6-10}$$

式中:I——不完善度;

d_{50c}——校正分离粒度。

式(6-10)和式(6-8)相比,分母中多了校正分离粒度 d_{50c}。同样,I 值越小,精确度越高,效果越好。最理想的分离效率应该是 $I = 0$。同式(6-8)一样,I 值没有公认的取值范围。

4. 陡度指数

陡度指数(sharpness index)是用 d_{25c} 和 d_{75c} 的比值表示的分离精确度。用 S_I 表示时,其数学表达式为:

$$S_I = \frac{d_{25c}}{d_{75c}} \tag{6-11}$$

从式(6-11)可以看出,S_I 值越大,旋流器分离的精确度越高,效果越好。陡度指数同前三种评定方法的不同点,就是 S_I 值越大越好,而前三种方法是比值越小越好。显然,陡度指数同选矿技术指标的习惯表示法相同。

从式(6-11)还可以看出,旋流器理想或完全分离时,其陡度指数 $S_I = 1$;最不理想或完全不分离时,其陡度指数 $S_I = 0$。陡度指数同粒度的单位无关,同校正分离粒度的大小也无关,而且取值范围为 $0 \sim 1$,用百分数表示时,为 $0 \sim 100\%$。故而陡度指数能够比较明确地反映旋流器分离效率曲线主线段的特性,可以用于不同规格旋流器处理不同物料时分离精确度的比较，也可用于评定同种规格旋流器在不同操作条件下分离精确度的比较。

三、应用实例

通过如下实例，具体介绍采用效率曲线对旋流器分离效果评定的技术方法。

实例一　某铁矿选矿厂采用水力旋流器分级时，其产物的粒度组成、效率计算结果及其效率曲线见表6-1和图6-7。试根据其效率曲线评定其分离效果。

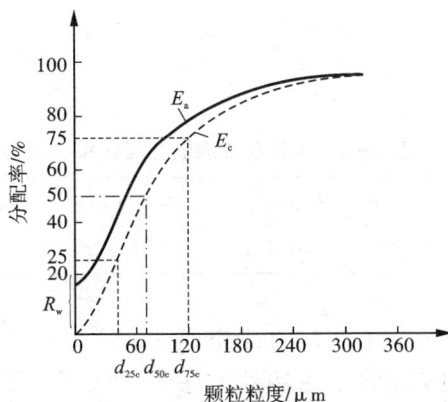

图6-7　某铁矿旋流器分级效率曲线

表6-1　旋流器分级产物粒度组成及其计算结果

产物粒度/μm	产物平均粒度/μm	给矿产物 α/%	溢流产物 β/%	沉砂产物 θ/%	实际效率 E_a/%	校正效率 E_c/%
-350+250	300	4.58	0.92	7.25	91.49	89.62
-250+150	200	14.99	8.35	23.93	91.94	90.17
-150+100	125	16.61	7.25	23.48	81.52	77.46
-100+75	87.5	11.62	8.43	13.97	69.22	62.46
-75+60	67.5	8.24	7.89	8.50	59.19	50.23
-60+50	55	6.08	6.90	5.47	51.59	40.96
-50+40	45	6.59	8.56	5.14	44.93	32.84
-40+0	20	31.29	57.20	12.26	22.59	5.60
合　计		100	100	100		

从图 6 - 7 的旋流器分级效率曲线可得：

$$R_w = 18\% \ ; \ d_{50c} = 65 \ \mu m$$

$$d_{25c} = 39 \ \mu m \ ; \ d_{75c} = 120 \ \mu m$$

将上述数据代入式(6 - 8)至式(6 - 11)得各评定方法的评定结果，见表 6 - 2。

表 6 - 2　某铁矿旋流器分级效率曲线各评定方法的评定结果

评定方法	可能偏差 E_f	清晰度指数 ϕ	不完善度 I	陡度指数 S_I
评定结果	40.5 μm	3.077	0.623	0.325

从表 6 - 2 的评定结果可以看出，采用的方法不同所得的结果也不一样。

实例二　某铜矿选矿厂采用 FXK - 500 水力旋流器与 $\phi 3.2 \ m \times 4.5 \ m$ 溢流型球磨机组成一段闭路磨矿流程，分级溢流产物进浮选系统进行铜浮选。旋流器分级溢流浓度 33%～35%、细度 -200 目 65%～70%，校正效率曲线见图 6 - 8。根据旋流器的效率曲线评定其分离效果。

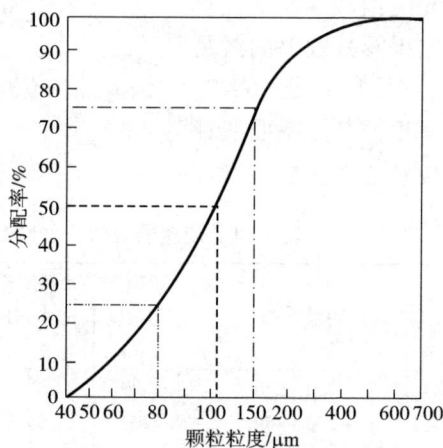

图 6 - 8　FXK - 500 旋流器分级效率曲线

从图 6 - 8 可以看出：

$$d_{50c} = 105 \ \mu m \ ; \ d_{25c} = 80 \ \mu m \ ; \ d_{75c} = 150 \ \mu m。$$

按照上述数据,采用各种评定方法的评定结果见表6-3。

表6-3　FXK-500旋流器效率的评定结果

评定方法	可能偏差 E_f	清晰度指数 ϕ	不完善度 I	陡度指数 S_z
评定结果	35.0 μm	1.875	0.333	0.533

根据以上两例评定结果可以看出,铜矿选矿厂的旋流器分级效果优于铁矿选矿厂的分级旋流器。

实例三　某选矿厂为了得到堆坝所需的合格粗粒级尾矿矿砂,必须对浮选尾矿矿浆进行旋流器分级试验,以取得分级旋流器的选型和设计参数。

采用辽源重型机器厂生产的直径为500 mm的衬胶旋流器进行尾矿分级堆坝试验。试料是由生产使用的尾矿输送管道中分流出部分尾矿矿浆到试验旋流器站。其中一组旋流器给矿压力试验结果的校正效率曲线见图6-9,试根据其效率曲线定出工业型旋流器的给矿压力。

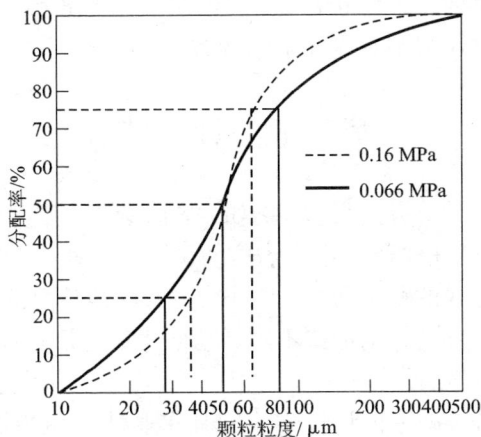

图6-9　500 mm旋流器给矿压力试验效率曲线

从图 6 - 9 可以看出，当给矿压力 $p = 0.066$ MPa 时，

$d_{50c} = 50$ μm；$d_{25c} = 28$ μm；$d_{75c} = 78$ μm。

当给矿压力 $p = 0.160$ MPa 时，

$d_{50c} = 52$ μm；$d_{25c} = 36$ μm；$d_{75c} = 63$ μm。

将上述数据代入式(6 - 8)至式(6 - 11)得各种评定方法的评定结果，见表 6 - 4。

表 6 - 4　500 mm 旋流器给矿压力试验评定结果

	评定方法	可能偏差 E_f	清晰度指数 ϕ	不完善度 I	陡度指数 S_I
评定	0.066 MPa	25.0 μm	2.786	0.500	0.359
结果	0.160 MPa	13.5 μm	1.750	0.260	0.511

从表 6 - 4 的评定结果可以看出，适宜于工业型旋流器的给矿压力应该是 $p = 0.160$ MPa。

任何一个旋流器分离试验结果，均可根据其试验结果绘制出一条校正效率曲线，一组试验可以绘出一组校正效率曲线，均可按上述评定方法得到其最佳工艺参数。

第二节　计算法

分离效率计算方法很多，例如，本章参考文献[16]中列出 29 个计算式；胡为柏《选矿效率怎样算》一文中列出 22 个计算式。分离效率计算式的种类繁多，形式各异，许多计算式尽管导出时的出发点和最终的结构形式不同，但经过变换后的基本形式是一样的。

旋流器分离效率的计算方法同其作业性质和产物数量有关，现以两产物的旋流器为例研讨其效率的计算方法。

旋流器的分级、脱泥、浓缩和澄清作业是按物料的水力粒度

差异进行的，其目的是通过旋流器的分离作用，得到质量高（细粒产物中无粗粒；粗粒产物中无细粒；浓缩产物中无或少水分；澄清液中无或少固体）和数量大（在溢流产物中最大限度地回收细粒级；在沉砂产物中最大限度地回收粗粒级；在浓缩产物中最大限度地回收固体物料；在澄清液中最大限度地回收水分）的产品。旋流器的选别作业是按物料密度（品位）不同进行的，其目的是通过旋流器的分离作用，得到品位高和回收率大的精矿。

在旋流器的分离过程中，由于各种因素的干扰，粗粒级和细粒级、固体物料和水分、有用矿物和脉石等不可避免地要在各产物中互相混杂、彼此掺和，从而降低产品质量，影响分离效果。因此，正确的分离效率计算式，应当而且必须体现旋流器分离过程中目的物的回收程度和产品（物）质量的优劣，即既要体现量效率，又得体现质效率。

分离效率计算式的发展和完善过程，实际上就是对分离过程的数量指标（指回收率，ε）和质量指标（指精矿品位或特定粒级含量，β）合理的调整或修正过程，亦即将其数量指标 ε 和质量指标 β 合理地综合成单一性技术指标的过程，使其既能反映分离过程的量效率，又能反映分离过程的质效率，从而适应各种分离过程的设备性能、工艺参数和管理水平等技术比较。这种单一性的技术指标，就是我们通常说的综合效率。

一、综合效率计算式

近年来，国内外学者从各自不同的角度，提出了各式各样综合效率计算式。胡为柏在其《选矿效率怎样算》一文中列出三种类型计算式，现分类简介的同时用实例说明其应用方法。

1. 线性函数式$[E\alpha f(\beta)]$——第一类式

推导第一类综合效率计算式的指导思想，是综合考虑不同成分在分离产物中的分配率（回收率）。就选别作业而言，不但要考虑有用成分(有用矿物或元素)在精矿(沉砂产物)中的回收率(有效回收率),而且还要考虑无用成分(脉石矿物)在精矿(沉矿产物)中的混杂率(无效回收率);就分级、脱泥、浓缩和澄清作业而言,不但要考虑有用成分(细粒级)在精矿(溢流产物)中的回收率(有效回收率),而且还要考虑无用成分(粗粒级)在精矿(溢流产物)中的混杂率(无效回收率)。设法从有效回收率中扣除无效回收率的影响,就可使综合效率计算式既能反映分离过程中的量效率,又能反映分离过程中的质效率。属于第一类综合效率的主要计算式见表6－5。

表6－5　第一类综合效率主要计算式

编号	原　始　式	变　换　式	备　注
I－1	$E_汉 = \dfrac{\varepsilon - \gamma}{100 - \alpha}$ $E'_汉 = \dfrac{\varepsilon - \gamma}{1 - \dfrac{\alpha}{\beta_m}}$	$E_汉 = \dfrac{\gamma \dfrac{\beta}{\alpha} - \gamma}{100 - \alpha} = \dfrac{\gamma}{\alpha} \cdot \dfrac{\beta - \alpha}{100 - \alpha}$ $E'_汉 = \dfrac{\gamma \dfrac{\beta}{\alpha} - \gamma}{(\beta_m - \alpha)/\beta_m} = \dfrac{\gamma}{\alpha} \cdot \dfrac{\beta - \alpha}{1 - \alpha/\beta_m}$	汉考克 (1918年)
I－2	$E_里 = \dfrac{\beta_m(\beta - \alpha)(\alpha - \theta)}{\alpha(\beta_m - \alpha)(\beta - \theta)}$	$E_里 = \dfrac{\gamma}{\alpha} \cdot \dfrac{\beta - \alpha}{1 - \alpha/\beta_m}$	里亚森科 (1927年)
I－3	$E_切 = \dfrac{\gamma(\beta - \alpha)}{\alpha(100 - \alpha/\beta_m)}$	$E_切 = \dfrac{\gamma(\beta - \alpha)}{\alpha(1 - \alpha/\beta_m)}$	切巧特 (1929年)
I－4	$E_卢 = \dfrac{\gamma(\beta - \alpha)}{\gamma'(/\beta_m - \alpha)}$ γ'为最佳精矿产率	当品位用矿物百分比表示时,则 β_m $= 100$, $\gamma' = \alpha$, 故 $E_卢 = \dfrac{\gamma}{\alpha} \cdot \dfrac{\beta - \alpha}{100 - \alpha}$	卢根 (1930年)
I－5	$E_牛 = \dfrac{\gamma - \gamma \left(\dfrac{100 - \beta}{100 - \alpha} \right)}{a}$	$E_牛 = \dfrac{\gamma}{\alpha} \cdot \dfrac{\beta - \alpha}{100 - \alpha}$	牛顿 (1932年)
I－6	$E_白 = \dfrac{\varepsilon - \gamma}{100 - \alpha}$	$E_白 = \dfrac{\gamma}{\alpha} \cdot \dfrac{\beta - \alpha}{100 - \alpha}$	白雷雪尼可夫 (1934年)

续表 6 - 5

编号	原　始　式	变　换　式	备　注
I - 7	$E_秋 = 100 - (\varepsilon_{1.1} + \varepsilon_{2.\text{II}})$	$E_秋 = 100 -$ $\left[\dfrac{\gamma\beta}{\alpha} + \dfrac{(100-\gamma)(100-\theta)}{100-\alpha} \right]$ $= \dfrac{\beta}{\alpha} \cdot \dfrac{\beta-\alpha}{100-\alpha}$	秋连科夫等(1939年)
I - 8	$E_莫 = \varepsilon_{1.1} - \varepsilon_{2.1}$	$E_莫 = \gamma\dfrac{\beta}{\alpha} - \dfrac{\gamma(100-\beta)}{100-\alpha}$ $= \dfrac{\gamma}{\alpha} \cdot \dfrac{\beta-\alpha}{100-\alpha}$	莫提尔等(1940年)
I - 9	$E_舒 = \varepsilon_{1.1} - \varepsilon_{2.1}$	$E_舒 = \dfrac{\gamma}{\alpha} \cdot \dfrac{\beta-\alpha}{100-\alpha}$	舒兹(1970年)
I - 10	$E_别 = \varepsilon_{1.1} - \varepsilon_{2.\text{II}} - 1$	$E_别 = \dfrac{1}{\alpha}\left(\dfrac{\alpha-\theta}{\beta-\theta}\right)\left(\dfrac{\beta-\alpha}{100-\alpha}\right)$ $= \dfrac{\gamma}{\alpha} \cdot \dfrac{\beta-\alpha}{100-\alpha}$	别罗克雷列次基等(1974年)
I - 11	$E_胡 = \varepsilon_{1.1}\varepsilon_{2.\text{II}} - \varepsilon_{2.1}\varepsilon_{1.\text{II}}$	$E_胡 = \dfrac{\gamma}{\alpha} \cdot \dfrac{\beta-\alpha}{100-\alpha}$	胡为柏(1975年)

　　从表 6 - 5 可以看出，尽管第一类综合效率计算式的原始形式不同，但经过变换后的最终形式一样，其实质相同。

　　第一类综合效率计算式中的汉考克式在我国选矿界影响较大，应用也比较普遍。现以汉考克式为基准介绍其基本形式、不同条件下的表达形式和在实际应用过程中必须注意的问题。

　　汉考克综合效率计算式是 1918 年汉考克(R. T. Hancock)首先提出的，在不同的条件下有不同的表达形式，它的基本形式见表 6 - 5 的 I - 1 式。

　　就分级、脱泥、浓缩和澄清作业而言，可以采用如下表达式：

$$E_{汉} = \frac{(\alpha - \theta)(\beta - \alpha)}{\alpha(\beta - \theta)(100 - \alpha)} \times 100\% \qquad (6-12)$$

式中：$E_{汉}$——分级（脱泥等）效率，%；

α——给矿产物中计算级别含量，%；

β——溢流产物中计算级别含量，%；

θ——沉砂产物中计算级别含量，%。

就选别作业而言，式(6-12)原则上可以使用，但式中的 α、β、θ 等指标应为相应产物中有用矿物的含量，而不是元素或化合物的含量。实际生产和科学试验所得产物中的品位均为元素或化合物的含量，所以在使用式(6-12)时，要预先将其元素或化合物的化验品位换算成矿物含量，即

$$有用矿物含量 = \frac{该产物中有用元素或化合物的含量}{纯有用矿物中有用元素或化合物的含量} \times 100\%$$

如果用 β_m 表示纯矿物中有用元素或化合物的含量，则只需将式(6-13)中的指标除以 $\beta_m/100$，就可直接用化验品位计算其综合效率。这时的汉考克综合效率表达式为：

$$E'_{汉} = \frac{\gamma(\beta - \alpha)}{\alpha(1 - \alpha/\beta_m)}$$

或 $$E'_{汉} = \frac{(\alpha - \theta)(\beta - \alpha)}{\alpha(\beta - \theta)(1 - \alpha/\beta_m)} \times 100\% \qquad (6-13)$$

式中：$E'_{汉}$——选矿效率，%；

γ——精矿产率，%；

α——原矿品位，%；

β——精矿品位，%；

θ——尾矿品位，%；

β_m——纯矿物中有用元素或化合物含量，%。

汉考克综合效率式的其他表达式有：

当用 $\gamma = \dfrac{\alpha - \theta}{\beta - \theta}$ 和 $\varepsilon = \dfrac{\gamma\beta}{\alpha}$ 表示时，汉考克式可变为：

$$E_{汉} = \frac{\gamma\beta}{\alpha} - \frac{\gamma(100-\beta)}{(100-\alpha)} = \varepsilon_{1.I} - \varepsilon_{2.I} \qquad (6-14)$$

当用 $\varepsilon_{2.I} = 100 - \varepsilon_{2.II}$ 表示时，汉考克式又可写为：

$$E_{汉} = \varepsilon_{1.I} + \varepsilon_{2.II} - 100 \qquad (6-15)$$

当分离产物中的组分之间用回收率、损失率、排除率和混杂率技术指标表示时，汉考克式可写成：

$$E_{汉} = \varepsilon_{1.I}\,\varepsilon_{2.II} - \varepsilon_{2.I}\,\varepsilon_{1.II} \qquad (6-16)$$

很明显，式(6-16)可以写成矩阵的表达式：

$$E_{汉} = \begin{bmatrix} \varepsilon_{1.I} & \varepsilon_{1.II} \\ \varepsilon_{2.I} & \varepsilon_{2.II} \end{bmatrix} \qquad (6-17)$$

式中：$E_{汉}$——选矿效率，%；

$\varepsilon_{1.I}$——组分1在产物Ⅰ中的回收率，%；

$\varepsilon_{1.II}$——组分1在产物Ⅱ中的损失率，%；

$\varepsilon_{2.I}$——组分2在产物Ⅰ中的混杂率，%；

$\varepsilon_{2.II}$——组分2在产物Ⅱ中的排除率，%。

由式(6-16)可以看出，$\varepsilon_{1.I}$ 与 $\varepsilon_{2.II}$ 越高，分离的效率越好；$\varepsilon_{1.II}$ 与 $\varepsilon_{2.I}$ 越低，分离的效率越好。

同样，当用 $\varepsilon_{1.II} = 1 - \varepsilon_{1.I}$ 和 $\varepsilon_{2.II} = 1 - \varepsilon_{2.I}$ 表示时，汉考克式的形式有：

$$E_{汉} = \varepsilon_{1.I}\,\varepsilon_{2.II} - \varepsilon_{2.I}\,\varepsilon_{1.II}$$
$$= \varepsilon_{1.I}(1-\varepsilon_{2.I}) - \varepsilon_{2.I}(1-\varepsilon_{1.I}) = \varepsilon_{1.I} - \varepsilon_{2.I}$$

上式同式(6-14)完全相同。

从上述汉考克综合效率计算式的变换形式看，在不同的应用场合有不同的表达形式，但其实质相同。具体应用时，要给予足够注意。

2. 平方函数式 $[E\alpha f(\beta^2)]$——第二类式

第二类综合效率计算式是把分离过程中的质效率和量效率的乘积作为综合效率。属于第二类综合效率的主要计算式见

表6-6。

表6-6　第二类综合效率主要计算式

编号	原始式	变换式	备　注
II-1	$E_{德} = \varepsilon \dfrac{\beta}{\alpha}$	$E_{德} = \dfrac{\gamma\beta}{\alpha} \cdot \dfrac{\beta}{\alpha} = \gamma\left(\dfrac{\beta}{\alpha}\right)^2$	德累克来 (1928年)
II-2	$E_{弗} = \varepsilon\left(\dfrac{\beta-\alpha}{100-\alpha}\right)$	$E_{弗} = \dfrac{\gamma\beta}{\alpha}\left(\dfrac{\beta-\alpha}{100-\alpha}\right)$	弗来明 (1959年)
II-3	$E_{弗、斯} = \varepsilon\left(\dfrac{\beta-\alpha}{\beta_m-\alpha}\right)$	$E_{弗、斯} = \dfrac{\gamma\beta}{\alpha}\left(\dfrac{\beta-\alpha}{\beta_m-\alpha}\right)$	弗来明—斯帝芬 斯等(1961年)
II-4	$E_{斯} = \varepsilon \dfrac{(\beta-\alpha)}{\alpha}$	$E_{斯} = \dfrac{\gamma\beta(\beta-\alpha)}{\alpha^2}$	斯帝芬斯等 (1961年)
II-5	$E_{道} = \left(\dfrac{\varepsilon-\gamma}{100-\gamma}\right)\left(\dfrac{\beta-\alpha}{\beta_m-\alpha}\right)$	$E_{道} = \dfrac{\gamma(\beta-\alpha)^2}{(100-\gamma)\alpha(\beta_m-\alpha)}$	道格拉斯 (1962年)

从表6-6可以看出，第二类综合效率计算式变换后的结构形式各不相同，这是由于本类效率计算式尽管强调了产物的质量，但各自强调的形式不同，或者各自推导的出发点不同，从而其最终形式也各不相同。在第二类综合效率计算式中，最常见的是弗来明—斯帝芬斯(M. G. Fleming - S. B. Stevens)式。

就分级、脱泥、浓缩和澄清作业而言，弗来明—斯帝芬斯式的形式为：

$$E_{弗、斯} = \frac{\gamma\beta\,(\beta-\alpha)}{\alpha\,(\beta_m-\alpha)} \times 100\%$$

$$= \frac{\beta\,(\alpha-\theta)\,(\beta-\alpha)}{\alpha\,(\beta-\theta)\,(100-\alpha)} \times 100\% \qquad (6-18)$$

就选别作业而言，弗来明—斯帝芬斯式的形式：

$$E'_{弗、斯} = \frac{\gamma\beta\,(\beta-\alpha)}{\alpha\,(\beta_m-\alpha)} \times 100\%$$

$$= \frac{\beta(\alpha-\theta)(\beta-\alpha)}{\alpha(\beta-\theta)(\beta_{m}-\alpha)} \times 100\% \qquad (6-19)$$

将弗来明—斯帝芬斯式和汉考克式相比可以看出，弗来明—斯帝芬斯式比汉考克式多乘了一个精矿品位 β，亦即它强调了精矿质量技术指标。

3. 其他函数式——第三类式

第三类综合效率计算式是兼顾了在分离过程中两种组分在精矿(沉砂)和尾矿(溢流)内的"回收、损失、排除和混杂"之间相互影响而导出的。第三类综合效率计算式的形式多种多样，其中主要计算式见表 6 - 7。

表 6 - 7　第三类综合效率主要计算式

编号	原始式	变换式	备注
Ⅲ - 1	$E_{高} = \sqrt{\dfrac{\varepsilon_{1.I}\,\varepsilon_{2.II}}{\varepsilon_{2.I}\,\varepsilon_{1.II}}}$	$E_{高} = \sqrt{\dfrac{\beta(100-\theta)}{\theta(100-\beta)}}$	高登 (1930 年)
Ⅲ - 2	$E_{科} = \dfrac{\varepsilon_{1.I}}{\varepsilon_{2.I}}$	$E_{高} = \dfrac{\beta(100-\alpha)}{\alpha(100-\beta)}$	科恩 (1951 年)

对第三类综合效率计算式需进一步说明的是：当分离两种组分的物料时，希望精矿(沉砂)中组分 1 的回收率 $\varepsilon_{1.I}$ 尽量高，组分 2 的回收率 $\varepsilon_{2.I}$ 尽量低。就精矿(沉砂)而言，可用其相对回收率作技术指标，即

$$\varepsilon_{I相} = \frac{\varepsilon_{1.I}}{\varepsilon_{2.I}} \qquad (6-20)$$

就尾矿(溢流)而言，亦可用其相对回收率作技术指标，即

$$\varepsilon_{II相} = \frac{\varepsilon_{2.II}}{\varepsilon_{1.II}} \qquad (6-21)$$

高登(A. M. Gaudin)用这两个相对回收率的几何平均值作为效率指标，称为选择性系数，即

$$E_{高} = \sqrt{\varepsilon_{I相}\varepsilon_{II相}} = \sqrt{\frac{\varepsilon_{1.I}\varepsilon_{2.II}}{\varepsilon_{2.I}\varepsilon_{1.II}}} \qquad (6-22)$$

很明显,式(6-20)和式(6-22)就是表6-7中的科恩式和高登式。

式(6-12)~式(6-22)中符号的物理意义见表6-8。

表6-8　综合效率计算式中符号的物理意义及单位

符号名称	分级/%	脱泥/%	浓缩/%	澄清/%	选别/%
$\varepsilon_{1.I}$	细粒级在溢流中的回收率	细泥在溢流中的回收率	固体在沉砂中的回收率	水分在溢流中的回收率	有用成分在精矿中的回收率
$\varepsilon_{1.II}$	细粒级在沉砂中的损失率	细泥在沉砂中的损失率	固体在溢流中的损失率	水分在沉砂中的损失率	有用成分在尾矿中的损失率
$\varepsilon_{2.I}$	粗粒级在溢流中的混杂率	粗粒在溢流中的混杂率	水分在沉砂中的混杂率	固体在溢流中的混杂率	无用成分在精矿中的混杂率
$\varepsilon_{2.II}$	粗粒级在沉砂中的排除率	粗粒在沉砂中的排除率	水分在溢流中的排除率	固体在沉砂中的排除率	无用成分在尾矿中的排除率
γ	溢流产率	溢流产率	沉砂产率	溢流产物中的水分产率	尾矿产率
α	给矿产物中的细粒级含量	给矿中的细泥级含量	给矿浓度	给矿中的水分含量	给矿品位
β	溢流产物中的细粒级含量	溢流中的细泥级含量	沉砂浓度	溢流中的水分含量	精矿品位
θ	沉砂产物中的细粒级含量	沉砂中的细泥级含量	溢流浓度	沉砂水分	尾矿品位

从上述综合效率计算式可以看出：

第一类式对分级、脱泥、浓缩和澄清作业而言，因其产物质量是指特定粒级含量，而理想产物的质量达100%，故可直接采用汉考克综合效率式来评定或计算旋流器的分离效率。对选别作业而言，因其产物质量指元素或化合物的含量，不是纯矿物，而理想的产物质量是纯矿物品位(β_m)，故必须将产物的化验品位换算成矿物含量后，方能使用汉考克综合效率式来评定或计算旋流器的分离效率。例如，重介质旋流器的选别作业等。

第二类式同第一类式的主要区别，就在于强调了产物的质量指标，就常见的弗来明—斯帝芬斯式而言，比第一类式多乘了一个β。

第三类式考虑了分离产物中各组分之间互相掺杂的影响，其公式形式相差极大。如，高登式同原矿品位（给矿中特定粒级含量）无关，科恩式同尾矿品位（溢流中特定粒级含量）无关，可见它们只能适用于两组分分离的原矿品位（特定粒级含量）和尾矿品位（特定粒级含量）不变的情况。对于分级作业，当完全分离时，$\beta = 100\%$，则$E_{高} = \infty$和$E_{科} = \infty$；当完全不分离时，高登式的$\beta = \theta$和科恩式的$\beta = \alpha$，则$E_{高} = 1$和$E_{科} = 1$。很明显，第三类式对分级、脱泥、浓缩、澄清和选别作业的效率评定没有什么优越性。

二、应用实例

列举实例之前，首先概略介绍生产实践中选择效率式的三项基本准则。

1. 基本准则

（1）适应性或适应范围

适应性主要指适应的区间。理想的区间应该是从完全不分离（机械分割）的$E = 0$到完全分离（理想分离）的$E = 100\%$。第一类式和第二类式符合这一准则,可以用作分离效率的技术评价。例如,第一类的汉考克式和第二类的弗来明—斯帝芬斯式,当完全不分离时,$\beta = \alpha$,则 $E = 0$;完全分离时,就分级、脱泥、浓缩和澄清作业而言,$\beta = 100$,则 $E = 100\%$,就选别作业而言,$\beta = \beta_m$,$\gamma = \alpha / \beta_m$,则 $E = 100\%$。

(2)单值性或统一性

单值性是指从尾矿(溢流)和沉砂(精矿)两个产物考虑均有单一(统一)的效率值。实践证明,第一类式有单值性,第二类式没有单值性。两产物分离作业而且要兼顾质效率和量效率时(分级、脱泥、浓缩、澄清和混合精矿分离作业),宜用第一类式;当分离产物超过两个而且有贵贱或主次成分之分时,评价分离效率主要凭借贵重或主要产物的质效率,故宜用第二类式。

(3)目的性或针对性

目的性是指评价效率时所强调的部分。凡要质量兼顾但又强调量效率(回收率)者宜用第一类式,例如,分级、脱泥、浓缩、澄清和稀有金属矿物粗选及扫选作业,就可用第一类的汉考克式进行效率评价;凡强调质效率(品位)者宜用第二类式,例如,对精矿质量要求高而且原矿品位也高的便宜矿石粗选及精选作业,就可用第二类的弗来明—斯帝芬斯式进行效率评价。

2. 实例

实例四　两产物脱泥作业。云锡锡矿和大吉山钨矿在进入选别作业之前,其原矿采用 $\phi 125$ mm 旋流器进行预先脱泥,脱泥指标和脱泥效率的计算结果见表 6–9。试比较两矿采用 $\phi 125$ mm 旋流器的脱泥效果。

从表 6–9 可以看出,第一类的汉考克式完全符合三准则,而第二类的弗来明—斯帝芬斯式不符合单值性准则。但两式的计算结果均表明,云锡 $\phi 125$ mm 旋流器脱泥效率高于大吉山 $\phi 125$ mm 旋流器脱泥效率。

表 6 - 9　ϕ125 mm 脱泥效率计算结果

选矿厂名称	$-d_{50}$ 级别含量/%			溢流（合格品）效率/%		沉砂（不合格品）效率/%	
	给矿（α）	溢流（β）	沉砂（θ）	$E_{汉}$	$E_{弗-斯}$	$E_{汉}$	$E_{弗-斯}$
云锡（$d_{50}=19$ μm）	52.0	97.4	5.6	92.5	89.5	92.5	87.0
大吉山（$d_{50}=30$ μm）	44.0	89.7	7.7	82.0	73.5	82.0	76.0

实例五　两产物选金作业。曲面旋流选金器是处理砂金矿比较有效的设备之一。给矿压力对选金技术指标有明显的影响，试用汉考克式评定其中一组压力试验的选别效果，并从中优选出适合曲面旋流选金器的给矿压力（给矿压力用给矿高差表示）。

由于砂金矿中的金基本上属自然金，故可作纯金看待，其产物的化验品位不须作金矿物换算。

曲面旋流选金器给矿压力试验的技术指标和用汉考克式计算的选别效率见表 6 - 10。

表 6 - 10　曲面旋流选金器给矿压力对选别效率的影响

给矿高差/m	原矿品位/(g·t^{-1})	精矿产率/%	精矿品位/(g·t^{-1})	尾矿品位/(g·t^{-1})	回收率/%	选别效率/%
0.5	0.66	12.68	4.90	0.04	94.68	82.54
0.7	0.61	13.98	4.24	0.02	97.18	83.71
1.3	0.51	18.53	2.64	0.02	96.78	78.65
6.5	0.75	17.35	3.34	0.20	77.81	60.46
6.5	0.32	3.52	3.60	0.20	39.64	36.24

从表 6 - 10 中可以看出，比较适合曲面旋流选金器的给矿压力是 0.5~0.7 m。

实例六 多产物选别作业。选矿生产实践中常常遇到两产物以上的选别工艺流程，特别是多金属矿的选矿。多产物选别工艺的效率评定采用胡为柏的矩阵法更为方便，见式（6-17）。

以此类推，三组分（例如方铅矿、闪锌矿和脉石）和三产物（例如铅精矿、锌精矿和尾矿）的选别效率矩阵可写成：

$$E = \begin{bmatrix} \varepsilon_{1.\mathrm{I}} & \varepsilon_{1.\mathrm{II}} & \varepsilon_{1.\mathrm{III}} \\ \varepsilon_{2.\mathrm{I}} & \varepsilon_{2.\mathrm{II}} & \varepsilon_{2.\mathrm{III}} \\ \varepsilon_{3.\mathrm{I}} & \varepsilon_{3.\mathrm{II}} & \varepsilon_{3.\mathrm{III}} \end{bmatrix}$$

矩阵中的对角线元素 $\varepsilon_{1.\mathrm{I}}$、$\varepsilon_{2.\mathrm{II}}$、$\varepsilon_{3.\mathrm{III}}$ 就是相应组分在相应产物中的回收率和排除率，其余元素为相应组分在相应产物中的混杂率和损失率。

还可推广到组分数目为 $i = 1, 2, 3, \cdots, n$，产物数目为 $j = \mathrm{I}, \mathrm{II}, \mathrm{III}, \cdots, N$ 的选别效率矩阵为：

$$E = \begin{bmatrix} \varepsilon_{1.\mathrm{I}} & \varepsilon_{1.\mathrm{II}} & \varepsilon_{1.\mathrm{III}} & \cdots & \varepsilon_{1N} \\ \varepsilon_{2.\mathrm{I}} & \varepsilon_{2.\mathrm{II}} & \varepsilon_{2.\mathrm{III}} & \cdots & \varepsilon_{2N} \\ \vdots & \vdots & \vdots & & \vdots \\ \varepsilon_{n.\mathrm{I}} & \varepsilon_{n.\mathrm{II}} & \varepsilon_{n.\mathrm{III}} & \cdots & \varepsilon_{nN} \end{bmatrix}$$

选别效率矩阵法的特点是行列式进行效率计算比较简便，特别是采用计算机的标准程序就更为简便，有利于评定和改进试验工作及生产工艺。

在生产工艺流程计算时，只能根据选别产物的化验品位进行，其计算结果是理论回收率而非实际回收率，另外还需要对化验的元素或化合物含量换算成矿物含量，然后才能运用矩阵法进行其效率评价。

某铅锌矿选矿厂处理的矿石属方铅矿和闪锌矿类型，经选别后得到三种产物：铅精矿、锌精矿和尾矿。产物的化验结果见表6-11，试计算其选别效率。

表 6 – 11　某铅锌矿选矿厂的产物化验结果

产物名称	铅含量/%	锌含量/%
铅精矿	74.70	2.80
锌精矿	0.70	50.00
尾　矿	0.091	0.16
原　矿	1.90	2.66

计算程序如下。

(1)将选别产物化验的金属含量(品位)换算成矿物含量

铅相对原子质量为 207.2;硫相对原子质量为 32.06;方铅矿(PbS)相对分子质量为 207.2 + 32.06 = 239.26。

纯方铅矿中铅含量为 $\dfrac{207.2}{239.26} \approx 86.60\%$;

铅精矿中方铅矿含量为 $\dfrac{74.7}{86.6} \approx 86.26\%$。

锌相对原子质量为 65.38;硫相对原子质量为 32.06;闪锌矿(ZnS)相对分子质量为 65.38 + 32.06 = 97.44。

纯闪锌矿中锌含量为 $\dfrac{65.38}{97.44} \approx 67.10\%$;

锌精矿中闪锌矿含量为 $\dfrac{50.0}{67.1} \approx 74.50\%$。

按上述方法对各产物化验品位换算的矿物含量见表 6 – 12。

表 6 – 12　某铅锌矿选矿厂各产物中的矿物含量/%

矿物	产物			
	铅精矿	锌精矿	尾　矿	原　矿
方铅矿	86.26	0.81	0.10	2.19
闪锌矿	4.16	74.50	0.24	3.96
脉石(其他)	9.58	24.69	99.66	93.85
合　　计	100.00	100.00	100.00	100.00

（2）列出各种矿物组分的平衡方程组，求出各产物的产率

设 γ_{Pb}、γ_{Zn} 和 $\gamma_{尾}$ 分别为铅精矿、锌精矿和尾矿的产率，则各种矿物组分的平衡方程组：

$$\begin{cases} 方铅矿：86.26\gamma_{Pb} + 0.81\gamma_{Zn} + 0.10\gamma_{尾} = 100 \times 2.19 \\ 闪锌矿：4.16\gamma_{Pb} + 74.50\gamma_{Zn} + 0.24\gamma_{尾} = 100 \times 3.96 \\ 尾矿（其他）：9.58\gamma_{Pb} + 24.69\gamma_{Zn} + 99.66\gamma_{尾} = 100 \times 93.85 \end{cases}$$

解方程组，并求出各产物的产率：

$$\gamma_{Pb} = \frac{\begin{bmatrix} 2.19 & 0.81 & 0.10 \\ 3.96 & 74.50 & 0.24 \\ 93.85 & 24.69 & 99.66 \end{bmatrix}}{\begin{bmatrix} 86.26 & 0.81 & 0.10 \\ 4.16 & 74.50 & 0.24 \\ 9.58 & 24.69 & 99.66 \end{bmatrix}} = 2.38\%$$

$$\gamma_{Zn} = \frac{\begin{bmatrix} 86.26 & 2.19 & 0.10 \\ 4.16 & 3.96 & 0.24 \\ 9.58 & 93.85 & 99.66 \end{bmatrix}}{\begin{bmatrix} 86.26 & 0.81 & 0.10 \\ 4.16 & 74.50 & 0.24 \\ 9.58 & 24.69 & 99.66 \end{bmatrix}} = 4.88\%$$

$$\gamma_{尾} = \frac{\begin{bmatrix} 86.26 & 0.81 & 2.19 \\ 4.16 & 74.50 & 3.96 \\ 9.58 & 24.69 & 93.85 \end{bmatrix}}{\begin{bmatrix} 86.26 & 0.81 & 0.10 \\ 4.16 & 74.50 & 0.24 \\ 9.58 & 24.69 & 99.66 \end{bmatrix}} = 92.74\%$$

或：$\gamma_{尾} = 100 - (\gamma_{Pb} + \gamma_{Zn}) = 100 - (2.38 + 4.88) = 92.74\%$

（3）按 $\varepsilon = \gamma\beta/\alpha$ 求出各产物中各矿物分配率，并列成选别矩阵表

方铅矿在铅精矿中的回收率：

$$\varepsilon_{Pb.Pb} = \frac{86.26\% \times 2.38\%}{2.19\%} = 93.74\%$$

方铅矿在锌精矿中的损失率：

$$\varepsilon_{Pb.Zn} = \frac{0.81\% \times 4.88\%}{2.19\%} = 1.80\%$$

方铅矿在尾矿中的损失率：

$$\varepsilon_{Pb.尾} = \frac{0.10\% \times 92.74\%}{2.19\%} = 4.23\%$$

按上法算出闪锌矿在锌精矿、铅精矿和尾矿中的回收率和损失率以及脉石在铅精矿、锌精矿和尾矿中的混杂率和排除率，详见表 6 – 13。

表 6 – 13　某铅锌矿选别效率矩阵表/%

产物	组分		
	方铅矿	闪锌矿	脉石(其他)
铅精矿	93.80	2.50	0.30
锌精矿	1.80	91.80	1.30
尾矿(其他)	4.40	5.70	98.40
原矿	100.00	100.00	100.00

(4)求出总选别(选矿)效率

解选别矩阵得：

$$E = \begin{bmatrix} 93.74 & 2.50 & 0.30 \\ 1.80 & 91.80 & 1.30 \\ 4.23 & 5.70 & 98.40 \end{bmatrix} = 84.63\%$$

运用上述矩阵法，可以进行同种多金属矿的不同工艺条件的选别效率比较,亦可进行类似选矿厂中不同选矿指标的技术比较。根据总选矿效率的大小进行评比优先,找出改进的方向,提出改进的技术措施。就本例而言,其总选矿效率是相当高的。今后应进一步提高选矿技术指标的方向,降低铅锌矿在尾矿中的损失率。

三、笔者综合效率计算法及其实际应用

旋流器(含其他按粒度差异分离的干式或湿式分离设备)分离效率的计算方法同其应用范围、作业性质和产品数量有关。本法仍采用常用的两产物旋流器来研讨其计算方法,详见图 6 - 10。

1. 方法

旋流器分离的目的是:根据工艺要求将给料中小于指定粒级[①](细粒级)的物料尽可能地回收到溢流产物中,或将给料中大于指定粒级的物料(粗粒级)尽可能地回收到沉砂产物中,得到质量高和数量大的分离产物,即既要从质又要从量两方面体现分离过程进行的完善程度。

理想的分离过程应该是:溢流产物的质为百分之百地小于指定

图 6 - 10　两产物旋流器
分离流程图

粒级的细物料,量为百分之百地将给料中小于指定粒级的细物料回收到溢流中;或沉砂产物的质为百分之百地大于指定粒级的粗物料,量为百分之百地将给料中大于指定粒级的粗物料回收到沉

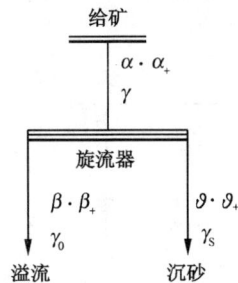

---

① 指定粒级(度)、特定粒级(度)、计算粒级(度)和代表性粒级(度)等,是同一事物的不同叫法,本书通用,读者可按习惯自由采用。

砂中。但由于各种相关因素的干扰，在溢流中要混入大于指定粒级的粗物料，在沉砂中要夹杂小于指定粒级的细物料。

就溢流产物而言，如果从其回收率中扣除混入其中大于指定粒级的粗物料混入率，则可从质与量两方面反映出分离过程进行的完善程度，由图 6－9 得其综合效率计算式：

$$E_p^0 = \frac{\gamma_o \beta}{\alpha} - \frac{\gamma_o \beta_+}{\alpha_+} = \gamma_o \left(\frac{\beta}{\alpha} - \frac{\beta_+}{\alpha_+} \right)$$

$$= \frac{\alpha - \theta}{\beta - \theta} \left(\frac{\beta}{\alpha} - \frac{\beta_+}{\alpha_+} \right) = \varepsilon^0 - \varepsilon_+^0 \qquad (6-23)$$

就沉砂产物而言，如果从其回收率中扣除夹杂其中小于指定粒级的细物料夹杂率，即可从质与量两方面反映出分离过程进行的完善程度，由图 6－9 得其综合效率计算式：

$$E_p^s = \frac{\gamma_s \beta_+}{\alpha_+} - \frac{\gamma_s \theta}{\alpha} = \gamma_s \left(\frac{\theta_+}{\alpha_+} - \frac{\theta}{\alpha} \right)$$

$$= \frac{\beta - \alpha}{\beta - \theta} \left(\frac{\theta_+}{\alpha_+} - \frac{\theta}{\alpha} \right) = \varepsilon_+^s - \varepsilon^s \qquad (6-24)$$

式中：E_p^0、E_p^s——分别为溢流产物中小于指定粒级（细物料）的综合效率、沉砂产物中大于指定粒级（粗物料）的综合效率，%；

　　　γ_o、γ_s——分别为溢流产物、沉砂产物的产率，%；

　　　α、α_+——分别为给料中小于指定粒级（细物料）、大于指定粒级（粗物料）的含量，%；

　　　β、β_+——分别为溢流产物中小于指定粒级（细物料）、大于指定粒级（粗物料）的含量，%；

　　　θ、θ_+——分别为沉砂产物中小于指定粒级（细物料）、大于指定粒级（粗物料）的含量，%；

　　　ε^0、ε_+^0——分别为溢流产物中小于指定粒级（细物料）的回收率、大于指定粒级（粗物料）的混入率，%；

ε_+^s、ε_-^s——分别为沉砂产物中大于指定粒级(粗物料)的回收率、小于指定粒级(细物料)的夹杂率,%。

根据质量平衡和质量兼顾两原则,极易证明式(6-23)和式(6-24)符合生产实践中选择效率式的三项基本准则(详见本章第二节"计算法"中的"应用实例"部分)。

计算旋流器分离效率时,选择指定(计算或代表性)粒级十分关键。同一作业、同一条件和同一设备的分离作业的同一产物,不同的粒级有不同的效率值,合理的效率值应该是该产物的最小粒级到最大粒级间各粒级效率的平均值,但由于运算工作量大,一般不予采用,通常采用代表性粒级的效率值来表征。计算旋流器分离效率的代表性粒级(度)是该设备的实际分离粒度[见式(4-23a)或式(4-25)],或分级粒度[式(4-24b)或式(4-26)]。

如果条件不具备,参数不齐全,不能计算出实际分离粒度或分级粒度时,可根据使用旋流器的技术规格参阅表6-14选取其近似的代表性粒级(度)进行效率计算。

表 6-14　旋流器近似代表性粒度(级)

旋流器直径/mm	代表性粒级/μm	备 注
660~760	74~120	
500~660	74~100	
250~350	40~60	本数据系参考性数据,运用时必须结合实际情况而定,例如脱泥作业通常按其脱泥粒度计算其脱泥效率等
125~200	20~30	
75~100	10~18	
25~50	5~8	
10	2~3	

应该指出,当分离的目的物是溢流产物时,例如分级作业,

宜用溢流综合效率计算式(6－23)计算其分级(离)效率;当分离的目的物是沉砂产物时,例如脱泥作业,宜用沉砂综合效率计算式(6－24)计算其分离效率。在分离过程中,尽管用同一计算(指定)粒级对同一作业、同一条件和同一设备的溢流产物和沉砂产物计算出的两个综合效率值相等,但习惯上还是用目的物的效率值来评价。

2.应用

现用实例的形式阐述本法的计算过程和实用效果,还用现厂数据和汉考克综合效率式的计算值同本法的理论计算值进行技术比较。用于分级、脱泥、澄清和浓缩作业的汉考克综合效率见式(6－12)。

实例七　江西铜业公司泗洲选矿厂采用维东山 WDS－ϕ660 mm 水力旋流器同磨机组成闭路分级生产的工艺指标见表6－15,试用本法和汉考克法计算其分级效率。

表 6－15　WDS－ϕ660 mm 旋流器工艺指标

考察序号	给矿		溢流		沉砂		返砂比/%	磨机台效/(t·h⁻¹)	备注
	浓度/%	74 μm/%	浓度/%	74 μm/%	浓度/%	74 μm/%			
1	76.53	21.72	30.22	60.84	74.16	9.46	318	53.87	$D=660$ mm
2	77.90	27.64	33.55	63.97	74.26	14.85	281	67.84	$d_i=210$ mm (140×245)
3	78.32	19.55	29.62	66.03	79.33	9.10	445	60.08	$d_o=250$ mm
4	74.20	21.23	34.07	56.94	71.12	11.49	367	55.47	$d_s=150$ mm $\alpha=20°$
5	71.77	19.58	25.39	60.80	72.49	8.89	386	51.39	$\Delta P_m=0.08-0.06$ MPa
6	76.16	23.12	36.16	62.12	73.33	14.01	414	66.21	$h_o=288$ mm

（1）选择计算粒级（度）

本例只给出 $-74\ \mu m$ 粒级，则定 $-74\ \mu m$ 为其计算粒级

（2）按计算粒级确定各产物含量

由 $\alpha = 21.72\%$ ，则得 $\alpha_+ = 100\% - 21.72\% = 78.28\%$ ；

由 $\beta = 60.84\%$ ，则得 $\beta_+ = 100\% - 60.84\% = 39.16\%$ ；

由 $\theta = 9.46\%$ ，则得 $\theta_+ = 100\% - 9.46\% = 90.54\%$ 。

（3）计算综合效率

将上述数据代入式（6-23）或式（6-24）得综合效率为：

$$E_p^0 = \frac{\alpha - \theta}{\beta - \theta} \times \left(\frac{\beta}{\alpha} - \frac{\beta_+}{\alpha_+} \right)$$

$$= \frac{21.72 - 9.46}{60.84 - 9.46} \times \left(\frac{60.84}{21.72} - \frac{39.16}{78.28} \right) \approx 54.90\%$$

由式（6-12）得汉考克综合效率计算值为：

$$E_{汉}^0 = \frac{(\alpha - \theta)(\beta - \alpha)}{\alpha(\beta - \theta)(100 - \alpha)} \times 10000\%$$

$$= \frac{(21.72 - 9.46) \times (60.84 - 21.72)}{21.72 \times (60.84 - 9.46) \times (100 - 21.72)} \approx 54.90\%$$

依次将其效率的理论计算值和现厂实际值汇总于表6-16。

表6-16　WDS-ϕ660 mm 旋流器分级效率值

序号	分级效率/%			相对误差/%		备 注
	现厂	笔者法	汉考克法	笔者法	汉考克法	
1	54.93	54.90	54.90	-0.02	-0.02	
2	47.30	47.22	47.23	-0.17	-0.15	
3	54.25	54.30	54.38	+0.09	+0.25	现厂效率计算
4	45.76	45.70	45.70	-0.13	-0.13	法文献中未说明
5	53.91	53.80	53.93	-0.20	+0.04	
6	41.40	41.46	41.47	+0.14	+0.17	

实例八　某铜矿选矿厂磨矿系统采用 $\phi660$ mm 的 Krebs 旋流器进行入选前的分级作业，其分级产物的粒度组成和相应参数见表 6-17，试用代表性粒级（度）评价其分级效率。

表 6-17　Krebs $\phi660$ mm 旋流器产物粒度组成和相应参数

粒度		产物/%			备　注
网目	直径/m	给矿	溢流	沉砂	
80	175	50.38	4.34	64.83	$\phi = 600$ mm
120		17.89	10.27	18.08	$d_i = 181.5$ mm $(225 \text{ mm} \times 115 \text{ mm})$
160		4.40	7.68	3.00	$d_o = 254$ mm $\alpha = 20°$
200	74	5.58	8.67	4.99	$\delta = 2.83$ t/m^3
275		21.75	21.04	9.10	$\Delta P_m = 0.07$ MPa $C_o = 30.00\%$
325	44		48.00		$C_s = 78.50\%$ $C_i = 75.50\%$

根据表 6-17 选代表性粒级为 -200 目即 -74 μm，则：
$\alpha = 21.75\%$，$\alpha_+ = 100\% - 21.75\% = 78.25\%$；
$\beta = 69.04\%$，$\beta_+ = 100\% - 69.04\% = 30.96\%$；
$\theta = 9.10\%$，$\theta_+ = 100\% - 9.10\% = 90.90\%$。
将上述数据代入式（6-23）得：

$$E_P^0 = \frac{21.75 - 9.10}{69.04 - 9.10} \times \left(\frac{69.04}{21.75} - \frac{30.96}{78.25} \right) = 58.62\%$$

同样将上述数据代入式（6-12）得：

$$E_汉^0 = \frac{(21.75 - 9.10) \times (69.04 - 21.75)}{21.75 \times (69.04 - 9.10) \times (100 - 21.75)} = 58.63\%$$

上述两种实例的计算结果证明，笔者法和汉考克法的理论效率计算值和现厂实际值三者相当吻合，而且笔者法还具有计算过程相对简便和定量概念确切的特点，可以用作水力旋流器（干式或湿式）的分级、脱泥、浓缩、澄清作业分级效率的技术评价。

在通常的分离（级）作业中，不管采用小于指定粒级（密度）对溢流产物还是采用大于指定粒级（密度）对沉砂产物，所计算出的分离（级）效率的数值是相同的，一般只计算其中一项即可，这是效率的单值性或统一 I 性。

第三节　常用旋流器分级流程的效率计算

一、一段旋流器分级流程

一段旋流器分级流程是最常见的分级流程，它配置简单，操作方便。当分级粒度要求较粗和分级效率要求不十分高时多采用之。其配置特点见图 6 – 11。一段旋流器分级流程有开路和闭路两种，其分级效率可直接运用汉考克式（6 – 12）进行计算，即：

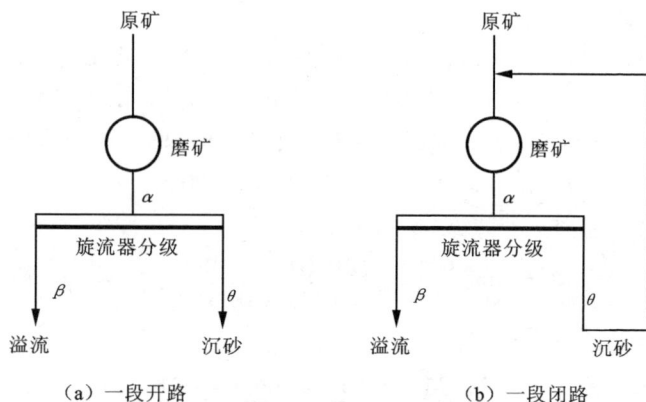

（a）一段开路　　　　　　　　（b）一段闭路

图 6 – 11　一段旋流器分级流程

$$E_{汉} = \frac{(\alpha - \theta)(\beta - \alpha)}{\alpha(\beta - \theta)(100 - \alpha)} \times 100\%$$

式中符号的物理意义及单位见式(6 - 12)。

二、两段旋流器分级流程

为提高旋流器分级产物的质量及分级效率，生产实践中常用两段旋流器分级流程。按其配置特点，两段旋流器分级流程有四种，姚书典曾对两段旋流器分级流程的分级效率的计算方法进行了专门研究。现按其配置特点简单介绍其分级效率的计算方法。

1. 一段沉砂作二段给矿的分级流程

当给矿中指定粒级含量高，要求最终沉砂产物中指定粒级含量低时采用本流程。其配置特点：第一段旋流器沉砂作第二段旋流器给矿进行再分级，第一段和第二段的两段旋流器溢流合并作最终溢流产物，第二段旋流器沉砂作最终沉砂产物，见图6 - 12。

根据图6 - 12 中各产物的指定粒级含量，可以得到第一段和第二段旋流器分级溢流中指定粒级的分级效率，分别为：

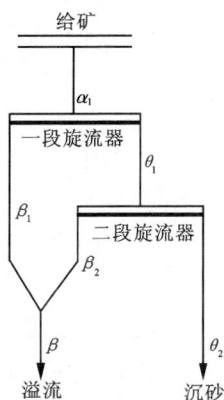

图6 - 12　一段沉砂作二段
给矿的分级流程

$$E_{\text{I}} = \frac{(\alpha_1 - \theta_1)(\beta_1 - \alpha_1)}{\alpha_1(\beta_1 - \theta_1)(1 - \alpha_1)} \qquad (6 - 25)$$

$$E_{\text{II}} = \frac{(\theta_1 - \theta_2)(\beta_2 - \theta_1)}{\theta_1(\beta_2 - \theta_2)(1 - \theta_1)} \qquad (6 - 26)$$

两段旋流器分级流程的总分级效率：

$$E = \frac{(\alpha_1 - \theta_2)(\beta - \alpha_1)}{\alpha_1(\beta - \theta_2)(1 - \alpha_1)} \qquad (6-27)$$

式中：E_I——一段旋流器分级效率；

　　　E_{II}——二段旋流器分级效率；

　　　E——两段旋流器分级总效率；

　　　α_1——一段旋流器给矿中指定粒级含量；

　　　β_1——一段旋流器溢流中指定粒级含量；

　　　θ_1——一段旋流器沉砂中指定粒级含量；

　　　β_2——二段旋流器给矿中指定粒级含量；

　　　θ_2——二段旋流器沉砂中指定粒级含量；

　　　β——两段旋流器总溢流中指定粒级含量。

2. 一段溢流作二段给矿的分级流程

当给矿中指定粒级含量低，要求最终溢流产物中指定粒级含量高时采用本流程。其配置特点：第一段旋流器溢流作第二段旋流器给矿进行再分级，第一段和第二段的两段旋流器沉砂合并作最终沉砂产物，第二段旋流器溢流作最终溢流产物，见图 6-13。

根据图 6-13 中各产物的指定粒级含量，可以得到第一段和第二段旋流器分级溢流中指定粒级的分级效率，分别为：

图 6-13　一段溢流作二段
给矿的分级流程

$$E_I = \frac{(\alpha_1 - \theta_1)(\beta_1 - \alpha_1)}{\alpha_1(\beta_1 - \theta_1)(1 - \alpha_1)} \qquad (6-28)$$

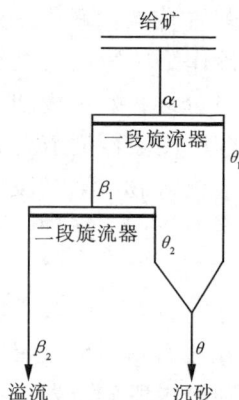

$$E_{II} = \frac{(\beta_1 - \theta_2)(\beta_2 - \beta_1)}{\beta_1(\beta_2 - \theta_2)(1 - \beta_1)} \tag{6-29}$$

两段旋流器分级流程的总分级效率:

$$E = \frac{(\alpha_1 - \theta)(\beta_2 - \alpha_1)}{\alpha_1(\beta_2 - \theta)(1 - \alpha_1)} \tag{6-30}$$

式中: θ——两段旋流器总沉砂中指定粒级含量。

3. 二段溢流返回一段给矿的分级流程

当给矿中指定粒级含量较高,要求最终沉砂产物中指定粒级含量低时采用本流程。其配置特点:第二段旋流器溢流返回第一段旋流器给矿,第一段旋流器沉砂作第二段旋流器给矿,第一段旋流器溢流为最终溢流产物,第二段沉砂为最终沉砂产物,见图6-14。

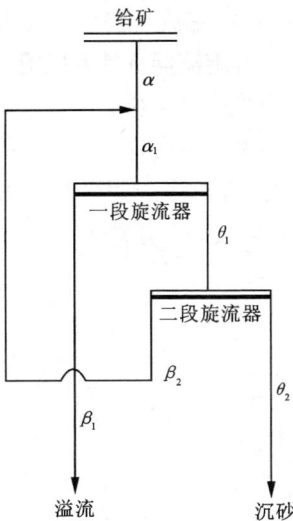

图 6-14　二段溢流返回
一段给矿的分级流程

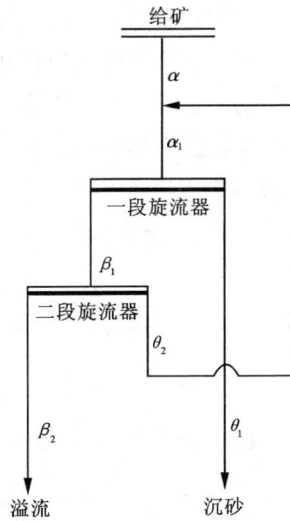

图 6-15　二段沉砂返回
一段给矿的分级流程

根据图 6 - 14 中各产物的指定粒级含量，可以得到第一段和第二段旋流器分级溢流产物中指定粒级的分级效率，分别为：

$$E_{\mathrm{I}} = \frac{(\alpha_1 - \theta_1)(\beta_1 - \alpha_1)}{\alpha_1(\beta_1 - \theta_1)(1 - \alpha_1)} \qquad (6-31)$$

$$E_{\mathrm{II}} = \frac{(\theta_1 - \theta_2)(\beta_2 - \theta_1)}{\theta_1(\beta_2 - \theta_2)(1 - \theta_1)} \qquad (6-32)$$

两段旋流器分级流程的总分级效率：

$$E = \frac{(\alpha - \theta_2)(\beta_1 - \alpha)}{\alpha(\beta_1 - \theta_2)(1 - \alpha)} \qquad (6-33)$$

式中：α——新给矿中指定粒级含量；

　　　α_1——新给矿和第二段旋流器溢流中指定粒级含量。

4. 二段沉砂返回一段给矿的分级流程

当给矿中指定粒级含量较低，要求最终溢流产物中指定粒级含量高时采用本流程。其配置特点：第二段旋流器沉砂返回第一段旋流器给矿，第一段旋流器溢流作第二段旋流器给矿，第一段旋流器沉砂为最终沉砂产物，第二段溢流为最终溢流产物，见图 6 - 15。

根据图 6 - 15 中各产物的指定粒级含量，可以得到第一段和第二段旋流器分级溢流中指定粒级的分级效率，分别为：

$$E_{\mathrm{I}} = \frac{(\alpha_1 - \theta_1)(\beta_1 - \alpha_1)}{\alpha_1(\beta_1 - \theta_1)(1 - \alpha_1)} \qquad (6-34)$$

$$E_{\mathrm{II}} = \frac{(\beta_1 - \theta_2)(\beta_2 - \beta_1)}{\beta_1(\beta_2 - \theta_2)(1 - \beta_1)} \qquad (6-35)$$

两段旋流器分级流程的总分级效率：

$$E = \frac{(\alpha - \theta_1)(\beta_2 - \alpha)}{\alpha(\beta_2 - \theta_1)(1 - \alpha)} \qquad (6-36)$$

应该指出，旋流器用于分级、脱泥、浓缩和澄清作业时，计算分离效率理想的粒度应为其实际分离粒度或分级粒度。不同结构参数和操作参数的旋流器有其不同的实际分离粒度或分级粒度，评定其分离效率时，必须采用同其相应的实际分离粒度或分级粒度作为计算标准，如果采用其他指定粒度(粒级)计算分离效率易引起失真，不利于生产旋流器的技术性能比较。

水力旋流器(含其他分级设备)的分离效率涉及的因素较多，目前尚无准确而又全面的评定方法。就现有技术水平而言，图示法中的陡度指数和计算法中的汉考克效率式，能够比较理想地反映其真实情况，可以在生产实践中采用。

参考文献

[1] 庞学诗. 水力旋流器分离效率的评定方法[J]. 粉碎工程，1992(4)：1 - 7.

[2] Kelsall D F. A Further Study of the Hydraulic Cyclone[J]. Chem Engr Sci，1953(2)：256 - 273.

[3] 林奇 A J. 破碎与磨矿回路——模拟、最佳化、设计与控制[M]. 北京：原子能出版社，1983.

[4] 李松仁. 计算分级校正效率的新方法[J]. 有色金属，1984(8)：51 - 56.

[5] 陈丙辰. 选矿数学模型[M]. 沈阳：东北工学院出版社，1990.

[6] Lynch A J, Rao T C. Modelling and Scale - up of Hydrocyclone Classifiers[C]. 11th. International Mineral Processing Congress, Cagliari, Italy, 1975, 21 - 26.

[7] Plitt L R. A Mathematical Model of the Hydrocyclone Classifiers[J]. CIM Bulletin, 1976：114 - 123.

[8] Weiss N L. SME Mineral Processing Handbook[M]. New York, Society of Mining Engineers of the American Institute of Mining, Metallurgical, and Petroleum Enginers, 1985.

[9] 李松仁，尹蒂，张国祥. 粒度分离模型[J]. 矿山技术，1987(5)：80 - 86.

[10] 煤炭部选煤设计研究院情报室. 分离效率[M]. 北京：煤炭工业出版社，1980.

[11] 艾伦 T. 颗粒大小测定[M]. 北京：中国建筑工业出版社，1984.

[12] 金子佑正. 分离效率表示方法[J]. 国外金属矿选矿，1978(8)：11 - 15.

[13] 张鉴. 分级效果的评定方法及应用[J]. 矿山, 1990(6): 25 – 30.

[14] 骆淑龄. 国内水力旋流器在一段磨矿中的应用[J]. 有色矿山, 1989 (2): 29 – 34.

[15] 北京有色冶金设计研究总院, 江西铜业公司德兴铜矿. 旋流器分级及堆坝试验报告[R]. 1987.

[16] Schulz N F. Separation Efficiency [J]. SME/AIME, 1970, 247 (1): 81 – 86.

[17] 胡为柏. 选矿效率怎样算[J]. 有色金属, 1975(6): 40 – 50.

[18] 曾令移. 砂金在旋转流场中的运动特性[J]. 有色金属(选矿部分), 1983(4): 24 – 29.

[19] 姚书典. 水力旋流器两段分级流程的分级效率[C]//92 年武陵源选矿选煤及矿产综合利用学术讨论会论文集, 1992(11): 64 – 68.

[20] 庞学诗. 实际分离粒度是评定旋流器分离效率的最佳粒度[J]. 黑色金属矿山通讯, 1988(3): 14 – 16.

[21] 庞学诗. 水力旋流器综合效率评价法[J]. 矿业快报(增刊), 2006 (10): 45 – 47.

第七章 旋流器选型与计算

在新建、扩建和改建的选矿厂设计过程中，凡采用水力旋流器的作业，均会遇到其选型计算问题。其他工业部门，如粮食的加工处理、化工的分馏洗涤、环保的"三废"处理、发电厂的废水利用、卫生的技术检测、油田钻井泥浆净化及油水分离等，当用到水力旋流器工艺技术时，都会遇到其选型计算问题。当然，各行业的工艺特点和技术要求不同，本章主要介绍选矿专业所用旋流器的选型计算方法，亦可供其他专业参考或借鉴。

水力旋流器选型计算方法以及深度广度要求，国内外均未统一规定，也无统一的标准程序。因此，研讨符合实际、简便易行、准确可靠又有一定深度广度的旋流器选型计算方法，不管是在理论和实践上均有重要的现实意义。

就选矿而言，水力旋流器选型计算的目的是根据原矿性质、流程结构、作业性质、操作条件和指标要求等原始资料，选择合理的型式、确定最佳的规格与相应的参数、计算必须的台数等。设计的原始资料：给矿量——矿石的质量流量和矿浆的体积流量；矿石的密度；溢流的浓度和细度；沉砂的浓度和细度等。对磨矿回路中的分级旋流器，还应知磨机的处理能力及合理的循环负荷。在一般情况下，溢流的浓度和细度是由矿石性质和可行性研究报告提供，而给矿量或磨机处理能力是由设计选矿厂的规模决定。

顺便指出，旋流器选型计算的另一任务是生产现场旋流器的技术检测和技术控制。它是根据选矿工艺技术要求，对生产旋流器的生产能力、分离（级）粒度、分离（级）效率、溢流浓度和流量分配(在某些特定的技术条件下，才测定其流量分配)等技术指标，进行必需的技术检测和技术计算。按照检测和计算的结果调整和优化旋流器操作参数和结构参数，以便提高生产指标，改进工艺技术和创新结构类型。

水力旋流器选型计算的方法大致分为两类：通用法和克鲁布斯法。通用法是根据通用的理论、经验或半经验公式进行旋流器的选型计算；克鲁布斯法是根据 Krebs 公司的标准(典型)旋流器在标准条件下试验得到的标准(基本)模型，结合设计矿石的性质和工艺条件进行具体修正，供初步设计使用的选型计算方法。东方国家多用前者，西方国家多用后者。

第一节　通用法

水力旋流器选型计算的主要公式是生产能力、基本直径和分离(级)粒度计算式。前者决定技术规格，后者决定结构参数和操作参数。该法的主要公式来源于理论推导、经验或半经验模型。基本程序没有统一，深度广度也无具体要求，可根据具体情况和实际需要而定。现以笔者和拉苏莫夫的选型计算方法为主研讨其基本程序。

一、笔者选型计算法

本法主要计算式——生产能力、基本直径和分离(级)粒度计算式，是根据水力旋流器中工作流体呈组合涡运动时最大切线速度轨迹面的特性导出。

根据水力旋流器在选矿工艺流程中的应用特点，大致可将流程分为开路和闭路两大类。脱泥、澄清、浓缩和选别作业多为开路；同磨机构成闭路的分级和金银氰化浸出厂的洗涤作业多为闭路。开路流程一般比闭路流程的选型计算要简单。现以一段闭路磨矿流程中的检查分级旋流器为主,阐述选型计算的基本程序。
其他开路流程中的旋流器选型计算可以仿此程序进行。

1. 程序

(1)磨矿回路物料平衡的计算

磨矿回路物料平衡计算的内容,是根据设计的原始资料确定
旋流器各相应产物的流量、浓度、细度和矿浆密度等。物料平衡
计算的方法是进出磨矿回路的物质平衡原则。现以图 7-1 为例
介绍磨矿回路物料平衡的计算方法。

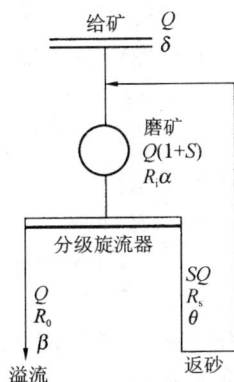

图 7-1　一段闭路磨矿流程

通常磨机的处理能力 Q、矿石密度 δ、溢流浓度和溢流细度
(用 -200 目% 或 -0.074 mm 表示)是已知数。如果要求溢流产
物更细时,可用 -325 目% 、-10 μm 等表示,除上述数据外,还
需在给矿产物和溢流产物中标明其相应细度,而且还需标明与溢
流细度相适应的分级粒度,以便旋流器规格选定后的分级粒度
校核。

　　需要计算的是：旋流器的给矿浓度（浓度根据要求可以是液固比 R、质量浓度 C_w、体积浓度 C_v 和矿浆密度 ρ_m）、给矿细度 α 和旋流器的总给矿矿浆体积流量 Q_m。有时可能还需计算其水量比 R_w 和流量比 R_v 等其他指标，可参阅第五章相关方法进行。

　　磨矿回路物料平衡计算的方法如下。

　　①旋流器给矿浓度。

　　分级旋流器的溢流浓度是选矿厂设计工艺要求而又必须保证的技术指标，其数值主要由旋流器的给矿浓度和沉砂浓度决定。通常，一段闭路磨矿流程中分级旋流器的沉砂浓度为 70% ~ 80%，液固比 R 为 0.43 ~ 0.25，粗溢流和大密度矿石的矿浆宜用高的沉砂浓度；二段或再磨回路中分级旋流器的沉砂浓度为 65% ~ 70%，液固比 R 为 0.54 ~ 0.43。

　　当浓度用液固比表示时，为保选择旋流器的溢流浓度而必须的给矿浓度，由回路的水量平衡得：

$$R = \frac{R_o + SR_s}{1 + S} \qquad (7-1)$$

式中：R_i——旋流器给矿矿浆液固比；

　　　　R_o、R_s——分别为旋流器的溢流和沉砂液固比；

　　　　S——循环负荷（返砂比）。

　　当磨机同旋流器自流配置时，最适宜的循环负荷（返砂比）应该由工业试验或类似选厂生产实践资料提供，如无上述资料时可参阅如下经验式算出：

$$S = 2\left(\frac{\beta}{\alpha} - 1\right) \times 100$$

式中：β、α——分别为旋流器的溢流细度、给矿细度，%。

　　在选矿工艺流程中，各种产物的浓度多用质量浓度表示，质量浓度同其液固比的关系为：

$$C_w = \frac{100}{1 + R} \qquad (7-2)$$

当矿浆是由矿石和水组成时，其相应的体积浓度 C_v、矿浆密度 ρ_m 和质量浓度 C_w 分别为：

$$C_v = \frac{C_w}{\delta + C_w(1-\delta)} \qquad (7-3)$$

$$\rho_m = \frac{\delta}{C_w + \delta(1-C_w)} \qquad (7-4)$$

$$C_w = \frac{C_v \delta}{1 + C_v(\delta - 1)} \qquad (7-5)$$

式中：符号的物理意及单位同前。

②旋流器给矿细度。

为保旋流器分级溢流细度指标而必须的给矿细度，按回路的细度平衡为：

$$\alpha = \frac{\beta + S\theta}{1 + S} \qquad (7-6)$$

式中：α——旋流器给矿细度，%；

　　　S——循环负荷（返砂比）；

　　　β、θ——分别为旋流器的溢流细度、沉砂细度，%。

沉砂细度、溢流细度与溢流浓度的关系见图7-2。计算过程中可以根据已知的溢流细度和溢流浓度从图中查得相应的沉砂细度，代入式(7-6)即可求得旋流器必须的给矿细度。

③旋流器总给矿矿浆体积流量。

旋流器总给矿矿浆体积流量是由溢流体积流量和沉砂体积流量之和组成，它是选择计算旋流器的基本数据之一，按图7-1的流程计算为：

$$Q_m = Q(1+S)\left(R_i + \frac{1}{\delta}\right) \qquad (7-7)$$

式中：Q_m——旋流器总给矿矿浆体积流量，m^3/h；

　　　Q——设计规模或设计能力，t/h；

　　　S——循环负荷（返砂比）；

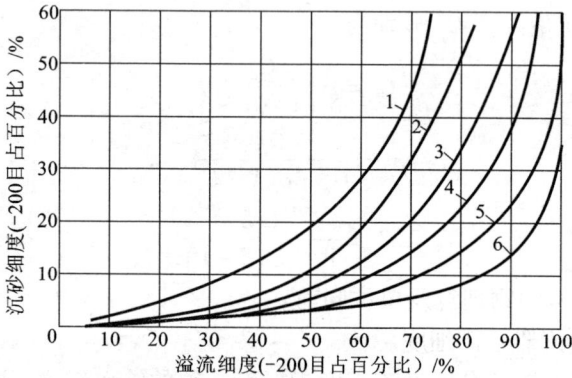

图 7 - 2   水力旋流器的沉砂细度、溢流细度与溢流浓度的关系

1—溢流浓度 50% ; 2—溢流浓度 40% ; 3—溢流浓度 30% ;

4—溢流浓度 20% ; 5—溢流浓度 12.5% ; 6—溢流浓度 10%

R_i——旋流器给矿矿浆液固比;

δ——矿石密度, t/m^3。

(2)旋流器型式、规格和结构参数的确定

①型式。

水力旋流器的型式按其锥角大小分为三类:长锥型($\alpha <$ 20°)、标准型($\alpha = 20°$)和短锥型($\alpha > 20°$)。澄清、细粒分级和液—液分离作业宜用长锥型;一般分级、脱泥和浓缩作业宜用标准型;粗粒分级和选别作业宜用短锥型。

②规格(直径)。

水力旋流器所需的规格可用生产能力(设计规模)和分级粒度直接确定。

旋流器的生产能力、分级粒度(溢流细度,95%通过的筛孔尺寸)同直径的关系见图 7 - 3。

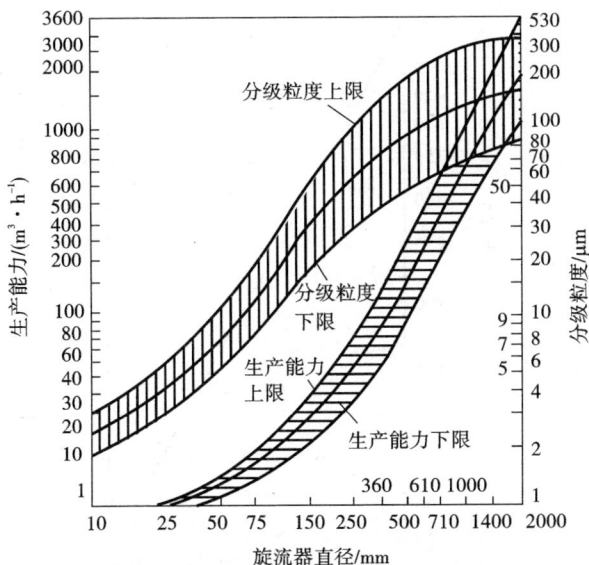

图 7 – 3　旋流器的生产能力、分级粒度同直径的关系

应用图 7 – 3 时,必须预先知道分级产物的分级粒度与其相应粒级(– 200 目%)含量间的关系,就中等硬度矿石而言,其关系见图 7 – 4。

根据生产能力和分级粒度(分级溢流细度),可由图 7 – 3 查到与其相应的水力旋流器直径,但可能不止一种,而是一个大范围的直径域,要想选定一个适宜的规格(直径),必须通过大量的旋流器最佳直径选择的方案比较运算工作或类似工程生产旋流器的实践资料才能确定,相当烦琐。很明显,采用该法比较难以迅速可靠地选定所需旋流器的最佳直径。

为此,笔者根据固—液分离的标准分级旋流器的最佳几何相似关系和最佳参数优化组合原则,在最大切线速度轨迹法的分级

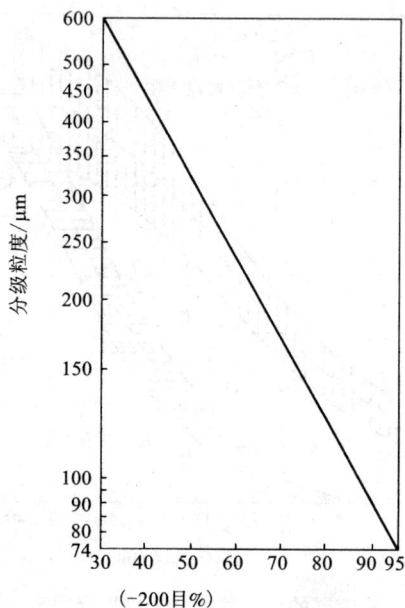

图 7 – 4　分级粒度与 – 200 目%的关系

粒度与生产能力计算式的基础上，经过数学处理导出供初步设计计算水力旋流器基本直径的半经验法求得以下数据。

　　a. 根据分级粒度计算旋流器基本直径。

$$D = 2.1 \times 10^{-5} \frac{d_m^2 (\delta - \rho_m) \Delta p_m^{0.5}}{\rho_m \mu_m} \qquad (7 - 8a)$$

式中：D——旋流器基本直径，cm；

　　　d_m——分级粒度（溢流产物 95% 通过的筛孔尺寸），μm，由矿石可选性研究提供，如无该资料可参阅图 7 – 4 选用；

　　　δ——矿石密度，t/m³；

ρ_m——给矿矿浆密度，t/m^3，可按式(7-4)计算，亦可由图7-5直接查得。

先在图7-5的横坐标轴上查出设计矿石的密度，再在左侧斜坐标轴上查得与其相应的矿浆浓度线，密度线和浓度线的交点同右侧斜坐标轴上的对应数值就是要求的矿浆密度 ρ_m。例如矿石密度 $\delta = 3.64\ t/m^3$，矿浆浓度 $c_w = 85\%$ 的矿浆密度 $\rho_m = 2.67\ t/m^3$。

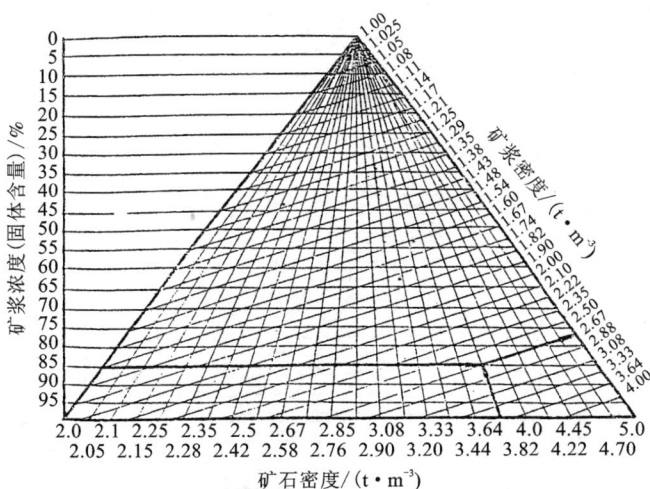

图7-5　矿浆浓度、矿浆密度与矿石密度的关系

Δp_m——给矿压力，MPa；给矿压力 Δp_m 可直接由图7-6查得。旋流器的给矿压力同其分级粒度有关。当分级粒度已知时(通常由可选性研究提供)，可从图7-6查得与其相应的给矿压力，但压力系一波动值，计算时可取其平均值。例如，当分级粒度为200 μm(溢流细度约为-200目65%时)，Δp_m 为 0.058~0.10 MPa，计算旋流器基本直径时可取

其平均值 $\Delta p_\mathrm{m} = 0.08$ MPa。为了安全起见,往往根据给矿压力波动值的上下限,分别计算出旋流器基本直径的上下限,最终选定的值宜在上下限直径的范围内。

μ_m——给矿矿浆黏度,Pa·s,可由式(7 – 15)算出,亦可参阅图 7 – 7 查得。

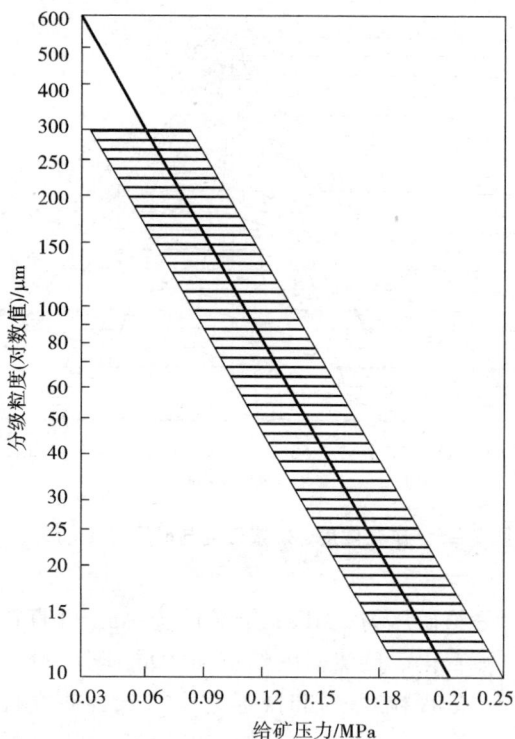

图 7 – 6 水力旋流器分级粒度(d_{95})与给矿压力的关系

b. 根据生产能力计算水力旋流器基本直径。

$$D = 1.95 q_n^{0.5} \rho_m^{0.25} \Delta p_m^{-0.25} \qquad (7-8b)$$

或

$$D = \frac{1.95 q_n^{0.5} \delta^{0.25}}{\Delta p_m^{0.25} \left[c_w + \delta (1 - c_w) \right]^{0.25}} \qquad (7-8c)$$

式中：D——旋流器基本直径，cm；

　　q_n——计划单台旋流器生产能力，m^3/h；q_n 值既涉及旋流器安装组数，也涉及旋流器的实用台数。一般说来，一段闭路磨矿回路中分级旋流器的安装组数同磨矿系统数相适应，即选厂有几个磨矿系统就应该有几组分级旋流器。当选厂中的磨矿系统数（亦即旋流器的安装组数）和每组旋流器的实用台数已知时，按下式求得计划单台旋流器的生产能力：

$$g_n = \frac{Q_m}{Nn'} \qquad (7-9)$$

式中：Q_m——旋流器总给矿矿浆流量（由回路的物料平衡算得），m^3/h；

　　N——磨矿系统数或旋流器安装组数；

　　n'——每组旋流器的计划实用台数，可根据设计磨矿机的生产能力预先决定（例如，按设计磨机的生产能力，每个磨矿系统准备安装 4 台分级旋流器（一组），其中 3 台生产 1 台备用，则 3 台生产旋流器就是计划实用台数）；

　　c_w——给矿浓度，见磨矿回路物料平衡计算。

其他符号的物理意义和单位同前。

根据设计原始条件——设计规模、矿石密度、给矿浓度和给矿压力、溢流细度、给矿矿浆的密度与黏度，用式(7-8)计算所得旋流器直径称为基本直径。基本直径不一定就是系列产品中的标准直径，但可据此从旋流器产品系列的技术性能表中查得与其相近的直径，该相近直径就是设计所需旋流器的直径。同该旋流器直径相应的结构参数就是设计所需旋流器的实用参数。例如，用式（7-8）计算的旋流器基本直径 $D = 656$ mm，从旋流器产品系列性能表中查得与其相近的直径 $D = 660$ mm，则 $D = 660$ mm 就是设计所需旋流器的直径，同 $D = 660$ mm 相应的结构参数 $d_i = 181.5$ mm（$A = 225$ mm $\times 115$ mm）。$d_o = 254$ mm，$d_s = 152$ mm，$\alpha = 20°$ 等就是设计所需旋流器的实用参数。当然，亦可根据其工艺的特殊要求通常科研加以具体决定。

③参数。

通常，分级旋流器的规格（直径）确定后，就可根据生产厂家系列产品的技术性能表中查得相应的结构参数：筒体高度 H、给矿口直径 d_i、溢流口直径 d_o、沉砂口直径 d_s、溢流管插入深度 h_o 和锥角等。

筒体高度是影响物料的停留时间、分级效率和生产能力的重要因素。增加筒体高度可以延长物料停留时间，提高分离效率，但会降低生产能力，因此，国内外制造厂家已将旋流器分段制成标准件，以便用户根据需要自由选配。

给矿口直径主要影响生产能力，对分级粒度和分级效率亦有影响；溢流口和沉砂口直径具有调节溢流产物和沉砂产物相对产率和浓细度的作用；溢流管插入深度和锥角大小也有控制物料停留时间与调节分离粒度的作用。旋流器的结构参数，在生产过程中互相影响，彼此制约，应该慎重处置。一般情况下，只要旋流器直径确定，就可根据生产厂家产品系列技术性能表选配与其相应的结构参数。就标准型旋流器而言，除厂家产品技术性能表外，亦可参照下列标准选配：

给矿口直径 d_i 取（0.15 ~ 0.25）D；

溢流口直径 d_o 取（0.20 ~ 0.30）D；

沉矿口直径 d_s 取 $(0.07 \sim 0.10)D$；

溢流管插入深度 h_o 取 $(0.50 \sim 0.80)D$。

沉砂口直径最好设计成连续可变的节流装置，以便控制其沉砂流量和沉砂浓度。

还需指出，对于特殊用途和特别结构旋流器的结构参数，务必根据科研结果予以选配。

（3）旋流器生产能力和台数的计算

当旋流器结构参数及操作参数确定后，就可按最大切线速度轨迹法计算旋流器单台的实际生产能力。一般情况下采用式（3－12），即

$$q_m = 2.69 D d_i \sqrt{\dfrac{\Delta p_m}{\rho_m \left[\left(1.5 \dfrac{D}{d_o} \right)^{1.28} - 1 \right]}} \qquad (7-10)$$

如果要求不十分严格，可以采用简化式（3－13），即

$$q_m \approx 2.1 D^{0.36} d_o^{0.64} d_i \sqrt{\dfrac{\Delta p_m}{\rho_m}} \qquad (7-11)$$

式中：ρ_m——给矿矿浆密度，t/m^3，可按式（7－4）计算；

　　　　Δp_m——给矿压力，MPa，可由图7－6直接查得。

实践表明，结构参数和操作参数相同的旋流器，处理同种类型矿石，给矿压力呈 $0.03 \sim 0.15$ MPa 变化时，式（7－11）比式（7－10）的计算值小 2% ～ 8%，但要简便得多，而且设计计算台数稍有富余，对保证生产有利。

旋流器实用台数：

$$n = \dfrac{Q_m}{q_m} \qquad (7-12)$$

在分离工程的水力旋流器选型计算台数时，通常都要有备用，备用台数的多少用备用系数表示。所谓备用系数，本书是用备用台数和实用台数之比的百分数表示：

$$备用系数\ \psi = \frac{备用台数}{实用台数} \times 100\%$$

旋流器备用系数的大小，主要取决于设备的质量和处理物料的性质，特别是设备的质量，国外特别是西方国家采用 20%～25%，我国可根据制造厂家生产旋流器的实际情况，在 20%～50% 范围内选用。

(4) 分级粒度的校核

根据处理矿石的性质、工艺流程、设计规模和技术指标要求等条件，选定旋流器的直径和参数后，还须按其分级粒度进行校核。校核所得的分级粒度应该小于或接近设计要求，不得大于设计要求，否则，在参数波动时，会引起溢流跑粗。但也不能远远小于设计要求，否则，在生产过程中会引起不必要的能耗和过磨，影响正常生产。校核分级粒度采用的公式是最大切线速度轨迹法分级粒度计算式。

对任意锥角旋流器用式(4-24b)，即

$$d_{\mathrm{m}} \approx 1815 \sqrt{\frac{D^{0.36} d_{\mathrm{o}}^{0.64} d_i \rho_{\mathrm{m}}^{0.5} \mu_{\mathrm{m}}}{(\delta - \rho_{\mathrm{m}})(3D - 2d_{\mathrm{o}}) \Delta p_{\mathrm{m}}^{0.5}} \tan \frac{\theta}{2}} \qquad (7-13)$$

对标准分级旋流器(α = 20°)用式(4-26)，即

$$d_{\mathrm{m}} \approx 762 \sqrt{\frac{D^{0.36} d_{\mathrm{o}}^{0.64} d_i \rho_{\mathrm{m}}^{0.5} \mu_{\mathrm{m}}}{(\delta - \rho_{\mathrm{m}})(3D - 2d_{\mathrm{o}}) \Delta p_{\mathrm{m}}^{0.5}}} \qquad (7-14)$$

式中：ρ_{m}——给矿矿浆密度，t/m^3，可按式(7-4)计算，亦可由图 7-5 直接查得；

μ_{m}——给矿矿浆黏度，Pa·s，可由图 7-7 直接查得，亦可按下式计算，即

$$\mu_{\mathrm{m}} = \mu[1 + 2.5c_{\mathrm{iv}} + 10.05c_{\mathrm{iv}}^2 + 0.00273\exp(16.6c_{\mathrm{iv}})]$$

$$(7-15)$$

式中：c_{iv}——给矿矿浆体积浓度，%，可按式(7-3)计算。

给矿矿浆黏度 μ_m 同其组成矿浆的固体物料粒度有关。在相同的体积浓度下，固体物料的粒度越细，其组成的矿浆黏度越大。

对常用分级粒度(通常的细度)，可由图 7-7 直接查得与其体积浓度相应的矿浆黏度；对非常用分级粒度可按图 7-8 查得相应的矿浆黏度。

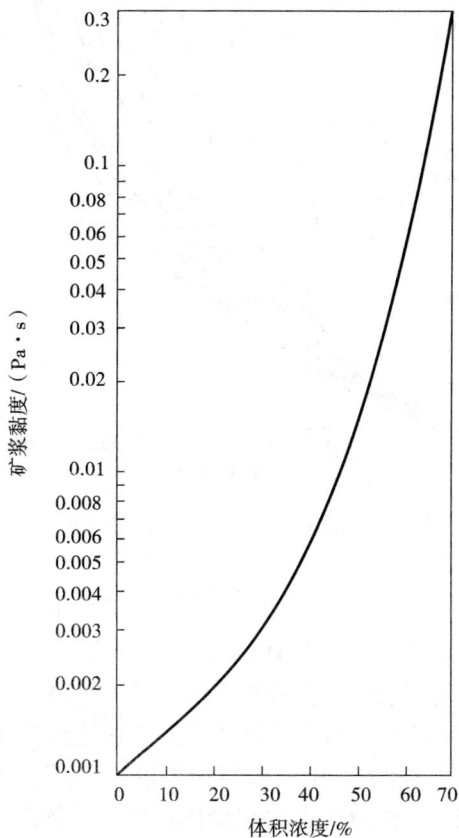

图 7-7　矿浆黏度与体积浓度的关系图

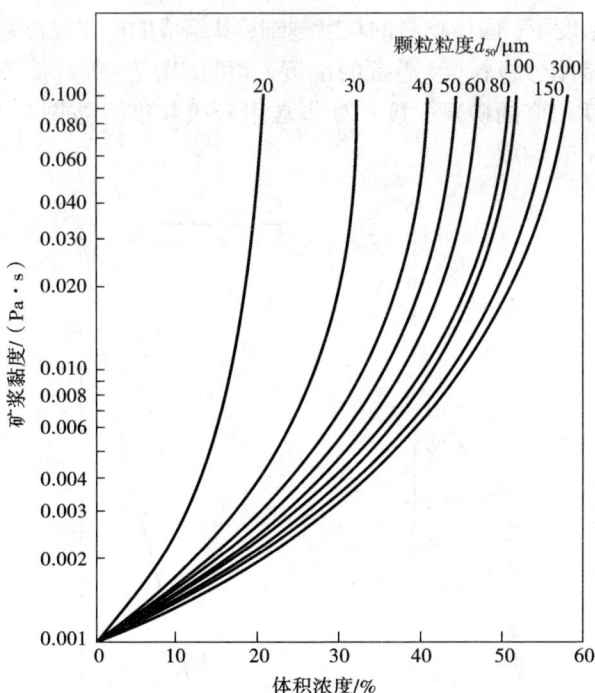

图 7 - 8　矿浆黏度、颗粒粒度和体积浓度的关系图

　　从图 7 - 7 和图 7 - 8 查给矿矿浆黏度时，必须预先知其体积浓度。给矿矿浆体积浓度的计算方法见式(7 - 3)。

　　校核的分级粒度，应该在所选结构参数(特别是给矿口和溢流口)的允许磨损范围内和操作参数(特别是给矿浓度和给矿压力)的允许波动范围内，所得分级粒度的上限不得大于设计的分级粒度。否则，应在结构参数和操作参数的调整范围内改变参数数据，重新计算直到符合要求为止。

　　还应指出，当旋流器的结构参数和操作参数改变时，旋流器的实际生产能力和实用台数亦会发生变化，必须按新定参数重新计算。

在校核分级粒度时，有时按要求还需校核其实际分离粒度，旋流器的分级粒度 d_m 相当于 1.65 倍的实际分离粒度 d_{50}，即

$$d_m = 1.65 d_{50} \qquad\qquad (7-16)$$

（5）沉砂口负荷的检查

当旋流器的直径、结构参数、操作参数和所需台数确定后，还须对其沉砂口的负荷能力进行检查。沉砂口的负荷能力主要取于沉砂口直径和沉砂浓度，特别是沉砂口直径。

旋流器正常生产的标志是沉砂排出呈 20°～30° 的伞状夹角，小于该夹角者说明其沉砂浓度过大，溢流跑粗；大于该夹角者说明其沉砂浓度过低，溢流过细。旋流器的最佳工作状态，应该是在较大的沉砂浓度下，采用顺利通过并呈 20°～30° 夹角排矿的小沉砂口直径。当处理矿石的密度 $\delta = 2.65 \text{ t/m}^3$ 时，不同排矿浓度下的沉砂口直径与沉砂能力的关系见图 7-9。

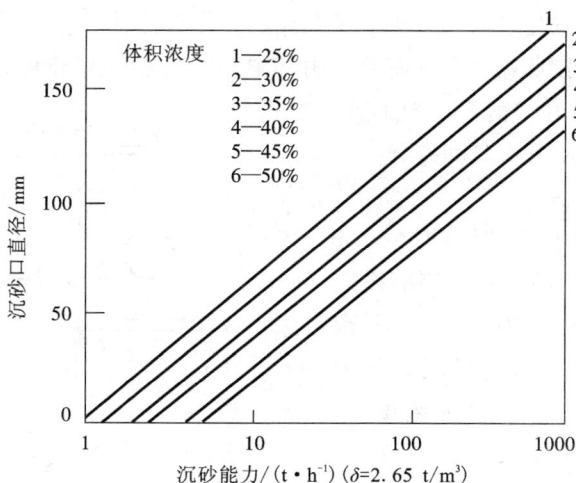

图 7-9　沉砂口直径与沉砂能力的关系

设计过程中,根据矿石的密度、要求沉砂的体积浓度和相应的沉砂能力,可由图 7 - 9 查得相应的沉砂口直径。

(6)分级效率的核定

水力旋流器分级效率应该是既考虑质效率又考虑量效率的综合效率,计算的方法有二:汉考克(R. T. Hancok)综合效率计算法和作者综合效率计算法,即:

$$E_H = \frac{(\alpha - \theta)(\beta - \alpha)}{\alpha(\beta - \theta)(100 - \alpha)} \times 10000\% \qquad (7 - 17)$$

和

$$E_P = \frac{\alpha - \theta}{\beta - \theta}(\frac{\beta}{\alpha} - \frac{\beta_+}{\alpha_+})\% \qquad (7 - 18)$$

式中:α、β、θ 分别为旋流器给矿、溢流和沉砂中小于指定粒级的含量,%;α_+、β_+ 分别为旋流器给矿和溢流中大于指定粒级的含量,%,即:

$$\alpha_+ = 100 - \beta; \quad \beta_+ = 100 - \alpha_。$$

大量的生产实践证明,汉考克法和作者法的计算结果是一致的。为方便起见,根据需要只用其中一种方法计算亦可,但为了进行比较可用两种方法同时计算,以便考虑其间差异。

2. 实例

某铜矿选矿厂的磨矿分级流程见图 7 - 10。当磨机生产能力 $Q = 210$ t/h,矿石密度 $\delta = 2.9$ t/m³,溢流细度为 -200 目 65%,溢流浓度 c_{ow} 为 31% ~ 34%(取平均值 32.5%),循环负荷 $S = 225\%$ 时,试选择计算同磨机构成

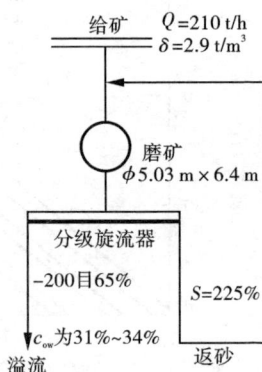

图 7 - 10　实例一的磨矿分级流程

闭路的分级旋流器。

(1)磨机回路物料平衡的计算

旋流器总给矿的质量流量(干矿量):

$$Q_i = Q(1+S) = 210(1+2.25)$$
$$= 682.5 （t/h）$$

旋流器给矿浓度:

$S = 225\%$; $c_{ow} = 32.5\%$, 则 $R_o = 2.08$; 又取 $c_{sw} = 75\%$, 则 $R_s = 0.33$ 。

将上述数据代入式(7-1)得旋流器给矿矿浆液固比:

$$R_i = \frac{R_o + SR_s}{1+S} = \frac{2.08 + 2.25 \times 0.33}{1+2.25} = 0.87$$

由式(7-2)得旋流器给矿矿浆质量浓度:

$$c_{iw} = \frac{100}{1+R_i} = \frac{100}{1+0.87} = 53.5\%$$

由式(7-3)得旋流器给矿矿浆体积浓度:

$$c_{iv} = \frac{c_w}{\delta + c_w(1-\delta)}$$
$$= \frac{0.535}{2.9 + 0.535 \times (1-2.9)}$$
$$= 0.284 = 28.4\%$$

再由式(7-4)得旋流器给矿矿浆密度:

$$\rho_m = \frac{\delta}{c_w + \delta(1-c_w)}$$
$$= \frac{2.9}{0.535 + 2.9 \times (1-0.535)}$$
$$= 1.54 （t/m^3）$$

旋流器给矿细度:

当分级溢流细度为 -200 目 65% 和溢流浓度为 32.5% 时, 查图 7-2 得其相应的沉砂细度为 -200 目 12% , 将其代入式(7-

6) 得旋流器必须的给矿细度：

$$\alpha = \frac{\beta + S\theta}{1 + S} = \frac{65 + 2.25 \times 12}{1 + 2.25} = 28.3\%$$

旋流器总给矿的矿浆体积流量：

旋流器总给矿的矿浆体积流量等于溢流体积流量和沉砂体积流量之和，由式（7-7）得：

$$Q_m = Q(1 + S)\left(R_i + \frac{1}{\delta}\right)$$

$$= 210 \times (1 + 2.25) \times \left(0.87 + \frac{1}{2.9}\right)$$

$$\approx 825.83 \ (\text{m}^3/\text{h})$$

按上述方法，依次将其给矿、溢流和沉砂的相应参数算出。磨矿回路物料平衡计算结果见表7-1。

表7-1　磨矿回路物料平衡计算结果

产物		给矿	溢流	沉砂
干矿量/(t·h⁻¹)		682.5	210.0	472.5
浓度	液固比	0.87	2.08	0.33
	质量浓度/%	53.5	32.5	75.0
	体积浓度/%	28.4	17.3	50.8
	矿浆密度/(t·m⁻³)	1.54	1.27	1.97
细度/-200目%		28.3	65.0	12.0
矿浆量/(m³·h⁻¹)		825.83	512.3	320.4

（2）旋流器型式、规格的选择和结构参数的确定

①型式选择。旋流器的型式由其作业性质决定。本例属一般性分级作业，应选标准型分级旋流器，$\alpha = 20°$。

②规格选择。旋流器直径主要由其生产能力和分级粒度决定。现用如下方法选定。

a. 按设计规模和分级粒度要求选定其直径。

磨矿采用一个磨矿系统,磨机采用进口的 $\phi5.03$ m $\times 6.4$ m 溢流型球磨机,初步决定与磨机构成闭路的分级旋流器为放射形配置,6 台一组,其中 4 台生产 2 台备用。

按设计规模每台旋流器计划承担的生产任务为 $q_m = 832.7/4$ $= 208.2$ m³/h,由图 7 – 3 的生产能力曲线查得所需旋流器直径 $D > 500$ mm,按分级粒度 200 μm(同 –200 目 65% 相应的分级粒度约为 200 μm),从图 7 – 3 的分级粒度曲线查得所需旋流器直径亦应为 $D > 500$ mm。要想选定所需旋流器的最佳直径,必须进行大量的方案比较运算工作才能最终选定,相当麻烦。为简便起见,由实践经验选定辽源重型机器厂生产的 FX – 610 标准型分级旋流器。

b. 按分级粒度计算旋流器基本直径。

当 $\beta = 65\%$ –200 目时由图 7 – 4 查得其分级粒度 $d_m = 200$ μm,给矿浓度 $c_{iv} = 28.4\%$ 时由图 7 – 7 查得其矿浆黏度 $\mu_m = 0.0034$ Pa·s,给矿压力 $\Delta p_m = 0.08$ MPa 与 $\rho_m = 1.54$ t/m³,$\delta = 2.9$ t/m³。将其代入式(7 – 8a)得旋流器基本直径:

$$D = 2.1 \times 10^{-5} \frac{d_m^2(\delta - \rho_m)\Delta p_m^{0.5}}{\rho_m \mu_m}$$

$$= 2.1 \times 10^{-5} \times \frac{200^2 \times (2.9 - 1.54) \times 0.08^{0.5}}{1.54 \times 0.0034}$$

$$= 61.6 \text{ cm} = 616 \text{ mm}$$

c. 按生产能力计算旋流器基本直径。

将 $q_n = 208$ m³/h,$\rho_m = 1.54$ t/m³ 和 $\Delta p_m = 0.08$ MPa(按分级粒度 –200 μm 由图 7 – 6 查得适合于 200 μm 的旋流器的给矿压力 Δp_m 为 0.058 ~ 0.10 MPa,取其平均值 $\Delta p_m = 0.08$ MPa)代入式

（7－8b）得旋流器的基本直径：

$$D = 1.95 q'^{0.5}_m \rho^{0.25}_m \Delta p^{-0.25}_m$$
$$= 1.95 \times 208.2^{0.5} \times 1.54^{0.25} \times 0.08^{-0.25}$$
$$\approx 58.9 （cm）$$
$$= 589 （mm）$$

　　查辽源重型机器厂生产的分级旋流器系列产品技术性能表，同计算的基本直径相近的旋流器直径是 FX－610 选定 FX－610 分级旋流器同 $\phi 5.03$ m×6.4 m 磨机构成闭路的分级旋流器。诚然，采用笔者的基本直径计算式计算所需旋流器直径，具有简便和准确的优点。

　　③结构参数的确定。按 FX－610 的技术参数性能表查得其主要结构参数，见表7－2。

表7－2　FX－610 旋流器主要结构参数

直径 D /mm	给矿口 d_i /mm	溢流口 d_o /mm	沉砂口 d_s /mm	筒体高 H /mm	溢流管插入深度 h_o/mm	锥角 α /(°)	外形尺寸/mm 长	宽	高	质量 /kg
610	108×108 (122)	260	102	356	220	20	485	488	2507	1328

　　（3）旋流器生产能力和实用台数的计算

　　①生产能力的计算。

　　根据选定的结构参数和操作参数，按一般式和简化式两种方法计算单台旋流器的实际生产能力，即按一般式（7－10）和简化式（7－11）分别得 $q_m = 228.0$ m^3/h 和 $q_m = 206.4$ m^3/h。

　　②实用台数计算。

　　为了便于比较，把一般式和简化式两种方法的生产能力计算结果代入式（7－12），分别得其所需旋流器的实用台数：

$$n = \frac{Q_\mathrm{m}}{q_\mathrm{m}} = 3.65(台)，取 4 台$$

$$n' = \frac{Q_\mathrm{m}}{q_\mathrm{m}} = 4.03(台)，取 4 台$$

从计算结果可以看出，简化式比一般式的计算台数多 0.38 台。在生产实践中，不管采用哪种计算方法，4 台 FX – 610 分级旋流器均可满足生产需要。

(4) 分级粒度的校核

当旋流器的直径和参数确定后，为保证分级粒度符合生产工艺要求，必须用式(7 – 14)校核其分级粒度。校核时，除给矿矿浆黏度 μ_m 外，其他参数前面均已求出。矿浆黏度 μ_m 同给矿矿浆的体积浓度和矿石粒度有关，由于本例属常用分级粒度，故可先按矿石密度 f 和给矿矿浆质量浓度 c_iw，由 $c_\mathrm{v} = c_\mathrm{w}/[\delta + c_\mathrm{w}(1 - \delta)]$ 公式求出给矿矿浆体积浓度 $c_\mathrm{iv} = 28.4\%$，再由图 7 – 7 查得与其相应的给矿矿浆黏度 $\mu_\mathrm{m} = 0.003\ 4\ \mathrm{Pa \cdot s}$。将其代入式(7 – 14)得：

$$d_\mathrm{m} = 145.6\ \mu\mathrm{m}$$

在生产实践中，给矿压力和其他参数是会有波动的，如果压力 Δp_m 波动到 0.058 MPa 时，则校核分级粒度 $d_\mathrm{m} = 157.3\ \mu\mathrm{m}$。

校核结果表明，分级粒度在给矿压力允许的波动范围内，符合设计的工艺要求，即使旋流器其他参数有变化，例如给矿矿浆浓度的波动和给矿口与溢流口的磨损等，只要在其允许的波动范围内，上述参数亦能满足其生产工艺要求。

(5) 沉砂口负荷的检查

根据选定的沉砂口直径 $d_\mathrm{s} = 10.2$ cm(见表 7 – 2)，由图 7 – 9 查得与其相应的沉砂能力 $Q_\mathrm{s} = 200$ t/h。设计所需旋流器的实际沉砂能力 $Q_\mathrm{s} = 472.5/4 = 118.125$ t/h(见表 7 – 1)，故所选沉砂口直径可以保证分级旋流器正常生产。

综合上述计算结果，实例一最终选用 FX－610 标准分级旋流器 6 台，其中 4 台生产 2 台备用。

$$备用台数\ \psi = \frac{备用台数}{实用台数} = \frac{2}{4} = 50\%$$

（6）分级效率的核定

为了考证汉考克法和作者法两者计算结果的吻合程度，特将实例的磨矿回路物料平衡计算结果的相关数据，分别代入式（7－17）和式（7－18）进行计算：

$$E_H = \frac{(28.30 - 12.00) \times (65.00 - 28.30)}{28.30 \times (65 - 12.00) \times (100 - 28.30)} \approx 55.72\%$$

$$E_P = \left(\frac{28.30 - 12.00}{65.00 - 12.00}\right) \times \left(\frac{65.00}{28.30} - \frac{35.00}{71.70}\right) \approx 55.73\%$$

实例效率的计算结果和以往大量生产实践证明，水力旋流器分级效率的汉考克法和作者法的计算结果是一致的。读者可以根据工程实际自由选用。

二、拉苏莫夫选型计算法

拉苏莫夫的主要计算式是生产能力和分级粒度，亦属理论推导，但根据生产实践进行了有关修正的半经验式。拉苏莫夫法选型计算在我国选矿界影响较大，以往我国选矿厂设计的旋流器多用此法。现仍以图 7－1 的一段闭路磨矿分级旋流器为例阐述其选型计算程序。

1. 程序

（1）计算旋流器的溢流产率和浓度

相对于旋流器给矿而言的溢流产率：

$$\gamma_o = \frac{1}{1 + S} \qquad\qquad (7 - 17)$$

或

$$\gamma_{\text{o}} = \frac{\alpha' R_{\text{o}} + \beta' R_{\text{s}}}{\beta' (R_{\text{o}} - R_{\text{s}})'} \qquad (7-18)$$

式中：γ_{o}——溢流产率；

　　　S——循环负荷（返砂比）；

　　　α'——旋流器给矿中 $-0.15d_{\text{m}}$ 级别含量，%；

　　　β'——旋流器溢流中 $-0.15d_{\text{m}}$ 级别含量，%；

　　　R_{o}——旋流器溢流产物液固比；

　　　R_{s}——旋流器沉砂产物液固比。

应该指出，旋流器给矿产物和溢流产物中 $-0.15\ d_{\text{m}}$（d_{m} 为分级粒度）的含量，不必取其准确值，通常取其 $-40\ \mu\text{m}$ 或 $-20\ \mu\text{m}$ 级别的含量即可。水力旋流器给矿和溢流中的分级粒度与其相应级别含量间的关系见表 7-5，如果将其绘成曲线则见图 7-13。

表 7-5　分级粒度与其相应级别含量的关系

粒级/μm	含量/%									
-74	10	20	30	40	50	60	70	80	90	95
-40	5.6	11.3	17.3	24.0	31.5	39.5	48.0	58.0	71.5	80.5
-20				13.0	17.0	23.0	26.0	35.0	46.0	55.0
d_{m}				430	320	240	180	140	94.0	74.0

分级溢流浓度通常由选别作业的技术要求决定，即由选矿研究报告或类似选矿厂的生产实践资料提供，亦可按下述经验式得：

$$c_{\text{ow}} = \frac{\left[1 - 0.7\beta_{-74}\left(\frac{2.7}{\delta} \right)^{0.25} \right] c_{\text{sw}} \gamma_{\text{o}}}{c_{\text{sw}} - \left[1 - 0.7\beta_{-74}\left(\frac{2.7}{\delta} \right)^{0.25} \right] (1 - \gamma_{\text{o}})} \qquad (7-19)$$

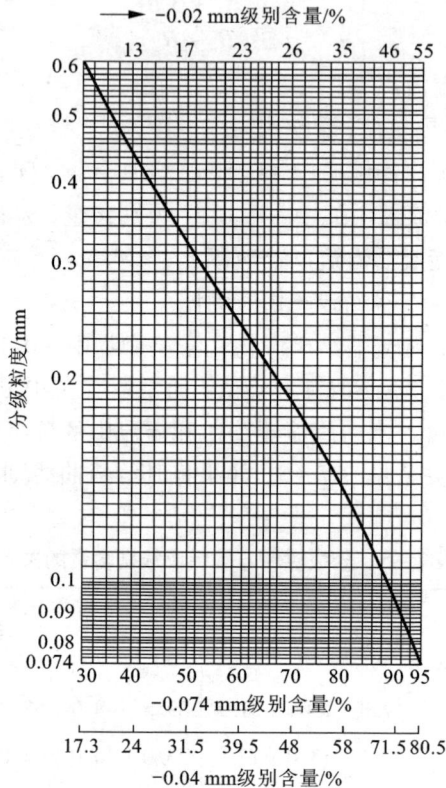

图 7 - 13　分级粒度与相应级别含量的关系图

式中：c_{ow}——旋流器溢流的质量浓度；

　　　c_{sw}——旋流器沉砂的质量浓度；

　　　β_{-74}——溢流中 $-74~\mu m$（-200 目）粒级含量。

　　水力旋流器分级时，其溢流细度 β_{-74} 和相应的沉砂浓度之间的关系见表 7 - 6。当溢流细度已知时，即可通过表 7 - 6 查得其相应的沉砂浓度，连同矿石密度和溢流产率代入式（7 - 19）就可算出旋流器的溢流浓度。

表 7 – 6　旋流器溢流细度与浓度的关系

溢流细度 / – 200 目%	50 ~ 60	60 ~ 70	70 ~ 80	80 ~ 85	85 ~ 90	90 ~ 95	95 ~ 100
沉砂浓度/%	80	75	72	70	70	67	65

当溢流的质量浓度用液固比表示时，液固比同相应粒级含量间的关系为：

$$R_o = \frac{R_i \beta'}{\theta'} \tag{7 – 20}$$

式中：R_o——旋流器的溢流产物液固比；

R_i——旋流器的给矿产物液固比；

β'——旋流器溢流中 $-0.15d_m$ 粒级含量；

θ'——旋流器沉砂中 $-0.15d_m$ 粒级含量。

当旋流器同磨机构成闭路而且处理的矿石密度 δ 为 $2.6 \sim 2.9 \ t/m^3$ 时，其溢流浓度、溢流产率同其细度的关系见图 7 – 14。

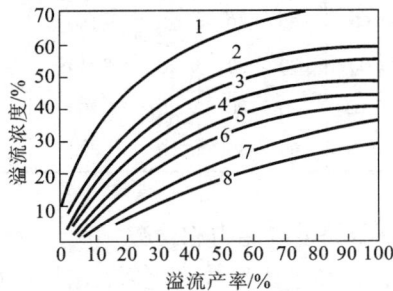

图 7 – 14　水力旋流器同磨机闭路时，
溢流浓度、溢流产率及溢流细度的关系

1—200 目 50%；2—200 目 50% ~ 60%；3—200 目 60% ~ 70%；
4—200 目 70% ~ 80%；5—200 目 80% ~ 85%；6—200 目 85% ~ 90%；
7—200 目 90% ~ 95%；8—200 目 95% ~ 100%

计算过程中,可以参阅图7-14数据和结合具体情况选用。

(2)选择旋流器的直径和参数

根据设计工艺要求的分级溢流细度和设计规模,可由表7-7选定其旋流器直径及其相应的结构参数。

表7-7　选择旋流器的参考数据

旋流器直径/mm	生产能力($p_o = 0.1$ MPa)/($m^3 \cdot h^{-1}$)	分级粒度($\delta = 2.7$ t/m³)/μm	主要结构参数			
			锥角/(°)	给矿口直径/mm	溢流口直径/mm	沉砂口直径/mm
25	0.45 ~ 0.90	8	10	6	0.7	4 ~ 8
50	1.80 ~ 3.60	10	10	12	1.3	6 ~ 12
75	3.00 ~ 10.00	10 ~ 20	10	17	22.2	8 ~ 17
150	12.00 ~ 30.00	20 ~ 50	10.20	32 ~ 40	40 ~ 50	12 ~ 34
250	27.00 ~ 70.00	30 ~ 100	20	65	80	24 ~ 75
360	50.00 ~ 130.00	40 ~ 150	20	90	115	34 ~ 96
500	100.00 ~ 260.00	50 ~ 200	20	130	160	48 ~ 150
710	200.00 ~ 460.00	60 ~ 250	20	150	200	48 ~ 200
1000	360.00 ~ 900.00	70 ~ 280	20	210	250	75 ~ 250
1400	700.00 ~ 1800.00	80 ~ 300	20	300	380	150 ~ 360
2000	1100.00 ~ 3600.00	90 ~ 330	20	420	520	250 ~ 500

(3)计算旋流器的生产能力和台数

当旋流器的直径和主要参数确定后,按拉苏莫夫的半经验式计算其单台旋流器生产能力:

$$q_m = 3 K_\theta K_D d_i d_o \sqrt{p_o'} \qquad (7-21)$$

式中:q_m——旋流器生产能力,m³/h;

　　　K_θ——锥角修正系数,

$$K_\theta = 0.79 + \frac{0.044}{0.0379 + \tan\dfrac{\theta}{2}} \qquad (7-22)$$

K_D——直径修正系数,

$$K_D = 0.8 + \frac{1.2}{1+0.1D} \qquad (7-23)$$

d_i——给矿口(管)直径,cm;

d_o——溢流口(管)直径,cm;

p_o'——旋流器入口工作压力,MPa,当 $D>500$ mm 时,$p_o' = \Delta p + 0.01\rho_m H_o$,当 $D \leqslant 500$ mm 时,$p_o = \Delta p$;

H_o——旋流器高度,m,见表 7-8。

表 7-8 旋流器的直径、高度同其修正系数的关系

旋流器直径/mm	150	250	360	500	710	1000	1400	2000
高度/mm					3.50	4.50	6.00	8.00
K_D	1.28	1.14	1.06	1.00	0.95	0.91	0.88	0.81

旋流器台数按式(7-12)计算,即 $n = \dfrac{Q_m}{q_m}$。

(4)校核沉砂口负荷

拉苏莫夫研究认为,正常生产水力旋流器的标准单位沉砂负荷为 $0.5 \sim 2.5$ t/(cm² · h),即

$$q_s = 1.27\frac{Q_s}{d_s^2} = 0.5 \sim 2.5 \text{ t/(cm}^2 \cdot \text{h)} \qquad (7-24)$$

式中:q_s——沉砂口标准单位负荷,t/(cm² · h);

d_s——沉砂口直径,cm;

Q_s——旋流器沉砂质量流量,t/h。

（5）验证旋流器的分级粒度

当旋流器的直径和主要参数确定后，用拉苏莫夫的半经验式验证其分级粒度：

$$d_{\mathrm{m}} = 1.5 \sqrt{\frac{Dd_{\mathrm{o}} c_{\mathrm{iw}}}{K_{\mathrm{D}} d_{\mathrm{s}} (\delta - \rho) p_{\mathrm{o}}'^{0.5}}} \qquad (7-25)$$

式中：d_{m}——旋流器分级粒度，$\mu\mathrm{m}$；

D——旋流器直径，cm；

d_{o}——溢流口直径，cm；

d_{s}——沉砂口直径，cm；

c_{iw}——旋流器给矿矿浆质量浓度，%；

K_{D}——直径修正系数，见式（7-23）或表7-8；

p_{o}'——旋流器入口工作压力，见式（7-21）。

同样，验证所得分级粒度应该小于或接近设计要求。否则，必须改变参数重新计算，直到符合要求为止。

完成上述基本程序后，根据需要可按下式计算旋流器沉砂产物粒度组成。溢流产物粒度组成可通过其进出旋流器的质量平衡原则求得。

$$\theta^{-d} = \frac{\alpha^{-d} - \gamma_{\mathrm{o}} \beta^{-d}}{\gamma_{\mathrm{s}}} \qquad (7-26)$$

式中：θ^{-d}——沉砂中$-d$粒级的累计含量；

α^{-d}——给矿中$-d$粒级的累计含量；

β^{-d}——溢流中$-d$粒级的累计含量。

2. 实例

现仍以实例一为例，阐述拉苏莫夫的旋流器选择计算过程，同时还可就其选择计算结果同笔者法进行具体对比。

（1）计算旋流器的溢流产率和浓度

相对于旋流器给矿的溢流产率，由式（7-17）得：

$$\gamma_o = \frac{1}{1+S} = \frac{1}{1+2.25} \approx 30.77\%$$

旋流器溢流浓度由式(7-19)得：

$$c_{ow} = \frac{\left[1 - 0.7 \times 0.65 \times \left(\dfrac{2.7}{2.9}\right)^{0.25}\right] \times 0.75 \times 0.3077}{0.75 - \left[1 - 0.7 \times 0.65 \times \left(\dfrac{2.7}{2.9}\right)^{0.25}\right](1 - 0.3077)} \approx 34.75\%$$

如果根据物料平衡，由 $c_{ow} = 34.75\%$ 和 $c_{sw} = 75.00\%$ 得其旋流器给矿矿浆浓度 $c_{iw} = 55.30\%$。

（2）选择旋流器直径和参数

根据分级溢流细度和设计规模由表7-7选择其旋流器直径 $D \geqslant 500$ mm，为便于比较也选用 FX-610 标准分级旋流器，其主要结构参数见表7-2。

（3）计算旋流器的生产能力和台数

由拉苏莫夫的半经验式(7-21)得单台旋流器的生产能力：

$$q_m = 3 K_\theta K_D d_i d_o \sqrt{p_o'}$$

式中：$K_\theta = 1$（因 $\theta = 20°$）；

$$K_D = 0.8 + \frac{1.2}{1 + 0.1 \times 61} \approx 0.97;$$

$$p_o' = 0.08 + 0.01 \times 1.5 \times 2.09 \approx 0.111 \ (\text{MPa});$$

$$d_i = 122 \ \text{mm} = 12.2 \ \text{cm};$$

$$d_o = 260 \ \text{mm} = 26 \ \text{cm}。$$

故 $q_m = 3 \times 1 \times 0.97 \times 12.2 \times 26 \sqrt{0.111} \approx 307.5 \ (\text{m}^3/\text{h})$。

如按溢流浓度 $c_{ow} = 34.75\%$ 和沉砂浓度 $c_{sw} = 75\%$，由磨矿回路的水量平衡得旋流器给矿浓度 $c_{iw} = 55.3\%$，液固比 $R_i = 0.81$。

而旋流器总给矿的矿浆体积流量：

$$Q_m = Q(1+S)\left(R_i + \frac{1}{\delta}\right)$$

$$= 210 \times (1 + 2.25) \times \left(0.81 + \frac{1}{2.9}\right)$$

$$\approx 788.2 \ (\text{m}^3/\text{h})$$

设计所需旋流器的实用台数为:

$$n = \frac{Q_\text{m}}{q_\text{m}} = \frac{788.2}{307.5} \approx 2.6 (\text{台}), \ \text{取 3 台}$$

如果按表 7 - 1 中的旋流器给矿矿浆体积流量计算, 则得其实用台数:

$$n = \frac{Q_\text{m}}{q_\text{m}} = \frac{883.7}{307.5} \approx 2.9 (\text{台}), \ \text{取 3 台}$$

(4)校核沉砂口负荷

$$q_\text{s} = 1.27 \frac{Q_\text{s}}{d_\text{s}^2} = 1.27 \times \frac{\dfrac{472.5}{3}}{10.2^2} \approx 1.92 \ [\text{t}/(\text{cm}^2 \cdot \text{h})]$$

校核值 $q_\text{s} = 1.92 \ \text{t}/(\text{cm}^2 \cdot \text{h})$ 在 $0.5 \sim 2.5 \ \text{t}/(\text{cm}^2 \cdot \text{h})$ 范围内, 所选沉砂口直径 $d_\text{s} = 10.2 \ \text{cm}$ 符合设计要求。

(5)验证旋流器的分级粒度

$$d_\text{m} = 1.5 \sqrt{\frac{D d_\text{o} c_\text{iw}}{K_\text{D} d_\text{s} (\delta - \rho) p_\text{o}'^{0.5}}}$$

$$= 1.5 \sqrt{\frac{61 \times 26 \times 55.3}{0.97 \times 10.2 \times (2.9 - 1) \times 0.111^{0.5}}}$$

$$\approx 177.5 \ (\mu\text{m})$$

经过验证, 其分级粒度也符合设计要求。

综合上述计算结果, 选用 FX - 610 标准型分级旋流器 4 台, 其中 3 台生产 1 台备用, 备用系数 33.33%。

实例一采用笔者法和拉苏莫夫法两种方法的选择计算结果见表 7 - 9。

表 7 - 9　计算结果比较

方　　法	计算直径 /mm	选用直径 /mm	计算 台数	选用 台数	总台数	备　　注
生产实际		610		4	6	备用 2 台
笔者法	605	610	3.8	4	6	备用 2 台
拉苏莫夫法		610	2.6	3	4	备用 1 台

第二节　克鲁布斯法

克鲁布斯旋流器选型计算法,在有关文献中称为标准选型计算法。它是 1976 年阿提本、1978 年苗拉和鸠尔采用 Krebs 公司生产的标准型(典型)旋流器,在标准条件下得到的工艺计算基本数学模型。在具体运用时,结合实际情况——给矿矿浆浓度、给矿压力和矿石密度进行具体修正后,供初步设计使用的旋流器数学模型。克鲁布斯法的特点是:设计所需旋流器直径和保证正常生产的沉砂口直径均由计算式计算所得或由图中直接查得。

阿提本法和苗拉法的选型计算程序基本相同,供初步设计使用的主要模型由于各自所用的标准旋流器参数稍有不同,其结构形式也稍有出入。现分别简介其选型计算的基本程序及其实用效果。

一、阿提本选型计算法

1. 程序

(1)回路物料平衡的计算

计算方法是进出回路物料平衡原则。

（2）校正分离粒度的计算

旋流器分级的目的，在于得到具有一定粒度组成的溢流产物。根据工艺要求，通常用通过某一特定粒度 d_T 的含量表示。校正分离粒度 d_{50c} 同特定粒度 d_T 含量间的关系：

$$d_{50c} = K d_T \tag{7 - 27}$$

式中：d_{50c}——校正分离粒度，μm；

　　　d_T——特定粒度，μm；

　　　K——同特定粒度含量有关的系数，见表 7 - 10 和图 7 - 15。

表 7 - 10　　校正分离粒度同特定粒度含量的关系

溢流中特定粒度含量/%	98.8	95.0	90.0	80.0	70.0	60.0	50.0
系数 $K(d_{50c}/d_T)$	0.54	0.73	0.91	1.25	1.67	2.08	2.78

特定粒度含量是根据工艺要求由试验研究工作确定，或从类似选矿厂的实践资料中索取。例如，旋流器溢流粒度为 80% 通过的 149 μm，149 μm 就是特定粒度，由图 7 - 15 查得其常数 $K = 1.25$，则旋流器的校正分离粒度为：

$$d_{50c} = K d_T = 1.25 \times 149$$
$$= 186.25 \ (\mu m)$$

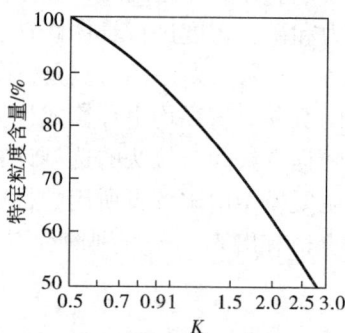

图 7 - 15　　特定粒级含量
与系数 K 的关系

（3）旋流器直径的计算

①根据基本校正分离粒度确定旋流器直径

基本校正分离粒度就是在基本（标准）操作条件下，标准旋流器能够达到的校正分离粒度(阿提本式的基本操作条件和标准旋流器见第四章第四节的经验模型法)。设计所需旋流器直径同标准旋流器基本校正分离粒度的关系见图 7 – 19。基本校正分离粒度可由下式确定:

$$d_{50c(基)} = \frac{d_{50c}}{C_1 C_2 C_3} \qquad (7-28)$$

式中: $d_{50c(基)}$ ——基本校正分离粒度, μm;

　　　　C_1 ——给矿矿浆浓度修正系数, $C_1 = (1-0.019c_{iv})^{-1.43}$, 也可由图 7 – 16 直接查得;

　　　　C_2 ——给矿压力修正系数, $C_2 = 3.27\Delta p^{-0.28}$, 也可由图 7 – 17 直接查得;

　　　　C_3 ——矿石密度修正系数, $C_3 = \left(\dfrac{1.65}{\delta-\rho}\right)^{0.5}$, 也可由图 7 – 18 直接查得;

　　　　δ、ρ ——分别为矿石和介质的密度, t/m^3。

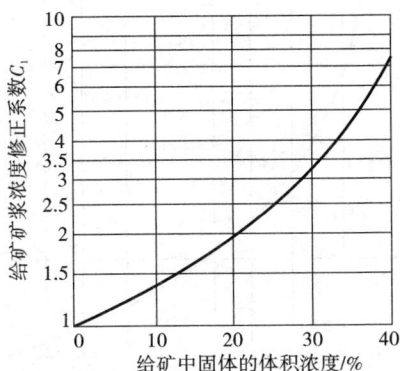

图 7 – 16　给矿矿浆浓度对分级的影响

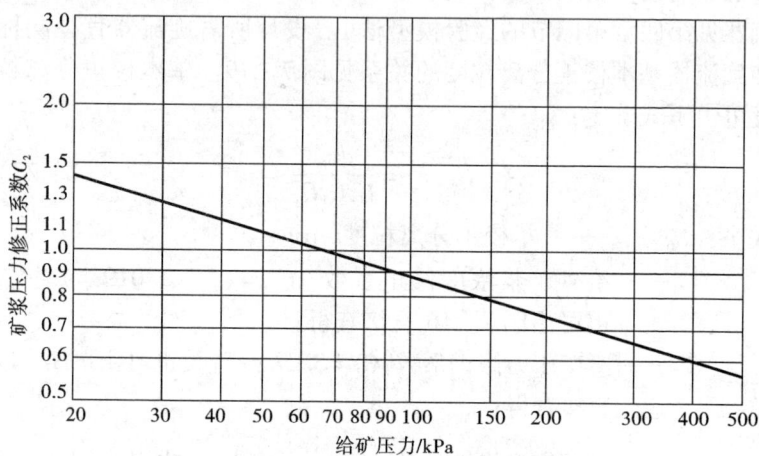

图 7 - 17　给矿压力对分级的影响

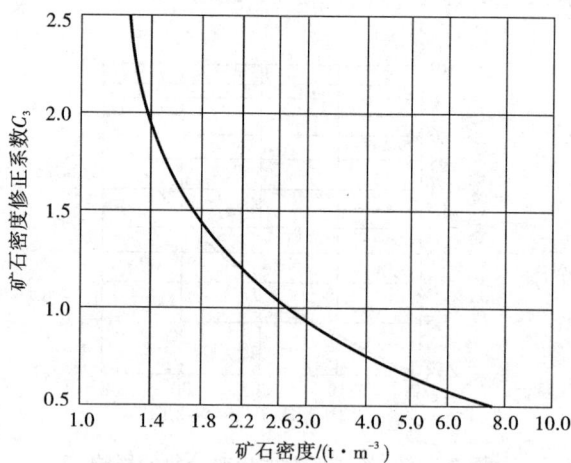

图 7 - 18　矿石密度对(水中)分级的影响

将 C_1、C_2、C_3 代入式（7－28）计算出基本校正分离粒度后，再由图 7－19 的基本校正分离粒度与旋流器直径的关系，查得与其相应的旋流器直径，该直径就是所需旋流器的直径。

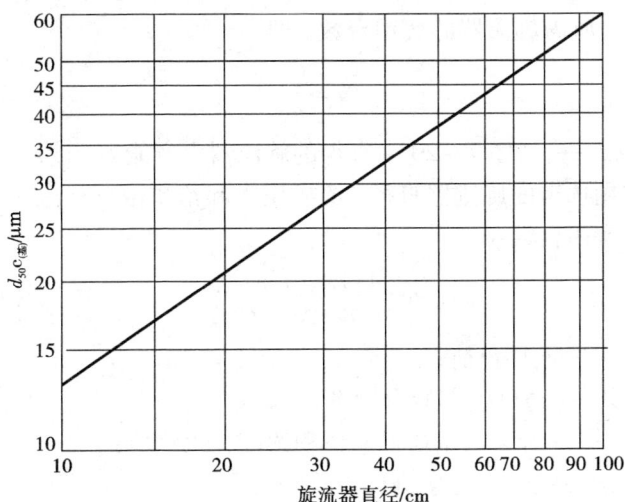

图 7－19　旋流器直径与标准旋流器 d_{50c}（基）的关系

②根据主要操作参数计算旋流器直径。

将主要操作参数的修正系数计算式代入式（7－28）得基本校正分离粒度，再将基本校正分离粒度代入式（4－51a）。经过整理，可以得出直接计算旋流器直径的计算式。应该指出，由图 7－19 或式（7－29）查得或计算的旋流器直径，不一定就是 Krebs 型系列产品中的标准直径，但据此取其系列产品中同该直径相近的直径，即为所需旋流器的直径；同该直径相应的结构参数即为所需旋流器的实用参数。上述两种旋流器直径的计算方法实际上是相同的，只是运用技巧问题。

（4）旋流器实用台数的计算

旋流器的生产能力与其给矿压力有关，不同规格旋流器的生产能力与给矿压力的关系见图7-20。当选定旋流器直径和给矿压力后用图7-20查得的生产能力除以作业中全部矿浆体积流量，即得所需旋流器的实用台数，即

$$n = \frac{Q_{\mathrm{m}}}{q_{\mathrm{m}}} \qquad (7-29)$$

式中：q_{m}——从图7-20中查得的旋流器生产能力，L/s。

或用选定的旋流器直径、给矿压力和给矿浓度代入下式，计算出其实用台数：

$$n = \frac{111.2(1+s)Q}{\delta c_{\mathrm{iv}} \Delta p^{0.5} D^2} \qquad (7-30)$$

式中：s——循环负荷；

$\quad Q$——磨机生产能力，t/h；

$\quad c_{\mathrm{iv}}$——旋流器给矿矿浆体积浓度，（小数）；

$\quad \Delta p$——给矿压力，kPa。

图7-20的生产能力是对水而言，而非矿浆。旋流器处理矿浆的生产能力要大于图7-20中处理水的生产能力，但在初步设计时这个因素可以忽略不计。这样，计算的台数要比实际需要的台数稍多些。为了生产和维修的机动性，大约需要20%～25%的备用台数。

（5）沉砂口直径的选择

生产实践表明，第一段磨矿回路中分级旋流器沉砂的体积浓度 c_{sv} 为50%～53%，再磨回路中为40%～45%。当磨矿回路的循环负荷已知时，通过旋流器分级（离）后的沉砂量即可确定。图7-21表示已知直径旋流器的沉砂口大致通过的沉砂量。

可以根据回路物料平衡关系计算出的沉砂量从图7-21中查出所需旋流器的沉砂口直径。

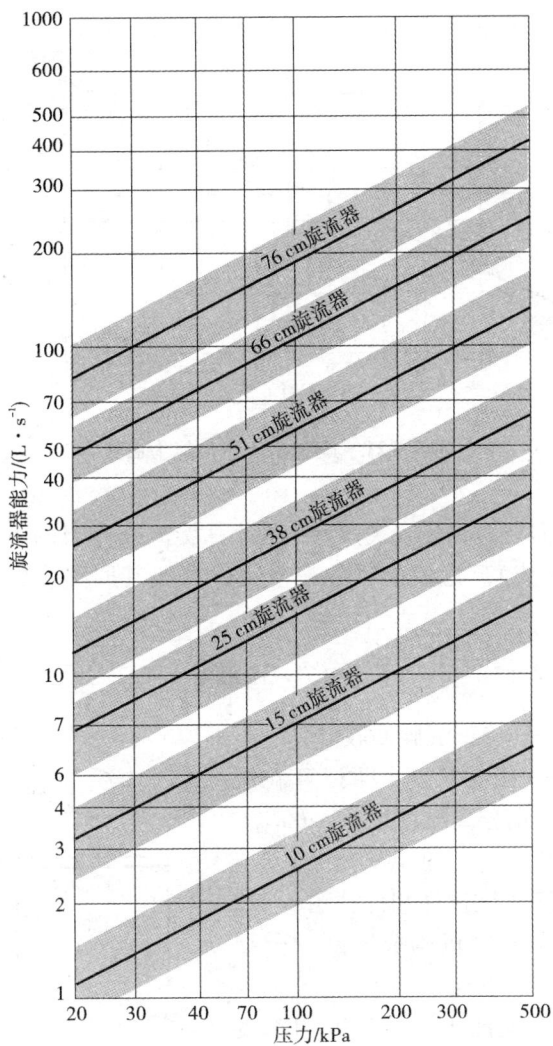

图 7 - 20　标准旋流器对水的处理能力

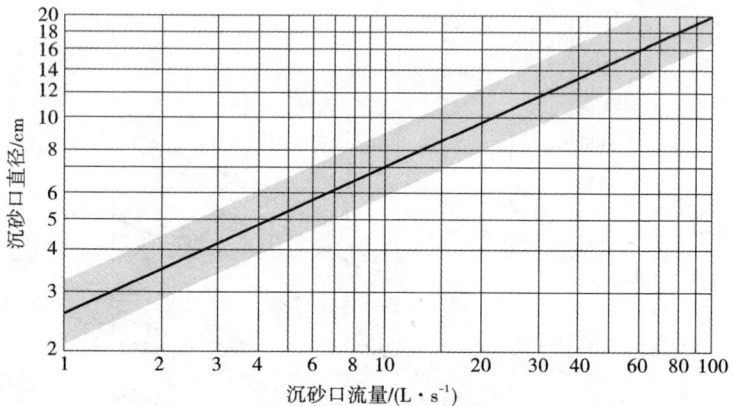

图7-21 旋流器沉砂口能力曲线

如果需要时，可按式(7-31)计算旋流器分级的沉砂产物粒度特性(组成)。溢流产物的粒度特性可按其回路物料平衡原则算得。

$$\varepsilon_s = \frac{e^{4x} - 1}{e^{4x} + e^4 - 2} \qquad (7-31)$$

式中：ε_s——校正沉砂回收率；

x——相对粒度，即计算粒度与校正分离粒度之比，d/d_{50c}。

2. 实例

实例三 试选择和计算图7-22磨矿回路中同磨机构成闭路的分级旋流器。

磨机处理能力 $Q = 250$ t/h，旋流器溢流细度为 −200 目60%，浓度 c_{ow} 为40%，矿石密度 $\delta = 2.9$ t/m³，

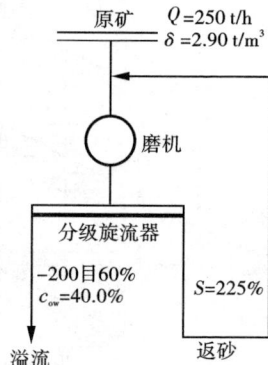

图7-22 实例三的磨矿分级流程

循环负荷 $S = 225\%$。

（1）回路物料平衡的计算

回路物料平衡的计算结果见表 7 – 11。

表 7 – 11　实例三的物料平衡计算结果

产物	项目	数值	备注
溢流	矿量/($t \cdot h^{-1}$)	250	
	水量/($t \cdot h^{-1}$)	375	
	矿浆量/($t \cdot h^{-1}$)	625	
	质量浓度/%	40.0	
	矿浆密度/($g \cdot cm^{-3}$)	1.355	
	矿浆流量/($L \cdot s^{-1}$)	128	
沉砂	矿量/($t \cdot h^{-1}$)	562	
	水量/($t \cdot h^{-1}$)	187	
	矿浆量/($t \cdot h^{-1}$)	749	沉砂矿量 = 循环负荷×溢流矿量
	质量浓度/%	75.0	
	矿浆密度/($g \cdot cm^{-3}$)	1.966	
	矿浆流量/($L \cdot s^{-1}$)	106	
给矿	矿量/($t \cdot h^{-1}$)	812	
	水量/($t \cdot h^{-1}$)	562	
	矿浆量/($t \cdot h^{-1}$)	1374	
	质量浓度/%	59.1	给矿量 = 溢流矿量 + 沉砂矿量
	矿浆密度/($g \cdot cm^{-3}$)	1.632	
	矿浆流量/($L \cdot s^{-1}$)	234	
	体积浓度/%	33.2	

（2）校正分离粒度的计算

由表 7 – 10 或图 7 – 15 查得 60% 通过 200 目（74 μm）的常数

$K = 2.08$，将其代入式（7 – 27）得校正分离粒度为：

$$d_{50c} = Kd_T = 2.08 \times 74 \approx 154 \ (\mu m)$$

（3）旋流器直径的计算

①根据基本校正分离粒度确定旋流器直径。

首先由图 7 – 16 ~ 图 7 – 18 查得同旋流器给矿浓度 $c_{iw} = 59.1\%$（相当于体积浓度 $c_{iv} = 33.2\%$）、给矿压力 $\Delta p = 50$ kPa 和矿石密度 $\delta = 2.9$ t/m³ 相应的修正系数：

$$C_1 = 4.09 ; \quad C_2 = 1.10 ; \quad C_3 = 0.93$$

代入式（7 – 28）得基本校正分离粒度：

$$d_{50c(\text{基})} = \frac{d_{50c}}{C_1 C_2 C_3} = \frac{154}{4.09 \times 1.10 \times 0.93} \approx 36.8 \ (\mu m)$$

从图 7 – 19 查得相应的旋流器直径 $D = 51$ cm $= 510$ cm。

②根据主要操作参数计算旋流器直径。

将其已知数据代入式（7 – 29）得旋流器直径：

$$D = 0.024 \times 154^{1.52} \times 50^{0.43} (2.9 - 1)^{0.76} (1 - 0.019 \times 33.2)^{2.17}$$
$$\approx 50.5 \ (\text{cm}) = 505 \ (\text{mm})$$

选 $D = 510$ mm 的旋流器。

（4）旋流器实用台数的计算

由图 7 – 20 查得 $D = 510$ mm 的旋流器，在压力 $\Delta p = 50$ kPa 时的生产能力为 42 L/s，则其实用台数：

$$n = \frac{Q_m}{q_m} = \frac{234}{42} \approx 5.6 (\text{台}) , \text{取 6 台}$$

考虑到应有 25% 备用，取 8 台。

（5）沉砂口直径的选择

每台旋流器承担的沉砂量为 $\frac{106}{6} \approx 17.7$ L/s，由图 7 – 21 查得相应的沉砂口直径为：$d_s = 9.5$ cm $= 95$ mm。

二、苗拉选型计算法

苗拉法所需的原始资料：有用矿物的经济解离度、磨机生产能力、合理的循环负荷、校正分离粒度、矿石密度和溢流浓度等。

1. 程序

（1）磨矿回路物料平衡的计算

根据物料平衡原则算出旋流器给矿、溢流和沉砂的质量流量和体积流量及其相应的浓度和密度等。

在计算过程中，当旋流器的溢流浓度已定时，其相应的沉砂浓度可由图 7 - 23 查得。

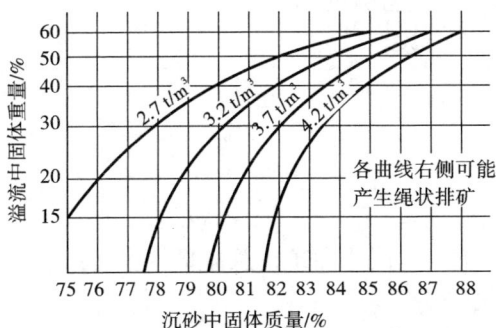

图 7 - 23　旋流器溢流浓度和沉砂浓度关系图

（2）校正分离粒度的确定

校正分离粒度是根据矿石研究报告或类似选矿厂的生产数据用下述方法确定：

$$d_{50c} = P_{80} \tag{7-32}$$

式中：P_{80}——溢流产物中80%通过的筛孔尺寸，μm。一般由矿石的可选性研究报告提供，例如，溢流产物中有80%通过 150 μm 时，则 $d_{50c} = 150$ μm。

(3)旋流器直径的计算

将苗拉采用的标准旋流器在标准条件下得到的校正分离粒度计算式(4-50),经过相应的变换可以用作旋流器直径的初步设计计算:

$$D = \frac{0.024 d_{50c}^{1.48} \Delta p^{0.44} (\delta - \rho)^{0.74}}{\left[\exp(-0.301 + 0.0945 c_{iv} - 0.00356 c_{iv}^2 + 0.0000684 c_{iv}^3) \right]^{1.48}}$$

(7-33)

同样,由式(7-33)算出的旋流器直径不一定同 Krebs 型旋流器系列产品直径相符,通常取同计算值相近的系列产品直径为设计所需旋流器直径。

(4)旋流器实用台数的确定

旋流器实用台数:

$$n = \frac{Q_m}{q_m}$$

或

$$n = \frac{106.38 Q_m}{D^2 \sqrt{\Delta p}}$$

(7-34)

式中:Q_m——进入本回路的矿浆总流量,m^3/h;

D——旋流器直径,cm;

Δp——给矿压力,kPa;

q_m——单台旋流器生产能力,m^3/h,$q_m = 0.0094 D^2 \sqrt{\Delta p}$。

同样,由式(7-34)计算的旋流器台数为其实用台数,不包括备用台数。Krebs 型旋流器的备用系数是 20%～25%,安装台数应包括备用台数。

(5)结构参数的选择与计算

旋流器直径确定后,就可按 Krebs 型旋流器结构的几何关系,选择其相应的结构参数和计算其沉砂口直径:

$$d_o \approx 0.4 D$$

$$A_i = 0.07 \times \frac{\pi}{4}D^2 = 0.055D^2$$

$$d_s = \left[4.162 - \frac{16.43}{2.65 - \delta + \frac{100\delta}{c_{sw}}} + 1.10\ln\frac{Q_s}{0.907\delta} \right] \times 2.54$$

$$(7-35)$$

式中：d_o——溢流口直径，cm；

　　　A_i——给矿口面积，cm^2；

　　　D——旋流器直径，cm；

　　　d_s——沉砂口直径，cm；

　　　δ——矿石密度，t/m^3；

　　　c_{sw}——沉砂产物的质量浓度，%；

　　　Q_s——沉砂产物的质量流量，t/h。

旋流器的沉砂口直径亦可按图 7 – 24 直接查得。

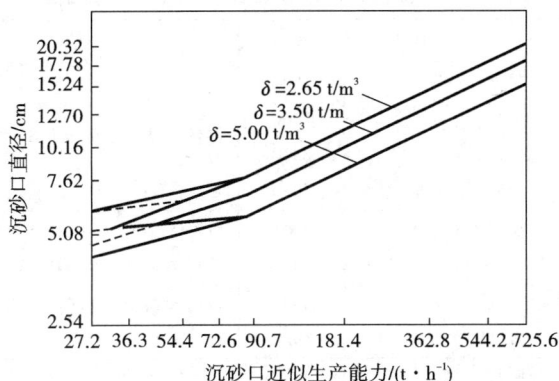

图 7 – 24　沉砂口直径与处理不同矿石密度的生产能力关系

2. 实例

实例四　试选择与计算图 7 – 25 中同磨机构成闭路的分级旋流器。

棒磨机给矿量 $Q = 1000$ t/h，矿石密度 $\delta = 3.20$ t/m^3，分级溢流细度 –120 μm 80%，溢流浓度 $c_{ow} = 35.0\%$。棒磨机排矿直接进球磨机，细度 –1000 μm 80%，球磨机适宜的循环负荷 $S = 200\%$。

（1）磨矿回路物料平衡的计算

由图 7 – 23 看出，当旋流器的溢流浓度 $c_{ow} = 35.0\%$ 时，其沉砂浓度 c_{sw} = 80%。按其原始资料，磨矿回路物料平衡的计算结果见表 7 – 12。

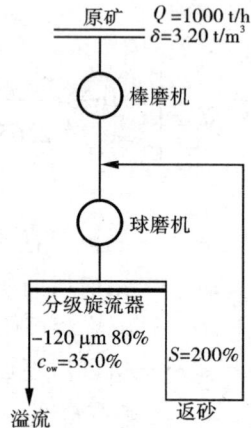

原矿　　$Q = 1000$ t/h
$\delta = 3.20$ t/m^3

棒磨机

球磨机

分级旋流器
–120 μm 80%
$c_{ow} = 35.0\%$　　$S = 200\%$

溢流　　　　返砂

图 7 – 25　实例四的磨矿分级流程

表 7 – 12　实例四的磨矿回路物料平衡计算结果

产物	项目	数值	备注
溢流	矿量/(t·h^{-1})	1000	溢流液固比：$R_o = 1.86$
	水量/(t·h^{-1})	1860	
	矿浆量/(t·h^{-1})	2860	
	质量浓度%	35.0	
沉砂	矿量/(t·h^{-1})	2000	沉砂液固比：$R_s = 0.25$
	水量/(t·h^{-1})	500	返砂量按循环负荷 $S = 200\%$ 计算
	矿浆量/(t·h^{-1})	2500	
	质量浓度/%	80.0	
给矿	矿量/(t·h^{-1})	3000	给矿液固比：$R_i \approx 0.79$
	水量/(t·h^{-1})	2360	给矿矿浆浓度按 $S = 200\%$ 计算
	矿浆量/(t·h^{-1})	5360	
	质量浓度/%	56.0	
	体积浓度/%	28.43	

（2）校正分离粒度的确定

按式（7-32）和原始资料，可知本例的校正分离粒度：$d_{50c} = P_{80} = 120$ μm。

（3）旋流器直径的计算

当旋流器给矿压力取常压 $\Delta p = 69$ kPa 时，给矿体积浓度、矿石密度和校正分离粒度代入式（7-33）得其旋流器直径：

$$D = 66.7 \text{（cm）} = 667 \text{（mm）}$$

计算值同 Krebs 型旋流器系列产品的 $D = 660$ mm 相近，故设计所需旋流器宜选 $D = 660$ mm。

（4）旋流器实用台数的确定

按式（7-34）得其实用台数：

$$n = \frac{106.38 \times 5360}{66^2 \times \sqrt{69}} \approx 15.8 \text{（台）}, \text{取 16 台}$$

按 25% 备用系数计算，则总安装台数为 20 台。

如果磨矿按四个系统配置，则每系统（每组）为 5 台。

（5）结构参数的选择与计算

溢流管直径：$d_o \approx 0.4 \times 66 = 26.4 \text{（cm）} = 264 \text{（mm）}$

给矿口面积：$A_i = 0.055 \times 66^2 \approx 240 \text{（mm）}^2$

沉砂口直径：

$$d_s = \left[4.162 - \frac{16.43}{2.65 - 3.2 + \dfrac{320}{56}} + 1.10\ln\frac{\dfrac{500}{4}}{0.907 \times 3.2} \right] \times 2.54$$

$$\approx 13 \text{（cm）} = 130 \text{（mm）}$$

第三节 效果对比

前面介绍了两类四种水力旋流器选择计算的方法。每种方法还用实例介绍其选择计算过程。在本节中，仍以实例的形式对各种方法进行实用效果的比较，供读者使用时参考。

实例五 某斑岩铜矿选矿厂，设计规模为 $Q = 60000$ t/d，工程分二期设计，其磨矿分级流程见图 7 – 26。前期 30000 t/d，采用从美国 MPSI 公司引进的 4 台 $\phi 5.5$ m $\times 8.5$ m 溢流型球磨机，每台磨机主电机功率 $P = 4100$ kW；每台磨机的排矿采用一台 16/14TU – AH 瓦曼型渣浆泵（变频调速，单台安装，整机备用）向水力旋流器供矿，渣浆泵电机功率 $P = 372.5$ k/W；旋流器分级溢流细度 –200 目 65%。后期 30000 t/d 的 4 台球磨机，每台主电机功率 $P = 4476$ kW，渣浆泵电机功率 $P = 447.6$ kW。球磨机配备微拖装置和衬板机械手，用来更换衬板。

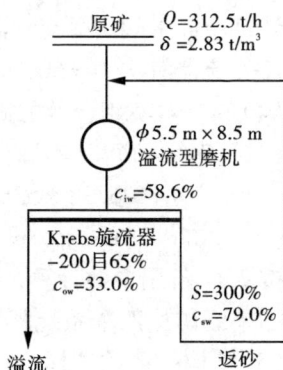

图 7 – 26 实例五磨矿分级流程

试根据其原始数据，用普通法和克鲁布斯法选择计算前期工程同磨机构成闭路的分级旋流器，按其设计计划，前期工程选矿厂应有四个磨矿系统，亦即四组分级旋流器，现只选择计算其中一组同磨机构成闭路的分级旋流器。

磨矿分级流程中旋流器溢流产物的粒度特性见图 7 – 27。

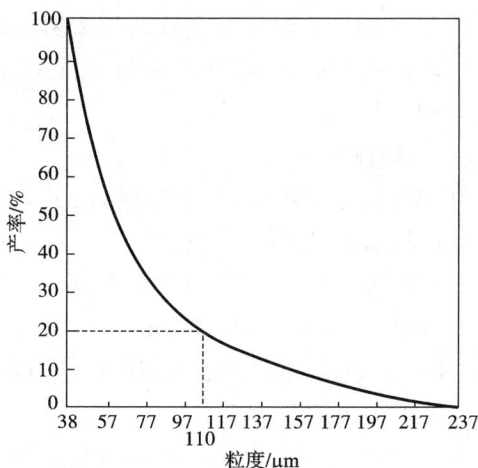

图 7 – 27 实例五旋流器分级溢流产物的粒度组成

1. 笔者法

（1）磨矿回路物料平衡的计算

磨矿回路物料平衡的计算结果见表 7 – 13。

表 7 – 13 磨矿回路物料平衡计算结果

产物		给矿	溢流	沉砂	备注
干矿量/(t·h⁻¹)		1250	312. 5	937. 5	给矿矿浆浓度和液固比按循环负荷 S = 300%计算
浓度	质量浓度/%	58. 6	33. 00	79. 00	
	体积浓度/%	33. 3	14. 80	57. 10	
	液固比	0. 706	2. 030	0. 266	
	矿浆密度/(t·m⁻³)	1. 610	1. 271	2. 044	
细度/ – 200 目%		28. 3	65. 0	12. 0	
矿浆量/(m³·h⁻¹)		1324. 2	744. 8	579. 4	

（2）计划单台旋流器生产能力

每个磨矿系统拟用 7 台分级旋流器并呈放射状的并联配置，其中 5 台生产 2 台备用。计划单台旋流器生产能力为 q_m = 1324.2/5 = 264.84 m^3/h。

（3）计算旋流器直径

按 -200 目 65% 细度由图 7-6 查得压力 $\Delta p = 0.08$ MPa，再按式（7-8b）计算其基本直径：

$$D = 1.95 \times 264.84^{0.5} \times 1.61^{0.25} \times 0.08^{-0.25}$$
$$= 66.8 \text{（cm）} = 668 \text{（mm）}$$

根据计算的基本直径，本例宜选 Krebs 型 $D = 660$ mm 标准分级旋流器，其技术性能见表 7-14。

表 7-14　Krebs 型 $D = 660$ mm 旋流器技术性能

型号	直径 /mm	给矿口 /mm	溢流口 /mm	沉砂口 /mm	锥角 /(°)	外形尺寸/mm		
						长	宽	高
FX - 660	660	225 × 115 (182)	254	152	20	1444	1212	3128

（4）计算旋流器实际生产能力和实用台数

将已知的结构参数和操作参数代入式（7-10）得其实际生产能力：

$$q_m = 2.69 \times 66 \times 18.2 \sqrt{\frac{0.08}{1.61 \times \left[\left(1.61 \times \frac{66}{25.4}\right)^{1.28} - 1\right]}} \approx 332 \text{（m}^3/\text{h）}$$

由式（7-12）得其实用台数：

$$n = \frac{1324.2}{332} \approx 4 \text{（台）}$$

如果按 25% 备用，则总台数为 5 台。

（5）校核分级粒度

将上述已知数据代入式（7-14），得校核分级粒度：

$$d_m = 762 \sqrt{\frac{66^{0.36} \times 25.4^{0.64} \times 18.2 \times 1.61^{0.5} \times 0.0038}{(2.83 - 1.61) \times (3 \times 66 - 2 \times 25.4) \times 0.08^{0.5}}} \approx 188 \ (\mu m)$$

$d_m = 188 \ \mu m$ 小于设计要求的 -200 目 65%（约 200 μm），故所选参数符合要求。

（6）检查沉砂口负荷

由表 7-13 可知每台旋流器的实际排砂能力为 937.5/4 = 234.4 t/h。由图 7-9 查得 $d_s = 152$ mm 排砂能力为 350 t/h，能够满足正常生产的要求。

2. 拉苏莫夫法

（1）计算旋流器溢流产率和浓度

$$\gamma_o = \frac{1}{1 + S} = \frac{1}{1 + 3} = 0.25 = 25\% ;$$

$$c_{ow} = \frac{\left[1 - 0.7 \times 0.65 \times \left(\frac{2.7}{2.83}\right)^{0.25}\right] \times 0.79 \times 0.25}{0.79 - \left[1 - 0.7 \times 0.65 \times \left(\frac{2.7}{2.83}\right)^{0.25}\right] \times (1 - 0.25)} \approx 28.8\%$$

根据物料平衡，由 $c_{ow} = 28.80\%$ 和 $c_{sw} = 79.00\%$ 得旋流器给矿砂浆浓度 $c_{iw} = 55.00\%$。

（2）选择旋流器的直径和参数

根据规模和分级粒度要求，由表 7-7 宜选 $D > 500$ mm 的分级旋流器，为便于比较，选择 $D = 660$ mm 的标准分级旋流器，其主要参数见表 7-14。

（3）计算生产能力和台数

由式（7-21）得其生产能力：

$$q_m = 3 \times 1 \times 0.96 \times 18.2 \times 25.4 \sqrt{0.13} \approx 480 \ (m^3/h)$$

由溢流浓度 $c_{ow} = 28.8\%$ 和沉砂浓度 $c_{sw} = 79\%$ 的水量平衡关

系得旋流器的总给矿体积 $Q_m = 1463.6 \ m^3/h$，则实用台数：

$$n = \frac{1463.6}{480.0} \approx 3.05(台)，取 3 台$$

考虑到 25% 的备用，则总安装台数取 4 台。

（4）校核沉砂口负荷

由式（7 – 24）得：$q_s = 1.27 \times \dfrac{937.5/3}{15.2^2} \approx 1.72 \ [\ t/(cm^2 \cdot h) \ ]$

沉砂口负荷的校核符合要求，所选沉砂口 $d_s = 15.2 \ cm$ 可以满足生产要求。

（5）验证旋流器的分级粒度

由式（7 – 23）得旋流器的直径修正系数，$K_D = 0.96$，再由式（7 – 25）得其分级粒度：

$$d_m = 1.5 \sqrt{\frac{66 \times 25.4 \times 55.0}{0.96 \times 15.2 \times (2.83 - 1) \times 0.13^{0.5}}} \approx 146.8 \ (\mu m)$$

验证所得分级粒度也符合设计要求。

3. 阿提本法

（1）回路物料平衡的计算

详见表 7 – 13。

（2）校正分离粒度的计算

由表 7 – 10 或图 7 – 15 查得 $K = 2.08$，代入式（7 – 27）得：

$$d_{50c} = 2.08 \times 74 \approx 154(\mu m)$$

（3）旋流器直径计算

①根据基本校正分离粒度确定旋流器直径。

由图 7 – 16 ~ 图 7 – 18 查得：$C_1 = 4.00$；$C_2 = 0.96$；$C_3 = 0.93$。

将其代入式（7 – 28）得基本校正分离粒度：

$$d_{50c(基)} = 43.1 \ (\mu m)$$

由图 7 – 19 查得其旋流器直径为 $D = 610 \ mm$。

②根据主要操作参数计算旋流器直径。

将已知数据代入式（7-29），得旋流器直径：

$$D = 0.024 \times 154^{1.52} \times 80^{0.43} \times (2.83-1)^{0.76}$$
$$\times (1-0.019 \times 33.3)^{2.17} \approx 60.3 \text{（cm）} = 603 \text{（mm）}$$

根据计算结果，应选择 $D = 610$ mm 的分级旋流器。

（4）实用台数的计算

将已知数据代入式（7-30），得：

$$n = \frac{111.2 \times (1+3) \times 312.5}{2.83 \times 0.333 \times 80^{0.5} \times 61.0^2} \approx 4.6（台），取 5 台$$

按 25% 备用，则总台数取 7 台。

（5）沉砂口直径的选择

由表 7-13 可知每台旋流器的沉砂口流量：

$$Q_{sv} = \frac{574.4}{5} = 114.88 \text{（m}^3\text{/h）} = 32.2 \text{（L/s）}$$

再由图 7-21 查得 $d_s = 12.0$ cm $= 120$ mm。

4. 苗拉法

（1）磨矿回路物料平衡的计算

详见表 7-13。

（2）校正分离粒度的确定

由图 7-27 可知其校正分离粒度 $d_{50c} = 117$ μm。

（3）旋流器直径的计算

将已知数据代入式（7-33）得旋流器直径：

$$D = \frac{0.024 \times 117^{1.48} \times 80^{0.44} \times (2.83-1)^{0.74}}{[\exp(-0.301 + 0.0945 \times 33.3 - 0.00356]}$$
$$\times 33.3^2 + 0.0000684 \times 33.3^3)]^{1.48}$$

$$\approx 36.4 \text{（cm）} = 364 \text{（mm）}$$

根据计算结果选用 $D = 350$ mm 的分级旋流器。

（4）实用台数的计算

由式（7-34）得实用台数：

$$n = \frac{106.38 \times 1324.2}{35^2 \times \sqrt{80}} \approx 12.9（台），取 13 台$$

按 25% 备用，则总台数为：

$$1.25 \times 13 = 16.25（台），取 17 台$$

（5）结构参数的选择计算

$$d_o = 0.4 \times D = 0.4 \times 35 = 14 \text{ cm} = 140 \text{（mm）}$$

$$A_i = 0.055D^2 = 0.055 \times 35^2 = 67.4 \text{（cm}^2）$$

$$d_s = \left[4.162 - \frac{16.43}{2.65 - 2.83 + \dfrac{100 \times 2.83}{79}} + 1.10\ln\frac{937.5/13}{0.907 \times 2.83} \right]$$

$$\times 2.54 \approx 7.6 \text{（cm）} = 76 \text{（mm）}$$

综合上述四种水力旋流器的选择计算结果和生产现场的实际生产情况比较见表 7-15。

现场生产实践表明，磨矿系统选用 5 台 Krebs 型 $D = 660$ mm 分级旋流器，完全可以满足设计规模的生产要求，其中 4 台生产 1 台备用，备用系数 25%。原设计磨矿系统 7 台，其中 5 台生产 2 台备用，备用系数 40%，实践表明是富余了。

表 7-15　计算值同实际值的比较

方法	旋流器直径/mm		旋流器台数			
	计算值	选用值	计算值	选用数	备用数	总台数
生产现场		660		5	2	7
笔者法	668	660	4.00	4	1	5
拉苏莫夫法		660	3.05	3	1	4
阿提本法	603	610	4.60	5	2	7
苗拉法	364	350	12.9	13	4	17

参考文献

［1］庞学诗. 水力旋流器的设计计算［J］. 有色金属, 1991(1)：17 – 222.

［2］庞学诗. 水力旋流器选择计算(一)［J］. 国外金属矿选矿, 1997, 12, 39 – 48.

［3］庞学诗. 水力旋流器生产能力的计算［J］. 矿冶工程, 1986, 12, 22 – 25.

［4］庞学诗. 水力旋流器生产能力计算方法的研究及应用［J］. 湖南有色金属, 1988, 5, 16 – 18.

［5］庞学诗. 水力旋流器分离粒度的计算［J］. 矿冶工程, 1986, 3, 22 – 29.

［6］庞学诗. 水力旋流器分离粒度计算方法的研究及应用［J］. 湖南有色金属, 1988,11, 27 – 30.

［7］杨守志, 孙德堃, 何方篪. 固液分离［M］. 北京：冶金工业出版社, 2003, 317 – 358.

［8］波瓦罗夫 A И. 选矿厂水力旋流器［M］. 北京：冶金工业出版社, 1982, 174 – 180.

［9］选矿设计手册编委会. 选矿设计手册［M］. 北京：冶金工业出版社, 1988, 158 – 164.

［10］Pearse G. Some Manufacturers of Hydrocyclones［J］. Min Mag, 1988, 8, 106 – 109.

［11］Kelly E G, et al. Introduction to Mineral Processing［M］. New York, Wiley, 1982.

［12］孙仲元, 等. 中国选矿设备实用手册(上)［M］. 北京：机械工业出版社, 1992.

［13］L·斯瓦罗夫斯基. 固液分离［M］. 第 2 版. 北京：化学工业出版社, 1990.

［14］庞学诗. 分级旋流器直径的设计计算［J］. 有色金属(选矿部分), 1995, 3, 44 – 48.

［15］庞学诗. 水力旋流器直径选择计算法［J］. 矿业快报(增刊), 2006, 10, 38 – 41.

[16] 庞学诗. 水力旋流器选择计算(二)[J]. 国外金属矿选矿, 1998, 1, 35 – 47.

[17] Arterburn R A. The Sizing and Selectiao of Comminution Circuits[J]. AIME, 592 – 607, 1982.

[18] 穆拉尔 A L, 杰根森 G V. 碎磨回路的设计和装备[M]. 北京: 冶金工业出版社, 1990.

[19] 穆拉尔, 巴普. 选矿厂设计[M]. 北京: 冶金工业出版社, 1985.

[20] 章晋叔. 水力旋流器工业放大应用[J]. 有色冶金设计与研究, 1991 (6): 76 – 81.

[21] 庞学诗. 根据分级粒度计算旋流器基本直径[J]. 现代矿业, 2010(7).

第八章　旋流器给矿泵选择计算

　　水力旋流器均采用压力给矿，其给矿管路在可能条件下尽量缩短，以便减少沿程阻力损失。给矿管路中的矿浆流速应稍大于其临界流速，以便使其管道磨损最小并防止矿浆中的固体颗粒沉淀、堵塞管道和影响正常生产。

　　给矿泵是水力旋流器的心脏，它控制着水力旋流器分离的全过程，就磨矿回路中的分级旋流器而言，它控制着磨机的生产能力、循环负荷和分级效果。用于水力旋流器的给矿泵要有足够的处理能力，以便适应其矿石性质变化和矿浆流量波动的需要。磨矿回路中用于旋流器给矿的砂泵必须安装足够的动力，以保证不致因砂泵动力不足而限制磨机的产量。

　　大中型选矿厂中的分级、脱泥、浓缩、洗涤和澄清作业旋流器基本上都是成组配置，特别是同磨机构成闭路的分级旋流器。目前国内外应用最广泛的是旋流器放射形配置方案。理想的放射形配置方案应该是使由中心矿浆分配器给入并联的每个旋流器的给矿压力、给矿流量和给矿性质（浓度、粒度和粒度组成）保持相同，以便得到符合工艺设计要求的分级产物。水力旋流器典型的放射形配置方案的平面图见图 8 – 1。

　　砂泵泵池的断面有圆形和方形两种，具有斜底和斜侧面的方形泵池可以优先采用，通常泵池底边斜度为 55°。泵池容积通常以该系统的一分钟矿浆流量为宜，大型选厂可以低于一分钟，泵池容积应该让矿浆带入的空气有充分的逸出（析出）停留时间。

　　给矿泵应具有高效、节能、低成本、长寿命、性能稳定和维修方便的特点。为此，除优良的水力设计、耐磨的泵用材质和精

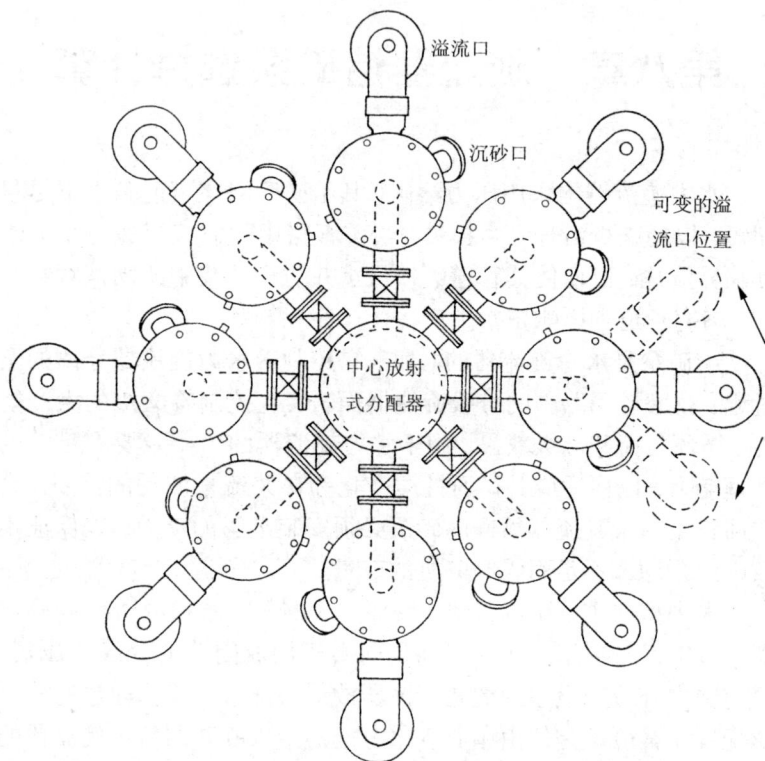

溢流口

沉砂口

可变的溢
流口位置

中心放射
式分配器

图 8 - 1　旋流器典型放射形配置方案平面图

　　细的加工工艺外，还必须有合理的选型和正确的操作使用，以便
充分发挥其效能。

　　管路是给矿泵压力输送过程的重要环节，管路中流动的浆体
具有一定的能量，但由于其沿程的磨损、转弯、收缩、扩散等原
因要损失其能量，沿程损失的能量常用其水头损失表示。管路中
浆体流动的性质非常复杂，迄今还没有一个完善的公式和准确的

方法来计算各类矿浆在管路中的水头损失。目前工程上应用的方法较多,但各有其局限性。设计者的基本任务,就是根据其设计工程的特点和要求,选择合适的工艺计算方法,设计出符合生产工艺要求的浆体压力输送系统。

水力旋流器给矿泵选择计算的基本内容:根据浆体性质(物料粒度及其粒度组成、硬度、密度和浆体的浓度、温度、黏度及其磨蚀性)和体积流量(扬量),选择砂泵的型号、规格和管道直径;根据扬程、扬量和布置方案,计算管路水头损失、砂泵功率和选配合适的电机;根据工艺要求和生产需要,进行砂泵技术性能的调整和工艺参数的核定等。

目前,我国选矿厂应用的砂泵大致有两种类型:国产矿浆泵(普通矿浆泵)和瓦曼渣浆泵。国产矿浆泵又分为以前生产矿浆泵和近期自行开发矿浆泵。以前生产矿浆泵中包括有 PS 型、PH 型、PN 型、PNJA 型和 PW 型泵;近期自行开发矿浆泵有石家庄水泵厂生产的 ZD 和 ZDL 系列渣浆泵,以及国家级新产品 ZGB(P)系列渣浆泵。本章除简要介绍浆体的主要物理参数计算方法外,将重点根据两种泵的特点分别介绍其选择计算方法或程序,还用实例分别介绍其选择计算的详细过程及其应该注意的技术问题。

第一节　矿浆主要物理参数

压力输送过程中涉及的矿浆物理参数主要有:组成矿浆的固体物料平均粒度;矿浆的浓度、流量和密度。根据工程要求有时还需计算同物料平均粒度相应的自由沉降末速(在水介质中)及矿浆黏度等,届时可参阅有关书籍中的专门方法进行计算。

一、固体物料(矿石)平均粒度

固体物料平均粒度就是指组成矿浆的固体物料群的平均直径,工程上多用加权平均法计算:

$$d_{cp} = \frac{\sum\limits_{i=1}^{n} \Delta p_i d_i}{100} \qquad (8-1)$$

式中:d_i——i 级物料的粒径,即相邻两筛孔直径的算术平均值,μm 或 mm;

Δp_i——i 级物料质量占总质量的百分数,%。

固体物料平均粒度值受其粒度的极值影响较大。所谓极值就是该产物(物料)中的最大粒度和最小粒度。在计算过程中,必须使其最大粒度(级)含量不得超过 5%;最小粒度(级)要分析到 5 μm 或其含量不得大于 10%。

二、矿浆浓度

矿浆浓度通常指矿浆中固体物料的含量,其表示方法有多种,详见表 8-1。在矿浆压力输送中,根据工程要求由表 8-1 中的相应公式算出。

表 8-1　矿浆浓度表示法及其换算式

浓度名称	定义	计算式	换算式			
			已知 c_w、δ	已知 c_v、δ	已知 R'_w、δ	已知 R'_v、δ
质量浓度	$c_w = \dfrac{G_s}{G_m}$	$\dfrac{\rho_m - 1}{\delta - 1} \times \dfrac{\delta}{\rho_m}$		$\dfrac{c_v \delta}{1 + c_v(\delta - 1)}$	$\dfrac{R'_w}{R'_w + 1}$	$\dfrac{R'_v \delta}{R'_v \delta + 1}$
体积浓度	$G_v = \dfrac{V_s}{V_m}$	$\dfrac{\rho_m - 1}{\delta - 1}$	$\dfrac{c_w}{\delta + c_w(1 - \delta)}$		$\dfrac{R'_w}{\delta + R'_w}$	$\dfrac{1}{1 + R'_v}$

续表 8－1

浓度名称	定义	计算式	换算式			
			已知 c_w、δ	已知 c_v、δ	已知 R'_w、δ	已知 R'_v、δ
质量稠度	$R'_w = \dfrac{G_s}{G_m}$	$\dfrac{\rho_m - 1}{\delta - \rho_m} \times \delta$	$\dfrac{c_w}{1 - c_w}$	$\dfrac{c_v \delta}{1 - c_v}$		$R'_v \delta$
体积稠度	$R'_v = \dfrac{V_s}{V_1}$	$\dfrac{\rho_m - 1}{\delta - \rho_m}$	$\dfrac{c_w}{\delta(1 - c_w)}$	$\dfrac{c_v}{1 - c_v}$	$\dfrac{R'_w}{\delta}$	
备注	式中：c_w、c_v、R'_w、R'_v——分别表示矿浆的质量浓度、体积浓度、质量稠度、体积稠度； 　　　G_s、G_1、G_m——分别表示矿浆中的固体、液体、矿浆的质量； 　　　V_s、V_1、V_m——分别表示矿浆中的固体、液体、矿浆的体积； 　　　ρ_m、δ——分别表示矿浆、固体的密度。					

　　根据工程要求，有时还需计算矿浆的质量稀度（即质量液固比，它等于矿浆中液体的质量与固体的质量之比）和体积稀度（即体积液固比，它等于矿浆中液体的体积与固体的体积之比），它们是矿浆的质量稠度和体积稠度的倒数。

三、矿浆流量

　　矿浆流量是指单位时间内所需输送矿浆的体积流量，它同设计工程的规模有关。压力输送的矿浆流量由两部分组成：矿浆体积流量和砂泵的水封水量（如果采用副叶轮轴封时则为无水封水量）：

$$Q_m = K_m Q \left(\frac{1}{\delta} + R_w \right) + g_L \qquad (8-2)$$

式中：Q_m——矿浆流量，m^3/h 或 L/s；

　　　K_m——矿浆波动系数，K_m 为 $1.1 \sim 1.2$；

　　　Q——设计矿量，即设计的固体物料量，t/h 或 kg/s；

　　　R_w——矿浆质量液固比，即稀度；

δ——矿石密度，即固体物料密度，t/m^3；

g_L——砂泵水封水量，按砂泵扬量 $1\% \sim 5\%$ 计算，大泵取小值，小泵取大值，采用副叶轮时 $g_L = 0$。

四、矿浆密度

矿浆密度是指单位体积矿浆的质量，它同矿浆的浓度和组成矿浆的矿石（固体物料）密度有关，当矿浆是由矿石和水组成时，其密度可按式（7-4）算出，即

$$\rho_m = \frac{\delta}{c_w + \delta(1 - C_w)}$$

当矿浆是由矿石和其他介质（$\rho \neq 1$）组成时，其密度可按本书"绪论"中式（0-15）算出，即

$$\rho_m = \frac{\rho\delta}{\delta - c_w(\delta - \rho)} = \frac{\rho\delta}{\rho c_w + \delta(1 - c_w)}$$

第二节　普通矿浆泵选择计算

普通矿浆泵（国产矿浆泵）的选择计算方法多用经验数据或经验公式，特别是管路系统的水力计算，它比较适用于短距离及小流量的矿浆压力输送。

一、基本程序

1. 计算（确定）矿浆主要物理参数

水力旋流器给矿泵选择计算过程中，通常需要计算（确定）的矿浆主要物理参数有：组成矿浆的矿石（物料）平均粒度、密度及其粒度组成；矿浆的浓度、密度及其体积流量等。其计算方法见本书"绪论"第一节的相应公式。

2. 选择砂泵类型

水力旋流器给矿所需普通矿浆泵的类型，取决于其所输矿浆

的物理化学性质(固体物料的粒度、密度、硬度、形状及其组成矿浆的浓度、温度、黏度和酸碱度等),通常可供选用泵的型号有:

①PS 型砂泵。该泵系卧式侧面进浆的离心式砂泵,用于输送选矿厂的矿浆和重介质选矿的介质。输送矿浆的最高浓度为60%~70%,轴封用低压填料,工作时需通入少量清水用于润滑冷却,通常采用压入式给矿配置。

②PH 型砂泵。该泵系卧式单级单吸悬臂式离心灰渣泵,可输粒度不大于 25 mm 的混合液体。轴封用一般填料,工作时应注入高于工作压力 98 kPa 的轴封清水。

③PN 型泥浆泵。该泵系卧式单级单吸悬臂式离心泵,可输浓度为 50%~60% 的矿浆。轴封用一般填料,工作时亦须注入高于工作压力 98 kPa 的轴封清水。

④PNJA 和 PNJFA 型衬胶泵。两泵均系单级单吸离心式衬胶泵,虽结构形式相同,但选用材质不同。PNJFA 型专供输送腐蚀性矿浆,有副叶轮和填料式两种轴封结构。PNJA 型可供输送各种类型的浆体,但不宜输送带有棱角的固体颗粒的浆体,输送浆体的最高浓度不得超过65%,温度不得高于60℃,均属压入式给矿。当采用副叶轮轴封时,其进口灌入高度不得超过 5 mH_2O。

⑤PW 型泵。该泵系卧式单级悬臂式离心污水泵,用于输送80℃以下的悬浮物液体或污水。该泵须清水水封,水封水压要高于泵出口压力。

⑥PWF 型泵。该泵系卧式单级单吸悬臂式离心耐腐污水泵,适用于输送酸碱或其他腐蚀性污水,可供化学工业输送化学浆体但温度不得超过80℃。轴封有填料密封和防止毒气与强腐蚀性液体外漏的机械密封两种,工作时须给入高于泵工作压力 49~98 kPa 的清洁水,以进行冷却和润滑。

⑦ZD 和 ZDL 型泵。该系列为 PN、PNL、PH 型泵的更新换代产品,其安装尺寸与 PN、PNL、PH 型泵相同。

ZD 系列为卧式单级单吸离心式渣浆泵;ZDL 系列为立式单级单吸离心式渣浆泵。排口直径 25 ~ 80 mm 的为单泵壳,100 ~ 200 mm 的为双泵壳。轴封为副叶轮加填料式的组合式密封,水封水量一般为工作流量的 1% 左右,压力为出口压力的 0.7 倍。适用于输送含固体颗粒的磨蚀性浆体,最大质量浓度 $c_w = 65\%$。

⑧ZGB(P)泵。该泵为悬臂卧式单级单吸离心式渣浆泵。轴封有副叶轮加填料式的组合式密封和机械密封两种,具有结构合理、效率高、运行可靠和维修方便的优点。另外还有流量大、扬程高和可多级串联的特点,适用于输送磨蚀性和腐蚀性的浆体。

3. 确定临界管径和临界流速

当压力输送的矿浆流量及其性质一定时,其所需临界管径由临界流速决定,它们之间彼此制约,互为因果。通常由相关资料算出其临界流速,再根据工艺技术具体要求确定其临界管径。临界流速同其输送浆体(矿浆)的浓度,组成浆体固体物料的粒度、密度及其粒度组成等因素有关。对于高浓度、大流量、长距离和高密度的浆体压力输送时,其临界流速及其临界管径必须通过科学研究加以确定。

通常对短距离和小流量的压力输送管径,可用克诺罗茨试算法或经验数据概算法按其工程设计的基础资料算出所需的临界管径,再根据实际情况校核管径的临界流速。

(1)B.C.克诺罗茨试算法

水力旋流器给矿泵的管路一般较短,所输浆体的体积流量的基本性质均为已知,可以根据已知条件运用克诺罗茨的相应试算式,算出所需的临界管径;亦可先假定一临界管径,将其代入相应的克诺罗茨试算式,求出与其相应的浆体体积流量,当由假定的临界管径值算得的浆体体积流量与设计要求的浆体体积流量相等或基本相等时,其临界管径即为旋流器给矿矿浆输送管路的临界管径,同其相应的矿浆流速就是它的临界流速。适用于不同工

艺条件的克诺罗茨试算式有:

当 $d_{cp} \leqslant 0.07$ mm 时,

$$Q_m = 0.157D_p^2\psi\left(1 + 3.43\sqrt[4]{R_w' D_p^{0.75}}\right) \qquad (8-3)$$

当 0.07 mm $< d_{cp} \leqslant 0.15$ mm 时,

$$Q_m = 0.2D_p^2\psi\left(1 + 2.48\sqrt[3]{R_w'}\sqrt[4]{D_p}\right) \qquad (8-4)$$

当 0.15 mm $< d_{cp} \leqslant 0.4$ mm 时,

$$Q_m = 0.67D_p^2\psi\left(0.35 + 1.36\sqrt[3]{R_w' D_p^2}\right) \qquad (8-5)$$

当 0.4 mm $< d_{cp} \leqslant 1.5$ mm 时,

$$Q_m = 0.67D_p^2\psi\left(0.35 + 1.36\sqrt[3]{R_w' D_p^2}\right)\sqrt{\frac{d_{cp}}{0.4}} \qquad (8-6)$$

当 $d_{cp} > 1.50$ mm 时,

$$Q_m = 1.28\,D_p^2\psi\left(0.35 + 1.36\sqrt[3]{R_w' D_p^2}\right)\sqrt{\frac{d_{cp}}{1.5}} \qquad (8-7)$$

式中: d_{cp}——矿石(固体物料)的平均粒度, mm;

　　　 Q_m——输送浆体(矿浆)的体积流量, m³/s;

　　　 D_p——假定的临界管径, m;

　　　 R_w'——浆体(矿浆)的稠度, 即矿浆中固体物料质量与水量
　　　　　　之比的 100 倍;

　　　 ψ——矿石(固体物料)密度修正系数, 其与密度有关。

当密度 $\delta \leqslant 2.70$ t/m³ 时,

$$\psi = 1$$

当密度 $\delta > 2.70$ t/m² 时,

对 $d_{cp} \leqslant 1.50$ mm 者,

$$\psi = \frac{\delta - 1}{1.7} \qquad (8-8)$$

对　 $d_{cp} > 1.5$ mm 者,

$$\psi = \sqrt{\frac{\delta - 1}{1.7}} \qquad (8-9)$$

诚然,根据已知条件(Q_m、ψ、R'_w)运用克诺罗茨试算式得到临界管径 D_p 后,由下式计算与其相应的临界流速:

$$V_p = \frac{Q_m}{\frac{\pi}{4}D_p} \quad (\text{m/s}) \quad\quad (8-10)$$

(2)经验数据概算法

经验数据概算法是根据不同矿石(固体物料)的不同粒度、不同密度和不同矿浆浓度,在压力输送管路的生产实践和科学试验的基础上,总结出的一套临界流速经验值,见表 8-2。根据设计矿石的实际粒度、密度和浆体浓度,由表 8-2 选用与其相应的临界速度,代入下式算出工程所需的临界管径:

$$D_p = \sqrt{\frac{4Q_m}{\pi V_p}} = 1.13\sqrt{\frac{Q_m}{V_p}} \quad\quad (8-11)$$

表8-2 压力输送管内浆体临界流速经验值

浆体浓度 /%	密度 $\delta \leqslant 2.7$ t/m^3 时,不同 d_{cp} 的固体物料临界流速/(m·s^{-1})				
	≤0.074	0.074~0.15	0.15~0.40	0.40~1.50	1.50~3.00
1~20	1.0	1.0~1.2	1.2~1.4	1.4~1.6	1.6~2.2
20~40	1.0~1.2	1.2~1.4	1.4~1.6	1.6~2.1	2.1~2.3
40~60	1.2~1.4	1.4~1.6	1.6~1.8	1.8~2.2	2.0~2.5
60~70	1.6	1.6~1.8	1.8~2.0	2.0~2.5	2.0~2.5

表 8-2 中的数据亦可参考下式概算:

$$V_p = 2.5 c_w^{0.27} d_{cp}^{0.19} \quad (\text{m/s})$$

式中:c_w——浆体质量浓度(小数);

d_{cp}——固体物料(矿石)平均粒度,mm。

应该指出，上式较为适应的条件是：c_w 为 20% ~ 70%，d_{cp} 为 0.074 ~ 3.00 mm 由水和矿石组成的浆体。

当设计矿石密度 $\delta > 2.7$ t/m³ 时，表 8 - 2 中的临界流速必须乘以修正系数 ψ。

4. 计算平均流速

采用克诺罗茨试算法或经验数据概算法得到的临界管径，不一定就是砂泵系列产品的标准管径，但可以此为据，从其系列产品的技术性能表中选取与其相近的管径，该相近管径就是设计所需管道的管径。如果选取的管径比其临界管径小，虽无沉淀但流速较大，将会使水头损失和管道磨损增大，从而增加动力消耗、基建投资和经营费用；如果选取的管径比其临界管径大，尽管其水头损失、管道磨损和经营费用小，但因流速降低将会发生固体颗粒沉淀和管道堵塞，影响正常生产。实践表明，管道中有少量物料沉淀，可以减少管道磨损，有利于压力输送，对 $D \leqslant 250$ mm 管道的沉积厚度以不超过管径的 15% 为宜。

通常，砂泵的出口管径与管道的管径相同，当选定管道的管径后，按下式算其平均流速：

$$v_{cp} = \frac{Q_m}{\frac{\pi}{4}D^2} \tag{8 - 12}$$

式中：v_{cp}——管道中浆体平均流速，m/s；

   D——选定的管道管径，m。

必须强调指出，由式(8 - 12)算出的平均流速一定要大于由式(8 - 10)算出的临界流速或由表 8 - 2 查得的临界流速，即 $v_{cp} > v_p$。否则，矿浆在输送过程中会发生沉淀和堵塞现象。

就经验数据概算法而言，其计算的平均流速不得小于压力管内矿浆的最小流速。压力管内矿浆最小流速概略值见表 8 - 3。

表 8 – 3   压力管内矿浆最小流速概略值

矿石粒度/mm	矿石密度/(t·m⁻³)	矿浆流量/(L·s⁻¹)	矿浆浓度/%				
			15	20	30	40	50
			最小平均流速/(m·s⁻¹)				
1.00	3.40 ~ 3.50	30 ~ 45			1.85	1.95	2.05
	4.00 ~ 4.20	30 ~ 45		1.85	1.95	2.05	2.15
		60 ~ 80		1.90	2.00	2.10	2.20
	4.20	60 ~ 130		1.95	2.05	2.15	2.25
0 ~ 0.60	3.40 ~ 3.50	13 ~ 20		1.60	1.70	1.80	1.90
		30 ~ 45		1.65	1.75	1.85	1.95
	4.00 ~ 4.20	30 ~ 45		1.75	1.85	1.95	2.05
		60 ~ 80		1.80	1.90	2.00	2.10
0 ~ 0.40	3.40 ~ 3.50	13 ~ 20			1.60	1.70	1.80
		30 ~ 45			1.65	1.75	1.85
0 ~ 0.15	3.70 ~ 3.80	30 ~ 45	1.50	1.55	1.65		
		60 ~ 85	1.55	1.60	1.70		
	4.40 ~ 4.60	30 ~ 45		1.65	1.75	1.80	1.95
		60 ~ 80		1.70	1.80	1.90	2.00

5. 计算总扬程

(1)输送矿浆总扬程

水力旋流器给矿泵输送矿浆的总扬程可用下述经验式进行计算:

$$H_m = H_1 + H_2 + (H_3 + H_4)/\rho_m \qquad (8-13)$$

式中: H_1 ——几何扬程, 即砂泵中心线到水力旋流器给矿口中心线间的垂直距离, m;

       H_2 ——折合扬程, 即矿浆输送过程中沿程经过的直管、弯头、三通和闸门等的水头损失, m。

$$H_2 = Li \qquad (8-14)$$

式中：L——直管、弯头、三通和闸门等阻力损失折合成直管的总长度，见表8-4；

　　　i——管道清水阻力损失。

$$i = AQ_m^2 \qquad (8-15)$$

式中：A——比阻系数，见表8-5；

　　　Q_m——矿浆流量，即输送的矿浆量，m^3/s。

表8-4　各种管件折合的长度

管件名称	管件直径/mm								备注
	50	63	76	100	125	150	200	250	
弯头	3.3	4.0	5.0	6.5	8.5	11.0	15.0	19.0	
普通接头	1.5	2.0	2.5	3.5	4.5	5.5	7.5	9.5	
全开闸门	0.5	0.7	0.8	1.1	1.4	1.8	2.5	3.2	
三通	4.5	5.5	6.5	8.0	10.0	12.0	15.0	18.0	
逆止阀	4.0	5.5	6.5	8.0	10.0	12.5	16.0	20.0	

表8-5　比阻系数(A值)

管径/mm	A值	管径/mm	A值	管径/mm	A值	管径/mm	A值
9.00	2255×10^5	106	267.4	305	0.9392	850	0.004110
12.50	3295×10^4	126	106.2	331	0.6088	900	0.003034
15.75	8809×10^3	131	86.23	357	0.4078	950	0.002278
21.25	1643×10^3	148	44.95	4.06	0.2062	1000	0.001736
27.00	4367×10^2	156	33.15	458	0.1098	1100	0.001048
33.75	93860	174	18.960	509	0.06222	1200	0.0006605
41.00	44530	198	9.273	610	0.02384	1300	0.0004322
53.00	11080	225	4.822	700	0.01150	1400	0.0002918
68.00	2893	253	2.583	750	0.007925		
80.50	1168	270	1.535	800	0.005665		

$$H_3 = 102\Delta p \qquad (8-16)$$

式中：H_3——压力水头损失，即水力旋流器分离作用所需给矿压力引起的水头损失；

Δp——给矿压力，MPa，通常由溢流产物细度决定，该数据多由科研单位提供，亦可根据细度要求由图 7-6 选录。

H_4——剩余扬程，通常 $H_4 = 2$ m H_2O。

（2）输送清水总扬程

砂泵的技术性能均用清水标定。在计算砂泵所需功率之前，应该将其所输矿浆总扬程换算成清水总扬程：

$$H_w = \rho_m H_m \qquad (8-17)$$

在同样的技术条件下，砂泵输送矿浆的扬程随其浓度的增大而减小，砂泵本身的磨损也会降低其扬程。为安全起见，通常在选泵的扬程时必须考虑上述两因素的影响，即

$$K_h K_n \rho H_w' \geqslant H_w \qquad (8-18)$$

式中：H_w——砂泵输送矿浆换算成清水的总扬程，由式（8-17）算得，m；

H_w'——砂泵输送清水的扬程，可由砂泵性能曲线或性能表中查得，m；

K_h——扬程的矿浆浓度修正系数，

$$K_h = 1 - 0.25c_w \qquad (8-19)$$

K_h——扬程的砂泵磨损修正系数，K_n 为 0.85～0.95。

6. 计算砂泵电机功率

（1）砂泵轴功率

$$P_o = \frac{\rho_m H_w Q_m}{102\eta_1} \qquad (8-20)$$

（2）砂泵电机功率

$$P = \frac{KP_o}{\eta_2} \qquad (8-21)$$

式中：η_1——砂泵效率，从砂泵性能曲线查得；

　　　η_2——传动效率，直接传动 $\eta_2 = 1.00$，皮带传动 $\eta_2 = 0.95$；

　　　K——安全系数，按砂泵功率大小而定，$P_o \leqslant 40$ kW 者，$K = 1.20$；$P_o > 40$ kW 者，$K = 1.10$。

7. 砂泵性能调整

当砂泵的扬量、扬程和功率不能适应设计工艺要求时，在一般情况下，可以通过改变砂泵的转数来调整其性能，但调整的范围不得超过其产品目录规定的允许范围。

（1）扬量同转数的一次方成正比

$$Q_{m2} = Q_{m1}\frac{n_2}{n_1} \qquad (8-22)$$

式中：Q_{m2}——转数为 n_2 时的扬量，L/s；

　　　Q_{m1}——转数为 n_1 时的扬量，L/s；

　　　n_2——扬量为 Q_{m2} 时的转数，r/min；

　　　n_1——扬量为 Q_{m1} 时的转数，r/min。

（2）扬程同转数的二次方成正比

$$H_2 = H_1\left(\frac{n_2}{n_1}\right)^2 \qquad (8-23)$$

式中：H_2——转数为 n_2 时的扬程，m；

　　　H_1——转数为 n_1 时的扬程，m；

　　　n_2——扬程为 H_2 时的转数，r/min；

　　　n_1——扬程为 H_1 时的转数，r/min。

（3）功率同转数的三次方成正比

$$P_2 = P_1\left(\frac{n_2}{n_1}\right)^3 \qquad (8-24)$$

式中：P_2——转数为 n_2 时的功率，kW；

　　　P_1——转数为 n_1 时的功率，kW；

　　　n_2——功率为 P_2 时的转数，r/min；

　　　n_1——功率为 P_1 时的转数，r/min。

二、计算实例

实例一　某选矿厂拟用砂泵通过钢管输送矿浆，已知：$Q_m =$ 316.8 m³/h = 0.088 m³/s；矿浆稠度 $R'_w = 0.25$；矿石密度 $\delta = 2.76$ t/m³；矿石平均粒度 $d_{cp} = 0.066$ mm。试用克诺罗茨试算法求其临界管径。

设矿浆波动系数 $K_m = 1.10$，压力输送矿浆的砂泵需要水封，其水封水量按额定流量2%计算为：

$$g_L = 1.10 \times 0.088 \times 2\% \approx 0.00194 \text{（m}^3/\text{s）}$$

砂泵输送矿浆的总流量为：

$$Q_m = 1.10 \times 0.088 + 0.00194 = 0.09874 \text{（m}^3/\text{s）}$$

矿石密度修正系数由式(8-8)得：

$$\psi = \frac{2.76 - 1}{1.7} \approx 1.035$$

根据其平均粒度 $d_{cp} = 0.066$ mm 应该选用式(8-3)试算其所需临界管径，试算结果见表8-6。

表8-6　临界管径试算结果

假定临界管径 D_p/m	D_p^2	$0.157 D_p^2 \psi$	$1 + 3.43 \sqrt[4]{R'_w D_p^{0.75}}$	$Q_m /(\text{m}^3 \cdot \text{s}^{-1})$
0.300	0.090	0.01462	2.935	0.0429
0.290	0.084	0.01365	2.923	0.0399
0.293	0.086	0.01397	2.927	0.0409

由表 8–6 可知，$D_p = 0.293$ m $= 293$ mm 的矿浆流量基本上等于或接近于设计流量，即 $0.0988 \approx 0.09874$。据此，可以选用 $D = 300$ mm 标准管径作为压力输送的临界管径。

为了方便起见，读者可根据不同矿石的平均粒度和矿浆的不同浓度选用相应的克诺罗茨试算式，按逐次假定的临界管径计算出与其相应的临界流量 Q_p，绘制出适应于不同试算式的 $D_p - Q_p$ 关系曲线。应用时，根据其工程的工艺条件（矿石的平均粒度和密度，矿浆的稠度和流量），从 $D_p - Q_p$ 关系曲线中直接查得与压力输送矿浆量相适应的临界管径，并据此选用与其相近的标准管径。当矿石密度 $\delta \neq 2.7$ t/m³ 时，按相关式先算出密度修正系数 ψ，再按 $Q_p = Q_m / \psi$ 值从 $D_p - Q_p$ 曲线中查得临界管径，Q_m 为设计工程的实际矿浆流量。

实例二　某选矿厂采用 $D = 500$ mm 水力旋流器同磨机构成闭路磨矿分级系统。磨机单台处理能力 $Q = 66$ t/h、返砂比 $S = 366\%$，矿石密度 $\delta = 2.83$ t/m³，旋流器给矿平均粒度 $d_{cp} = 1.58$ mm，给矿矿浆浓度 $c_w = 59\%$。每系统采用 4 台分级旋流器并联成放射形配置，其中 2 台生产 2 台备用；要求旋流器分级的溢流浓度 32%～35%，溢流细度 –200 目 65%～70%（约为 200 μm）。试用经验数据概算法选择计算同磨机构成闭路的分级旋流器给矿砂泵。

管路布置：几何扬程 12 m、弯头 3 个（其中 2 个是旋流器给矿管弯头）、普通接头 7 个（其中 4 个是旋流器给矿闸门接头）和闸门 3 个（其中 2 个是旋流器给矿闸门），详见图 8–2。

应该指出，$D = 500$ mm 旋流器给矿管直径 $d_i = 100$ mm，同其相应的弯头、闸门和闸门接头均为 $d = 100$ mm。

（1）计算矿浆主要物理参数

矿石平均粒度 $d_{cp} = 1.58$ mm；

矿浆浓度 $c_w = 59\%$；

矿浆密度由式(7-4)得：

$$\rho_m = \frac{2.83}{0.59 + 2.83 \times (1-0.59)}$$

$$\approx 1.62 \ (t/m^2)$$

矿浆流量由式(8-2)取其波动系数 $K_m = 1.15$ 时，得：

$$Q_m = 1.15 \times (1+3.66) \times 66 \times (\frac{1}{2.83} + \frac{0.41}{0.59})$$

$$+ g_L \approx 370.77 + g_L$$

又　　　　$g_L \approx 370.77 \times 2\%$

$$\approx 7.42 \ (m^3/h)$$

故　　　　$Q_m = 370.77 + 7.42$

$$= 378.19 \ (m^3/h)$$

$$\approx 0.105 \ (m^3/s)$$

（2）选择砂泵型号

根据输送矿浆性质，本例宜选 PN 型砂泵。

（3）确定临界管径

根据原始资料：$\delta = 2.83$ t/m³, $d_{cp} = 1.58$ mm 和 $c_w = 59\%$，查表 8-2 得 $v_p = 2.50$ m/s；由式(8-9)得矿石密度修正系数 $\psi = 1.04$。

将上述数据代入式(8-11)得临界管径：

$$D_p = 1.13 \times \sqrt{\frac{0.105}{1.04 \times 2.50}}$$

$$\approx 0.227 \ (m)$$

$$= 227 \ (mm)$$

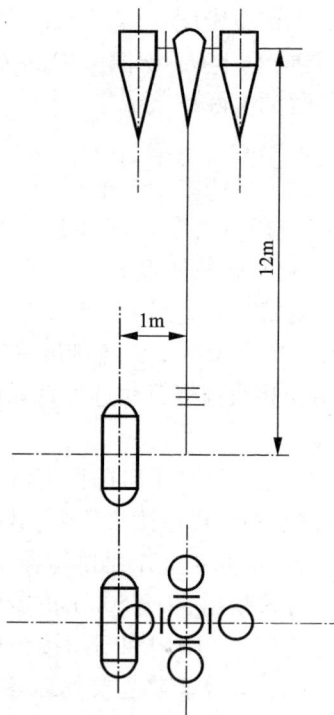

图 8-2　实例二的管道布置图

查 PN 砂泵技术性能表应选 8PN 泵，其技术性能见图 8 - 3。

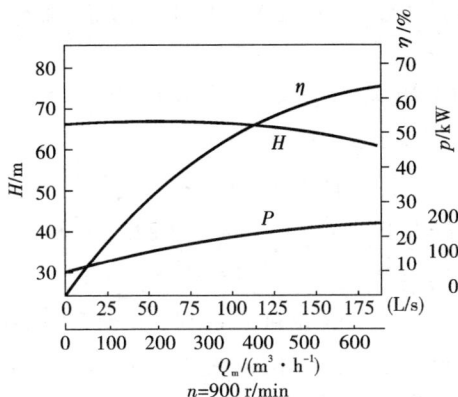

图 8 - 3　8PN 泵清水技术性能曲线

（4）计算平均流速

8PN 泵出口管径 $D = 200$ mm，同其相接的管道管径亦用 $D = 200$ mm 的钢管，其平均流速按式（8 - 12）得：

$$v_{cp} = \frac{Q_m}{\frac{\pi}{4}D^2} = \frac{0.105}{0.785 \times 0.2^2} \approx 3.34 \ (\text{m/s})$$

很明显，$v_{cp} > v_p$

即 3.34 m/s > 1.04 × 2.50 = 2.60 m/s。

结果表明，采用上述管径，生产过程中不会发生沉淀和堵塞现象。

（5）计算总扬程

①输送矿浆总扬程。

矿浆总扬程由式（8 - 13）为：

$$H_m = H_1 + H_2 + (H_3 + H_4)/\rho_m$$

H_1——几何扬程，$H_1 = 12$ m；

H_2——折合扬程，$H_2 = Li$。

由管道布置图 8－2 和表 8－4，按水力旋流器并联配置方案计算得：

$$L = 12 + 1 + 1 \times 15 + 1 \times 11 + 3 \times 7.5 + 2 \times 5.5 + 1 \times 1.8$$
$$+ 1 \times 2.5 = 76.8 \ (m)$$
$$i = AQ_m^2，查表 8－5 得 A = 9.273$$
$$i = 9.273 \times 0.105^2 \approx 0.10223$$

故　　　$H_2 = 76.8 \times 0.10223 \approx 7.851 \ (m)$

H_3——给矿压力，因无科研资料，按细度－200 目65%（约合 200 μm）要求由图 7－6 得 Δp 为 0.058～0.100 MPa，取其平均值 0.08 MPa，将其代入式(8－16)得：

$$H_3 = 102 \times 0.08 = 8.16 \ (mH_2O)$$

H_4 为剩余扬程，通常 $H_4 = 2 \ mH_2O$。

故　　　$H_m = 12 + 7.851 + (8.16 + 2)/1.62 \approx 26.123 \ (m)$

②输送清水总扬程。

由式(8－17)得清水总扬程：

$$H_w = 1.62 \times 26.123 \approx 42.32 \ (m)$$

当考虑到水力旋流器给矿矿浆浓度和砂泵磨损对扬程影响时，所选砂泵的清水扬程应符合式(8－18)的要求，即

$$K_h K_n \rho H_w' \geq H_w$$

式中：$K_h = 1 - 0.25c_w = 1 - 0.25 \times 0.59 \approx 0.85$

K_n 为 0.85～0.95，本例取 $K_n = 0.95$。

查 8PN 泵的清水总扬程 H_w' 为 62～65 m

则　　　　　　　$0.85 \times 0.95 \times 1 \times 62 \approx 50.07 \ (m)$

很明显，50.07 m ＞42.32 m。

(6)计算砂泵电机功率

①砂泵轴功率。

由式（8 – 20）得：$P_{\circ} = \dfrac{1.62 \times 42.32 \times 105}{102 \times 0.60} \approx 117.62$（kW）

②矿泵电机功率。

由式（8 – 21）得：$P = 1.10 \times \dfrac{117.62}{0.95} \approx 136.19$（kW）

根据上述计算结果，本例选用石家庄水泵厂生产的 8PN 普通矿浆泵 2 台，其中 1 台生产 1 台备用，其技术性能见表 8 – 7。

表 8 – 7 8PN 普通砂浆泵技术性能

型号	流量 /(m³· h⁻¹)	扬程 /m	转数 /(r· min⁻¹)	效率 /%	口径/mm		叶轮直径 /mm	电机		轴功率 /kW	总重 /kg	制造厂家
					进口	出口		型号	功率 /kW			
8PN	450 ~600	62 ~65	980	50 ~63	200	200	635	JS128 –6	215	140 ~160	4 000	石家庄水泵厂

（7）性能调整

从表 8 – 7 可以看出，8PN 普通矿浆泵的电机功率同实际需要相差较大，主要原因是性能表上扬程大于实际所需扬程，可通过技术性能调整使其适应实际需要。为安全起见，以技术性能表中下限值为准进行调整，如果下限值能满足实际需要，生产过程中就能适应上下限指标的波动。

根据实际需要的电机功率，由式（8 – 24）得其转数：

$$136.19 = 215 \times \left(\frac{n_2}{980}\right)^3$$

$$n_2 \approx 842 \text{（r/min）}$$

当采用 $n_2 = 842$ r/min 时，需要校核扬程和扬量能否符合工艺要求。由式（8 – 23）得相应的扬程为：

$$H_2 = 62 \times \left(\frac{842}{980}\right)^2 \approx 45.77 \text{（m）}$$

如果考虑到矿浆浓度和砂泵磨损对扬程的影响时，与 $n_2 = 842$ r/min 相应的实际扬程为：

$$0.85 \times 0.95 \times 45.77 \approx 36.96 \ (\text{m})$$

很明显，36.96 m < 42.32 m

结果表明，采用 842 r/min 的电机转数不能满足工艺的扬程要求，必须提高其电机转数。

当采用 $n_2 = 900$ r/min，并考虑到矿浆浓度和砂泵磨损对扬程的影响时，与 $n_2 = 900$ r/min 相应的实际扬程为：

$$H_2 = 62 \times \left(\frac{900}{980}\right)^2 \times 0.85 \times 0.95$$

$$\approx 42.22 \ (\text{m})$$

诚然，采用 $n_2 = 900$ r/min 可以满足其扬程的工艺要求。同 $n_2 = 900$ r/min 相应的扬量为：

$$Q_2 = 450 \times \frac{900}{980} = 413.27 \ (\text{m}^3/\text{h})$$

$$\approx 114.80 \ (\text{L/s})$$

与 $n_2 = 900$ r/min 相应的电机功率为：

$$P_2 = 215 \times \left(\frac{900}{980}\right)^3 \approx 166.53 \ (\text{kW})$$

根据上述计算结果可以看出，采用 $n_2 = 900$ r/min 的电机转数，能够满足其扬程和扬量的工艺要求。

通过性能调整，8PN 泵的主要技术性能为：

电机转数 $n_2 = 900$ r/min；

电机功率 $P_2 = 166.53$ kW；

砂泵扬量 $Q_m = 413.27$ m³/h = 114.80 L/s；

砂泵扬程 $H_2 = 52.25$ m，如果考虑到矿浆浓度和砂泵磨损对其扬程的影响时，则实际扬程为

$$H_2 = 42.22 \ \text{m}$$

作为补充,在普通矿浆泵选择计算中,压力输送管路管径的确定,除用前述 B. C. 克诺罗茨试算法和经验数据概算法外,还可采用如下方法直接计算出相应的临界管径。

适用于 $0.5 \text{ mm} < d_{cp} \leqslant 10 \text{ mm}$, $100 \text{ mm} \leqslant D \leqslant 400 \text{ mm}$ 的 A. π. 尤芬法:

当 $\Delta \leqslant 3$ 时宜用

$$D_p = \left[\frac{0.13 Q_m}{v_o^{0.25}(\rho_m - 0.40)}\right]^{0.43} \qquad (8-25a)$$

当 $\Delta > 3$ 时宜用:

$$D_p = \left[\frac{0.113\,2 Q_m \Delta^{0.125}}{v_o^{0.25}(\rho_m - 0.40)}\right]^{0.43} \qquad (8-25b)$$

适用于 $d_{cp} \leqslant 0.5 \text{ mm}$, $\rho_m \leqslant 1.25 \text{ t/m}^3$ 的 C. Γ. 克别尼尔克法:

$$D_p = \left[\frac{0.077\,2 Q_m \Delta^{0.1}}{v_o^{0.25}(\rho_m - 0.40)}\right]^{0.43} \qquad (8-26)$$

式中: D_p——管路的临界管径(内径), m;

　　　Q_m——矿浆流量(输送的浆体量), m^3/s;

　　　v_o——中值粒度的自由沉降末速,可由试验提供,亦可由本章附录中的方法算出, m/s;

　　　ρ_m——矿浆(浆体)密度, t/m^3;

　　　Δ——颗粒不均匀系数, $\Delta = d_{90}/d_{10}$, d_{90} 和 d_{10} 分别为粒度特性曲线中同其质量产率 90% 和 10% 相对应的颗粒粒度。

第三节　瓦曼(离心式)渣浆泵选择计算

瓦曼(Warman)渣浆泵的选择计算法是从工程实用出发,在科学试验基础上提出的浆体管道水力计算方法。对泵型选择,不但顾及固体物料的密度、粒度、形状、粒度组成、浆体浓度等因素对水头损失和沉淀速度的影响，而且还考虑到这些因素对砂泵技术性能的影响。其特点是程序严格、计算复杂、结果相对可靠，适用于长距离、大流量的浆体压力输送。本节将根据水力旋流器给矿的实际需要，先介绍其基本方法，再用实例阐述其应用。

一、基本程序

1. 确定矿浆主要物理参数

主要确定或计算所输矿浆的浓度、密度及其体积流量。

根据离心渣浆泵选择计算的特殊要求，还须计算组成矿浆（浆体）的固体物料的中值粒度及其浆体的载体密度。

①中值粒度。中值粒度是指所输矿浆（浆体）中固体物料的筛析或水析试验结果绘制的粒度特性曲线上，同其累计质量产率50%相对应的颗粒粒度，本书用 d'_{50} 表示，单位是 mm 或 μm。该数据通常由科研单位提供，见图 8 – 4。

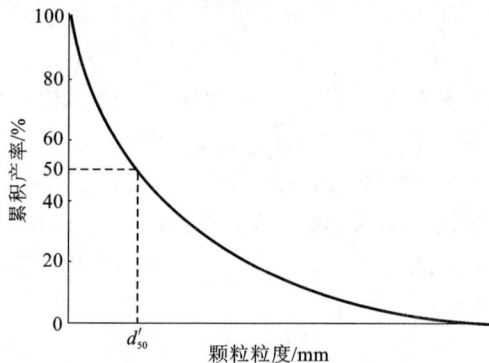

图 8 – 4　粒度特性曲线

②载体密度。当矿浆是由水和粉状或粒度物料组成时，水和其中 – 100 μm 粒级物料组成的浆体称为载体；当矿浆是由其他

液体和粉状或粒度物料组成时，则其他液体和其中 – 100 μm 粒级物料组成的浆体也称为载体。其密度为载体密度，可按下式计算：

$$\rho' = \frac{g_{-100} + g_L}{Q_{-100} + Q_L} \quad (t/m^3) \qquad (8-27)$$

式中：g_{-100}——100 μm 粒级物料的质量流量，t/h；

g_L——水或其他液体的质量流量，t/h；

Q_{-100}——100 μm 粒级物料的体积流量，m^3/h；

Q_L——水或其他液体的体积流量，m^3/h。

2. 选择泵的型号

泵的适用范围同其输送浆体的类型有关，浆体（矿浆）有三种类型：

①高浓度强磨蚀性浆体。浆体的体积浓度 c_v 为 30%～40% 的铁矿、铜矿、一段磨机排矿和粗颗粒尾矿等浆体。

②中浓度中磨蚀性浆体。浆体的体积浓度 c_v 为 15%～20% 的铅、煤、石灰石和砷灰石等浆体。

③低浓度低磨蚀性浆体。浆体的体积浓度 $c_v \leq 5\%$ 的煤粉和矿山排水等浆体。

瓦曼渣浆泵简称瓦曼泵，是 1980 年石家庄水泵厂从澳大利亚瓦曼（Warman）公司引进的先进技术，计有重型、轻型、液下、挖泥和砂砾五种类型。

①重型泵。计有 AH、M、HH、H 和 AHP 五种型号。AH 型是主要系列产品，适用于输送高浓度强磨蚀性浆体，扬程 6～118 m，扬量 10～5400 m^3/h，可串联使用。当压力超过 AH 型允许的工作压力时，可采用 AHP 型。M 型也适用于输送高浓度强磨蚀性浆体；HH 型适用于输送低浓度低磨蚀性浆体，同 AH 型相比具有泵壳强度大、叶轮线速度高（36～41 m/s）和单级扬程高的特点；H 型适用于高扬程，同 HH 型相比具有高效、耐磨和允许大

颗粒通过的特点。

②轻型泵。该系列只有 L 型一种,适用于低浓度(质量浓度 $c_w \leqslant 30\%$) 低磨蚀性浆体。

③液下泵。该系列有 SP 和 SPR 两种型号,均是立式浸入液下工作的离心泵,适用于输送粗粒高浓度浆体,能在吸入量不足的条件下工作。SP 型适用于污水输送;SPR 型可用于强磨蚀性浆体。

④挖泥泵和砂砾泵。挖泥泵为 D 型,砂砾泵为 G 型,均是卧式单壳结构,适用于输送粗粒或砂砾以及 AH 型泵没法输送的浆体。

瓦曼泵的合理选型有:泵的型号、性能参数、扬程裕量、过流部件材质、密封形式和传动方式等。

对质量浓度 $c_w \leqslant 30\%$ 的低磨蚀性浆体宜用 L 型;高浓度强磨蚀性浆体宜用 AH 型和 M 型;高浓度强磨蚀性和远距离输送的浆体宜用多级串联的 AHP 型;低浓度和高扬程浆体宜用 HH 型和 H 型。

性能参数主要指扬量、扬程、效率、转数和汽蚀裕量。当泵型选定后,扬量和扬程是决定其规格和串联级数的主要依据。对于输送高浓度和强磨蚀性浆体的泵,其转数应选最高转数的 75%,当扬量合适而扬程不足时,可采用多级串联,串联级数可由泵的允许工作压力和浆体密度而定,其扬量应在最高效率相应扬量的 40% 至 80% 范围内选用。对于输送低浓度和低磨蚀性浆体的泵,其扬量应在最高效率相应扬量的 40% 至 100% 范围内选用。

为使泵能长时间运转在工况点附近,选泵时要增加一定的扬程裕量,通常扬程裕量为额定扬程的 10%。

过流部件材质是由输送浆体的物化性质(固体物料的粒度、粒度组成、硬度和形状,浆体的浓度、温度、酸碱度和含油量)而定。对于粗颗粒和强磨蚀性浆体宜用硬镍 1 号和铬 15 钼 3;对于碱性混合液宜用铬 27 耐磨铸铁;对于各种磨蚀性浆体和酸碱性液体(弱酸性)宜用天然橡胶；对于温度低于200℃的油类浆体宜用氯丁橡胶。

轴封有填料式和副叶轮式两种。填料式轴封需要轴封水，轴封水压为泵出口压力 + 35 kPa，水封水量随托架形式而定；副叶轮式轴封的给矿压力应小于出口压力的10%，不需耗水但需增加额定功率5%。

传动方式一般采用弹性联轴器和 V 形三角皮带，V 形三角皮带传动将增加5%的额定功率。

3. 选择管径和计算流速

(1) 选择管径

在瓦曼泵的选择计算中，其压力输送管路的管径，通常是根据输送浆体的性质通过科学试验予以确定，特别是对高密度、高浓度、高扬程和长距离输送的浆体管径。当管径正式确定后，就可计算与其相应的流速。

(2) 计算流速

矿浆压力输送的管道流速有两种：平均流速和临界流速。相对于标准管径的流速称为平均流速 v_{cp}；相对于临界管径的流速称为临界流速 v_p，要求 $v_{cp} > v_p$。

当管径正式选定后按式(8 – 12)计算其平均流速：

即
$$v_{cp} = \frac{Q_m}{\frac{\pi}{4}D^2} \ (m/s)$$

根据工艺要求，其临界流速可用杜拉德或凯夫公式进行计算。

当管径 $D < 200$ mm 时，用杜拉德公式计算临界流速；

$$v_p = K_v \sqrt{2gD(\frac{\delta - \rho'}{\rho'})} \ (m/s) \tag{8 – 28}$$

当管径 $D > 200$ mm 时，用凯夫公式计算临界流速：

$$v_p = 1.04D^{0.3} \left(\frac{\delta}{\rho} - 1\right)^{0.75} \ln\left(\frac{d'_{50}}{16}\right) \left[\ln\left(\frac{60}{c_v}\right)\right]^{0.13} \quad (m/s)$$

$$(8-29)$$

式中：K_v——速度系数，可按矿石的中值粒度 d'_{50} 和矿浆体积浓度 c_v 由图 8-5 中直接查得；

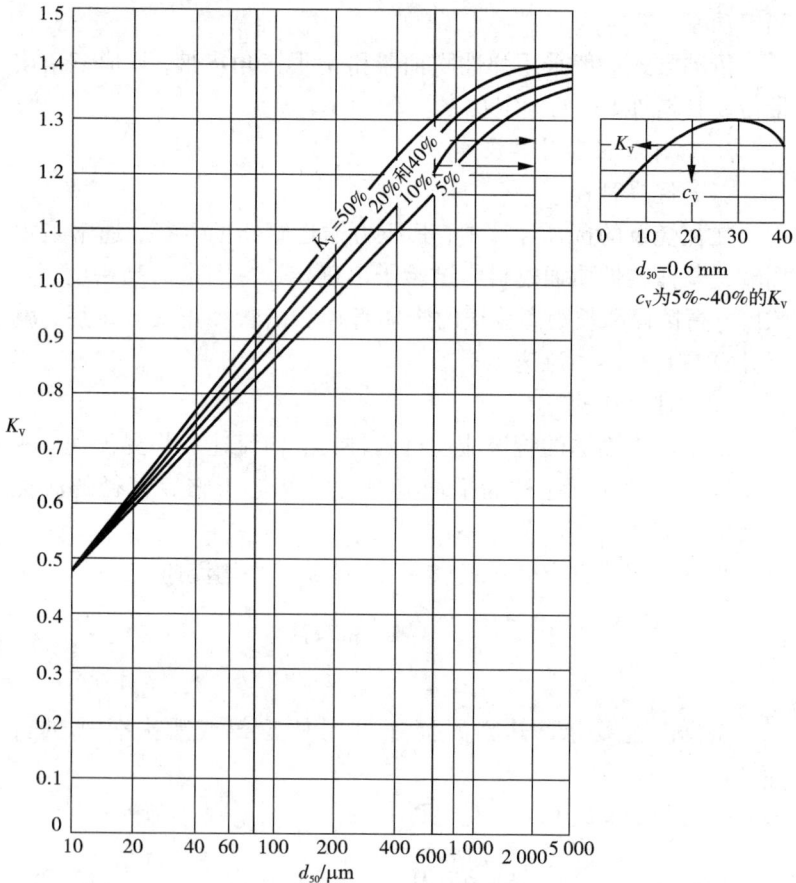

$d_{50} = 0.6$ mm
c_v 为 5% ~ 40% 的 K_v

图 8-5 速度系数曲线

g——重力加速度, $g = 9.81 \ \mathrm{m/s^2}$;

δ、ρ、ρ'——分别为矿石、水、载体的密度, $\mathrm{t/m^3}$;

d'_{50}——中值粒度, $\mu\mathrm{m}$;

D——管径(内径)。

4. 计算清水管路水头损失和绘制清水管路特性曲线

(1) 计算清水管路水头损失

水力旋流器给矿管路的水头损失通常由四部分组成: 几何扬程(泵中心线到旋流器给矿口中心线间的垂直距离)H_a, 等径管路的水头损失 H_b, 其他管路的水头损失 H_c 和压力水头损失(水力旋流器分离作用所需压力引起的水头损失)H_d, 用数学式表示:

$$H_w = H_a + H_b + H_c + H_d \qquad (8-30)$$

式中: H_w——清水管路水头损失, m;

　　　H_a——几何扬程, m;

　　　H_b——等径管路水头损失, m,

$$H_b = f \frac{L}{D} \frac{V_{cp}^2}{2g} \qquad (8-31)$$

式中: f——摩擦损失系数, 由图 8-6 直接查得, 亦可用下式计算。

$$\frac{1}{\sqrt{f}} = -2\lg\left(\frac{K/D}{3.89} + \frac{5.58}{Re^{0.9}}\right) \qquad (8-32)$$

对输送常温清水的钢管, 其摩擦损失系数的计算公式为:

$$f = \left\{ -2\lg\left[\frac{1.285}{D} + \frac{2.243}{(Dv_{cp})^{0.9}}\right] + 10 \right\}^{-2} \qquad (8-33)$$

式中: K/D——管壁相对粗糙度;

　　　Re——雷诺数, $Re = \dfrac{Dv_{cp}}{\nu}$, ν 是清水运动黏滞系数, 其值见本章附表;

　　　L——管路当量长度, 即直管长度与弯管和三通折合的当

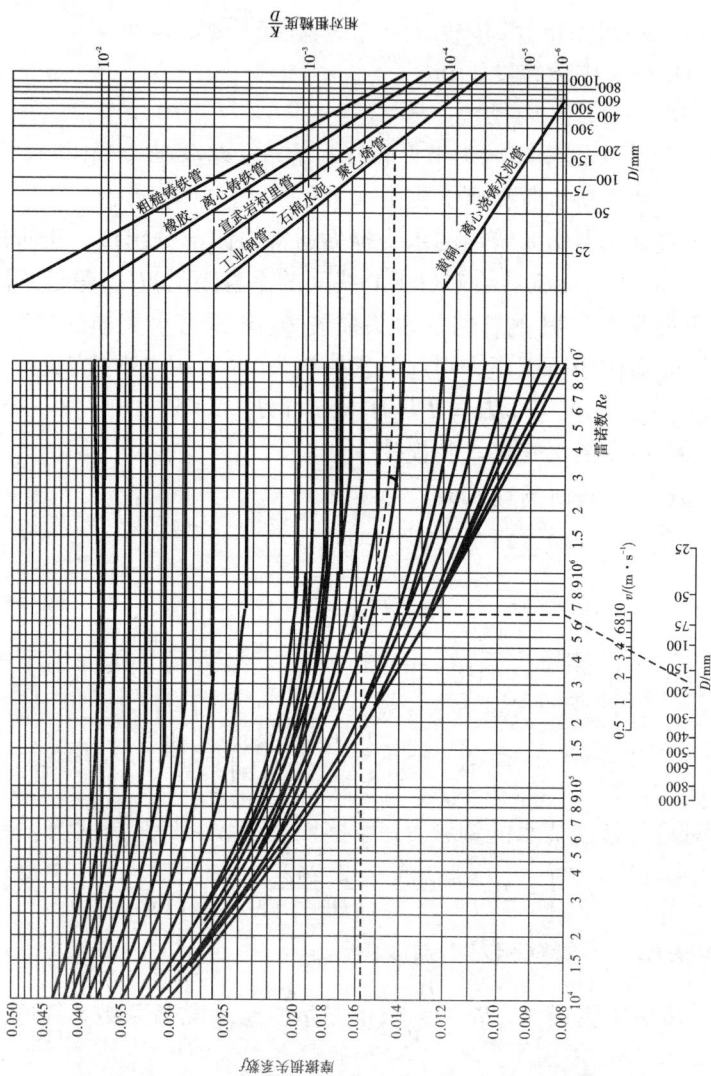

图8-6 摩擦损失系数曲线

量长度之和,见表8-8。

表8-8　弯管当量长度

管内径 /mm	大半径	小半径	直角	三通	软管
	R≥3D	R<3D			
	当量长度/m				
25	0.52	0.70	0.82	1.77	0.30
32	0.73	0.91	1.13	2.38	0.40
40	0.85	1.10	1.31	2.74	0.49
50	1.07	1.40	1.68	3.35	0.55
65	1.28	1.65	1.98	4.27	0.70
80	1.55	2.07	2.47	5.18	0.85
90	1.83	2.44	2.90	5.79	1.01
100	2.13	2.77	3.35	6.71	1.16
115	2.41	3.05	3.66	7.32	1.28
125	2.71	3.66	4.27	8.23	1.43
150	3.35	4.27	4.88	10.06	1.55
200	4.27	5.49	6.40	13.11	2.41
250	5.18	6.71	7.92	17.07	2.99
300	6.10	7.92	9.75	20.12	3.35
350	7.01	9.45	10.97	23.16	4.27
400	8.23	10.67	12.80	26.52	4.88
450	9.14	12.19	14.02	30.48	5.49
500	10.36	13.11	15.85	33.53	6.10

如果弯管的当量长度从表8-8中查不到时,可用下式进行其水头损失计算:

$$h_{\mathrm{w}} = \phi \frac{v_{\mathrm{cp}}^2}{2g} \qquad (8-34)$$

式中：ϕ——弯管损失系数，见表 8 - 9；

　　　　v_{cp}——管中平均流速，m/s。

表 8 - 9　弯管损失系数

弯管角度/(°)	90	120	135
损失系数(ϕ)	0.20 ~ 0.30	0.6ϕ_{90}	0.5ϕ_{90}

　　　H_c——其他管路水头损失，m，由入口、出口、扩散、收缩和闸门五部分损失组成。

$$H_c = h_1 + h_2 + h_3 + h_4 + h_5 \qquad (8-35)$$

式中：h_1——入口水头损失，m。

$$h_1 = \phi_1 \frac{v_{cp}^2}{2g} \quad (\text{m}) \qquad (8-36)$$

式中：ϕ_1——入口损失系数，其值由入口管形状和平滑程度而定，详见表 8 - 10；

　　　　v_{cp}——入口平均流速，m/s。

表 8 - 10　管子入口形状与损失系数的关系

管子入口的形状	管子入口	法兰入口	平滑喇叭入口	倒角喇叭入口
损失系数 ϕ_1	1.00	0.50	0.05	0.10 ~ 0.15

　　　倒角喇叭入口损失系数同其锥角 α 和 e/d_o 比值有关，实际应用 α 为 40° ~ 60°，e/d_o 为 0.2 ~ 0.3，则 ϕ_1 为 0.10 ~ 0.15。

$$h_2 = \frac{v_{cp}^2}{2g} \tag{8-37}$$

式中：h_2——出口水头损失；

　　　v_{cp}——出口平均流速，m/s。

$$h_3 = \frac{(v_{cp1} - v_{cp2})^2}{2g} \phi_3 \tag{8-38}$$

式中：h_3——扩散水头损失，其形状见图8-7；

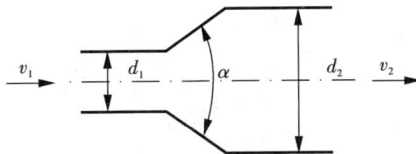

图8-7　扩散管的形状

　　　ϕ_3——扩散损失系数，其值同其扩散角度有关，详见表8-11。

表8-11　扩散角度同其扩散损失系数的关系

$\alpha/(°)$	5	10	15	20	25	30	40	50	60
ϕ_3	0.04	0.08	0.16	0.31	0.40	0.49	0.6	0.67	0.72

　　　v_{cp1}、v_{cp2}——分别为扩散前后入口和出口的平均流速，m/s。

当扩散角 $\alpha = 90°$ 时，其水头损失直接用下式计算：

$$h_3 = \phi_3' \frac{v_{cp1}^2}{2g} \tag{8-39}$$

式中：ϕ_3'——90°扩散损失系数，$\phi_3' = (1 - \frac{d_1^2}{d_2^2})^2$

h_4——收缩水头损失，其值同收缩管的形状有关，详见图 8 - 8。

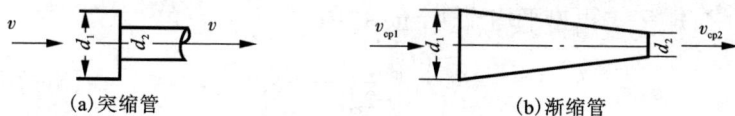

图 8 - 8　收缩管的形状

突缩管的水头损失为：

$$h_4 = \phi_4 \frac{v_{cp2}^2}{2g} \qquad (8-40)$$

渐缩管的水头损失为：

$$h_4 = \phi_4 \left(\frac{v_{cp2}^2}{2g} - \frac{v_{cp1}^2}{2g} \right) \quad (m) \qquad (8-41)$$

式中：ϕ_4——收缩损失系数，对突缩管 $\phi_4 = 0.5(1 - d_2^2/d_1^2)$，对渐缩管 ϕ_4 为 $0.10 \sim 0.50$；

$\quad\quad h_5$——闸门水头损失，

$$h_5 = \phi_5 \frac{v_{cp}^2}{2g} \qquad (8-42)$$

式中：ϕ_5——闸门损失系数，其值同闸门开放程度有关，对直径 $100 \sim 300$ mm 的全开闸门见表 8 - 12，对直径超过 300 mm 的全开闸门其值为 0，即 $\phi_5 = 0$。

表 8 - 12　闸门全开的损失系数

闸门直径/mm	100	150	200	300	>300
损失系数 ϕ_5	0.16	0.15	0.10	0.05	0.00

$$H_d = 102\Delta p \qquad (8-43)$$

式中：H_d——压力水头损失；

Δp——旋流器给矿压力，Pa，其值同溢流产物细度有关，见式(8-16)。

(2)绘制清水管路特性曲线

清水管路特性曲线就是不同流速的清水管路水头损失图，从各种管路水头损失计算公式可以看出，其值皆同其流速的平方成正比。当管路的配置方案确定后，用不同的流速代入式(8-30)可以得到不同的水头损失值。用横坐标代表流速，纵坐标代表水头损失，并将其相应点连起来的曲线就是清水管路特性曲线。该曲线为一通过原点的抛物线，见图8-9的 OA 曲线。OA 曲线不含几何扬程和压力水头损失，其数学表达式为：

$$H_w = H_b + H_c \qquad (8-44)$$

水力旋流器给矿管路中均有几何扬程和压力水头损失。当流速为零时则管路的静水头应为 $H_a + H_d$，把 OA 曲线向上平移 $(H_a + H_d)$ 时则得 BC 曲线，而 BC 曲线就是旋流器给矿管路中的清水特性曲线，见图8-9。

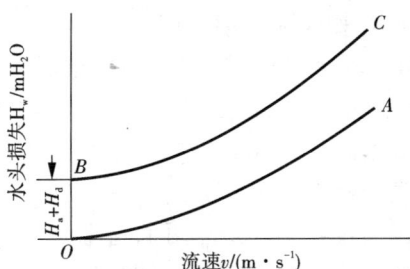

图8-9 清水管路特性曲线

5. 绘制矿浆管路特性曲线和确定矿浆管路总水头

(1)绘制矿浆管路特性曲线

在绘制矿浆管路特性曲线之前，应该知道矿浆管路水头损失同清水管路水头损失之间的关系，如果能找到它们之间的相应关系，就可按照清水管路特性曲线的绘制方法来模拟其矿浆管路特性曲线。

　　矿浆(浆体)有两类:均质流矿浆和非均质流矿浆。均质流矿浆是由固体颗粒粒度均小于 100 μm、质量浓度 $c_w \leqslant 30\%$ 和体积浓度 $c_v \leqslant 15\%$ 的矿石和水组成的矿浆,它不需考虑其颗粒的沉淀作用,其管路的水头损失同清水管路的水头损失基本相同。非均质流矿浆是由中值粒度 d'_{50} 为 $100 \sim 300$ μm、质量浓度 $c_w \leqslant 40\%$ 和体积浓度 $c_v \leqslant 20\%$ 的矿石和水组成的矿浆,它需要考虑其颗粒的沉淀作用,其管路水头损失的特点是:

　　在相同的输送管路中,当矿浆的平均流速为其临界流速的 0.7 倍($v_{cp} = 0.7 v_p$)时,其矿浆的水头损失与清水以矿浆的临界流速($v_{cp} = v_p$)流动时的水头损失相同;当矿浆的平均流速为其临界流速的 1.3 倍($v_{cp} = 1.3 v_p$)时,则其矿浆的水头损失与清水以同样流速流动时的水头损失相同。

　　根据上述特点,矿浆管路特性曲线可以模拟清水管路特性曲线的方法来绘制,其步骤为:

　　①按清水管路特性曲线的绘制方法,绘制出清水管路特性曲线,见图 8 - 10 的 FG 曲线。

　　②由式(8 - 28)或式(8 - 29)计算出矿浆管路临界流速 v_p,并在横坐标上标出 $0.7 v_p$、v_p 和 $1.3 v_p$ 三个临界流速点。

　　③通过 v_p 和 $1.3 v_p$ 两个流速点作横坐标的垂线并使其与清水管路特性曲线相交于 A、B 两点,过 A 点作横坐标的平行线 AD,过 $0.7 v_p$ 流速点作横坐标的垂线并使其与平行线 AD 相交于 C;

　　④通过 C、B 两点作一光滑曲线,使该光滑曲线与平行线 AD 相切于 C 并使其自 B 点开始同清水管路特性曲线相重合。则此光滑曲线就是该矿浆管路的特性曲线,见图 8 - 10 的 CBG 曲线。

　　(2)确定矿浆管路总水头

　　根据水力旋流器给矿泵的原始资料,先由式(8 - 12)计算出矿浆管路的平均流速 v_{cp},并在图 8 - 10 的横坐标上标出 v_{cp} 的具

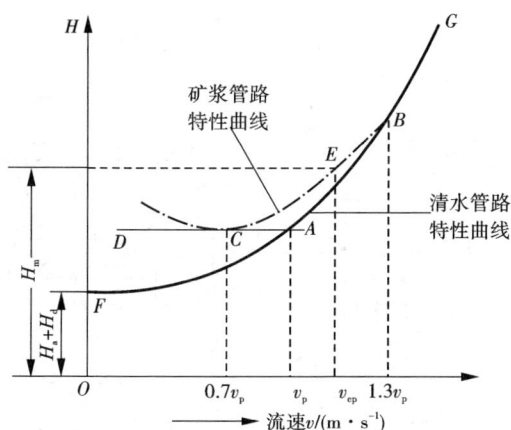

图 8 - 10　矿浆管路特性曲线

体位置。通过 v_{cp} 作横坐标的垂线并使其与矿浆管路特性曲线相交于 E 点，则 E 点的纵坐标值就是矿浆管路的总水头 H_m。

6. 计算泵的清水总扬程

就矿石和水组成的矿浆而言，泵在相同的转数和扬量的条件下，输送矿浆的扬程 H_m 和效率 η_m 要比送清水的扬程 H_w 和效率 η_w 要小，其减少的程度通常用扬程比 R_H 和效率比 R_E 表征：

$$R_H = \frac{H_m}{H_w} \text{ 或 } H_w = \frac{H_m}{R_H} \qquad (8-45)$$

$$R_E = \frac{\eta_m}{\eta_w} \text{ 或 } \eta_w = \frac{\eta_m}{R_E} \qquad (8-46)$$

为了安全起见，通常要增加 10% 的扬程裕量，当考虑到 10% 扬程裕量时，其清水总扬程应为：

$$H_w = 1.1 \frac{H_m}{R_H} \qquad (8-47)$$

R_H 和 R_E 值同组成矿浆的矿石中值粒度 d'_{50}、密度 δ 和矿浆浓度 c_w 有关。就非均质流矿浆而言，$R_H \approx R_E$，其值可由图 8-11 查得，亦可用下列公式计算：

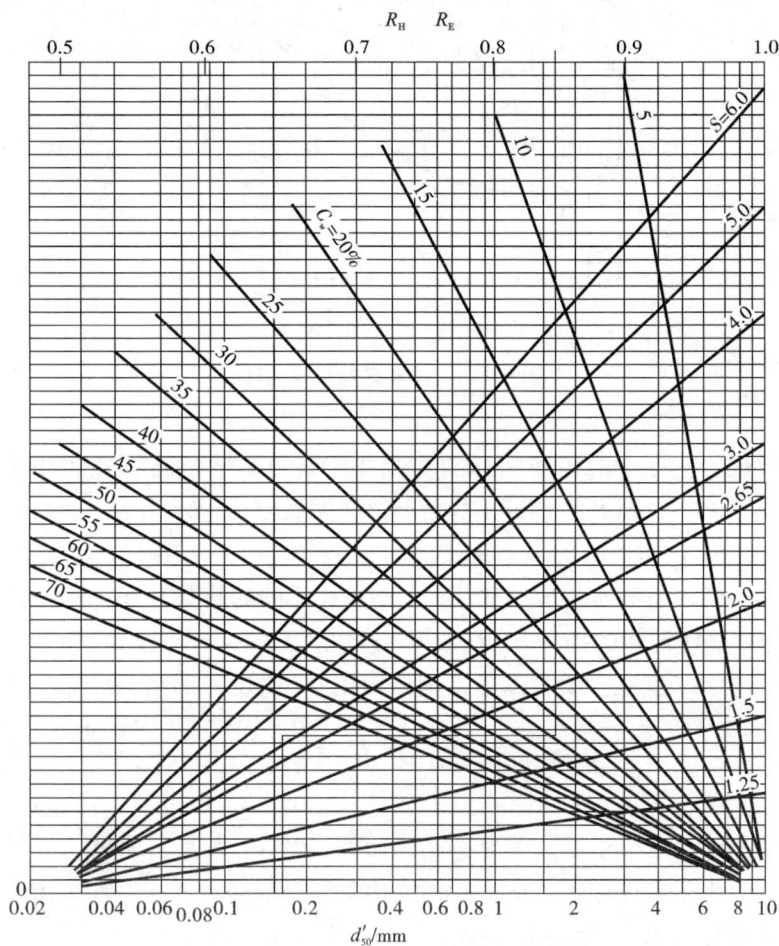

图 8-11　R_H 和 H_E 曲线

$$R_H = 1 - 0.000\ 385(\delta - 1)(1 + \frac{4}{\delta})c_w \ln(\frac{d'_{50}}{0.022\ 7}) \qquad (8-48)$$

或 $$R_H = R_E = (1 - c_w)^{(0.21 + \frac{\ln d'_{50}}{15.35})\delta} \qquad (8-49)$$

式中：δ——矿石或固体物料的密度。

式（8-49）适用的范围是 d'_{50} 为 0.075～1.300 mm，δ 为 2.00～4.70。

必须指出，上述计算式只适用矿石（固体）和水组成的矿浆，矿石（固体）和其他液体组成的矿浆的 R_H 和 R_E 值要由科学试验决定。

7. 选择泵的技术规格和确定泵的工况点

泵的技术性能及其特性曲线均是以清水为准标定和绘制。根据工程设计的原始资料——中值粒度 d'_{50}、矿石密度 δ、矿浆流量 Q_m 和工艺配置方案等计算出清水总扬程后，即可由瓦曼泵的技术性能表中选择适合于流量 Q_m 和扬程 H_w 的技术规格及其所需的转数。

当选定瓦曼泵的技术规格和转数后，即可把矿浆管路的特性曲线移绘于泵的特性曲线中，而管路的特性曲线同泵的特性曲线的交点就是瓦曼泵输送矿浆的运行工况点。由于泵的特性曲线是用清水标定而管路特性曲线是用矿浆标定，为统一标准，可用扬程比（$H_m = R_H H_w$）将其换算成矿浆特性曲线。泵在输送磨蚀性浆体时过流部件会磨损，其技术性能会随之下降，工况点也会沿管路特性曲线下滑，亦即瓦曼泵除调整运行外，其运行工况是流量由大变小，扬程由高变低。为使瓦曼泵能长时间运行在额定工况点附近，选泵时通常要增加一定的扬程裕量，这样泵初期运行时工况点的流量和扬程要比额定工况有所增加。未增加扬程裕量的工况点称为额定工况点，增加一定扬程裕量的工况点称为初始工况点。通常，根据额定工况点查得泵的效率，根据初始工况点查得泵的必须汽蚀裕量。

8. 计算电机功率

瓦曼泵计算电机功率的程序和方法与普通矿浆泵计算电机功率的程序和方法相同, 即

$$轴功率 \qquad P_o = \frac{\rho_m H_w Q_m}{102 \eta_1} \quad (kW) \qquad (8-50)$$

$$电机功率 \qquad P = K \frac{P_o}{\eta_2} \quad (kW) \qquad (8-51)$$

式中符号的物理意义和单位与式(8-20)和式(8-21)相同。

9. 判断泵的汽蚀状态

汽蚀就是在泵输送流体过程中, 叶轮入口处的压力低于当时温度下流体的饱和蒸汽压力时, 流体开始沸腾、产生气泡、形成气穴和破坏流体连续性的现象。瓦曼泵必须在无汽蚀的条件下工作, 否则, 泵的过流部件会在汽蚀和磨损的共同作用下过早损坏。汽蚀严重时, 泵将产生振动发出噪声, 使其扬程、扬量和效率急剧下降, 直至无法工作。预防汽蚀的条件是有效汽蚀裕量要大于必需汽蚀裕量, 为安全起见, 还需加0.3 m 的汽蚀安全裕量, 即

$$NPSH_a \geq NPSH_r + 0.3 \qquad (8-52)$$

式中: $NPSH_a$——有效汽蚀裕量, m;

$NPSH_r$——必需汽蚀裕量, m。

有效汽蚀裕量亦称可利用的净吸入头, 是指泵运行时在泵入口处单位质量液体所具有的高出液化压力能头的能量, 其影响因素有泵安装地的环境压力, 进入管路的水头损失和矿浆温度等; 必需汽蚀裕量亦称要求的正吸入头, 是为防止泵内汽蚀发生在泵入口处流体必须具备的最小汽蚀裕量值, 它只同泵的结构参数和操作参数有关, 通常由泵厂通过试验测定, 并在泵的性能曲线中示出。有效汽蚀裕量的计算方法为:

$$NPSH_a = \frac{H_{atm} - H_{vap}}{10 \rho_m} + H_r \qquad (8-53)$$

式中：H_{atm}——环境压力，kPa，与泵安装地的海拔高度有关，见
　　　　图 8 - 12，如果贮浆池是密封容器，则 H_{atm} 为密封
　　　　容器中矿浆面的绝对压力；

　　　H_{vap}——输送浆体的汽化计示压力，kPa，其值同浆体温度
　　　　有关，见图 8 - 13；

　　　H_r——泵入口总水头，m。

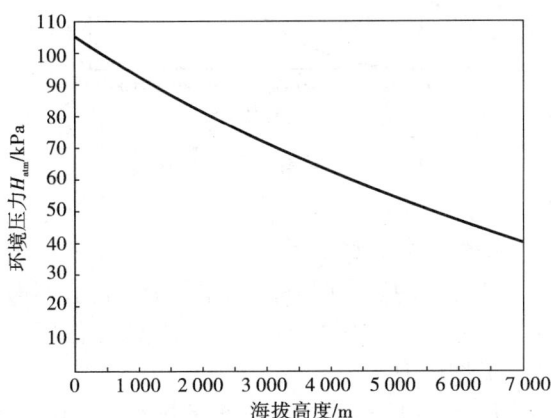

图 8 - 12　环境压力曲线

$$H_r = h_x - (h_6 + h_7) \qquad (8-54)$$

式中：h_x——进口液面高度，m，对卧式泵是泵轴中心线到吸入口
　　　　浆体面的高度，若浆体面低于泵轴中心线则 h_x 为
　　　　负值；

　　　h_6——进口管段沿程水头损失，m；

　　　h_7——进口管段其他水头损失，m。

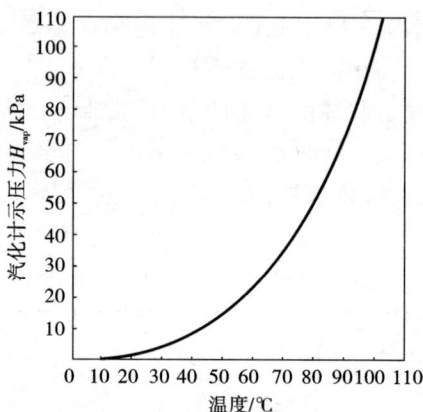

图 8 - 13　汽化计示压力曲线

10. 校核泵的工作压力

泵工作时排出口的压力叫泵的工作压力，其值不但与扬程和矿浆密度有关，而且还与串联级数有关。泵的工作压力不得大于其允许的最大工作压力。

通常，水力旋流器给矿泵均是单级运行，单级运行的工作压力：

$$p = 9.81 \times 10^{-3} \times (H_w + H_r)\rho_m \quad (kPa) \qquad (8-55)$$

符号的物理意义及单位同前。

二、计算实例

实例三　某选矿厂采用 $D = 200$ mm 钢管把球磨机排矿矿浆 $Q_m = 370$ m³/h、$\rho_m = 1.36$ t/m³、$\delta = 3.00$ t/m³、$c_w = 40\%$、$d'_{50} = 0.25$ mm 和 -100 μm 粒级含量 28% 的矿浆输送到同磨机组成闭路的水力旋流器组进行分级。要求分级溢流细度为 -200 目 65%、浓度 c_w 为 30% 左右。采用的旋流器直径 $D = 500$ mm 共计

四台，其中二台生产二台备用，其管路布置见图 8 – 14。

几何扬程 12 m、弯头三个（其中 $R < 3D$ 而 $D = 200$ mm 弯头一个，直径 $d_i = 100$ mm 直角弯头两个）、闸门三个（其中 $D = 200$ mm 一个、$d_i = 100$ mm 二个）、扩散角 15° 的扩散管一个（由输送管到矿浆分配器间的扩散管）、收缩管两个（由分配器到旋流器给矿口的管子）、进口管径 $D = 200$ mm、进口管长 3 m、进口液面距泵中心线 1 m、旋流器分级必需的给矿压力 $\Delta p = 0.08$ MPa。根据上述原始条件，试选择计算旋流器给矿泵。

（1）确定矿浆主要物理参数

已知矿石的中值粒度 $d'_{50} = 0.25$ mm $= 250$ μm；

矿石密度 $\delta = 3.00$ t/m³；

矿浆浓度 $c_w = 40.00\%$；

矿浆密度 $\rho_m = 1.36$ t/m³，矿

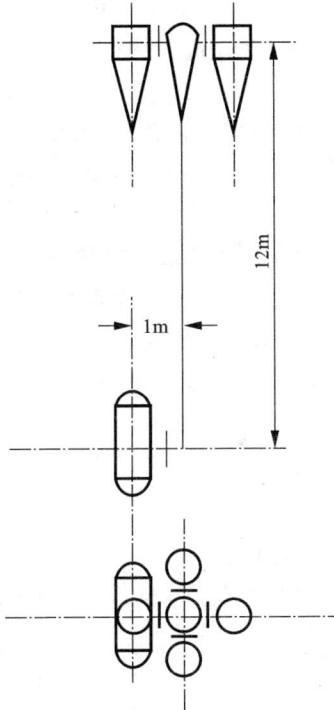

图 8 – 14　实例三的管
路布置图

浆中 -100 μm 粒级含量 $\alpha_{-100} = 28.00\%$。

根据上述原始条件得：

矿浆质量流量 $Q_m \rho_m = 370 \times 1.36 = 503.2$（t/h）；

矿石质量流量 $Q_m \rho_m c_w = 503.2 \times 0.40 = 201.3$（t/h）；

矿石体积流量 $Q_m \rho_m c_w / \delta = 201.3 / 3.00 = 67.1$（m³/h）；

水的体积流量或质量流量：

$Q_w = g_w = Q_m - Q_m \rho_m c_w / \delta = 370 - 67.1 = 302.9$（m³/h 或 t/h）；

$-100~\mu m$ 粒级矿石的质量流量：

$$g_{-100} = Q_m \rho_m c_w \gamma_{-100} = 57.4~(t/h);$$

$-100~\mu m$ 粒级矿石的体积流量：

$$Q_{-100} = Q_m \rho_m c_w \gamma_{-100}/\delta = 57.4/3.00 = 19.1~(m^3/h);$$

将上述数据代入式(8-27)得其载体密度：

$$\rho'_m = \frac{57.4 + 302.9}{19.1 + 302.9} = 1.12~(t/m^3)$$

(2)选择瓦曼泵的型号

本例输送的浆体系水和矿石组成的高浓度强磨蚀性浆体，宜选重型 AH 型瓦曼泵。

(3)选择管径和计算流速

①选择管径。

根据工程工艺要求和选厂实际情况，已选定 $D = 200~mm$ 钢管做浆体输送管道。

②计算流速。

由式(8-12)得其平均流速：

$$v_{cp} = \frac{370/3600}{\frac{\pi}{4} \times 0.2^2} = 3.27~(m/s)$$

由式(8-28)得其临界流速(由图8-5查得 $K_v = 1.08$)：

$$v_p = 1.08\sqrt{2 \times 9.81 \times 0.2 \times (\frac{3-1.12}{1.12})} = 2.77~(m/s)$$

从计算结果可以看出：$v_{cp} > v_p$，即 $3.27~m/s > 2.77~m/s$。

(4)计算清水管路水头损失和绘制清水管路特性曲线

①计算清水管路水头损失。

从式(8-30)知清水管路总水头损失为：

$$H_w = H_a + H_b + H_c + H_d$$

式中：H_a——几何扬程，12 m；

H_b——等径管路水头损失，由管路布置图查表 8 – 8 得 L = 1 + 12 + 1 × 5.49 = 18.49 m，查图 8 – 6 得 f = 0.016，或由式(8 – 33)计算得 f = 0.015 5 ≈ 0.016，将其代入式(8 – 31)得等径管路水头损失：

$$H_b = 0.016 \frac{18.49}{0.20} \times \frac{3.27^2}{2 \times 9.81} = 0.81 \ （m）$$

$$H_c = h_1 + h_2 + h_3 + h_4 + h_5;$$

H_c——其他管路水头损失，从式(8 – 35)知；

h_1——入口水头损失，现以法兰入口查表 8 – 10 得 ϕ_1 = 0.50，将其代入式(8 – 36)得：

$$h_1 = 0.50 \times \frac{3.27^2}{2 \times 9.81} = 0.27 \ （m）$$

h_2——出口水头损失，出口是旋流器给矿口直径 d_i = 100 mm，每台旋流器给矿口面积 A_i = 0.0079 m²，按 2 台并联配置方案计算其总面积 A_i = 2 × 0.0079 = 0.0158 m²，其平均流速 V_{cp} = $\dfrac{370/3600}{0.015\ 8}$ = 6.51 （m/s），将其代入式(8 – 37)得：

$$h_2 = \frac{6.51^2}{2 \times 9.81} = 2.16 \ m$$

h_3——扩散水头损失，它由输送管到矿浆分配器之间的扩散引起，设其扩散角 α = 15°，矿浆分配器直径 D = 460 mm，则扩散前后的平均流速分别为：

$$c_{cp1} = 3.27 \ m/s$$

$$V_{cp2} = \frac{360/3600}{0.166} = 0.62 \ （m/s）$$

将上述数据代入式(8 – 38)得：

$$h_3 = 0.16 \times \frac{(3.27 - 0.62)^2}{2 \times 9.81} = 0.06 \ （m）$$

式中：h_4——收缩水头损失，它由矿浆分配器到两台旋流器给矿
　　　　管的水头损失组成，根据上述流速计算，由式（8 –
　　　　40）得：

$$h_4 = 0.5 \times \left(1 - \frac{0.2^2}{0.46^2}\right) \times \left(\frac{6.51^2}{2 \times 9.81}\right) = 0.88 \text{（m）}$$

　　　h_5——闸门水头损失，它由一个入口 $D = 200$ mm 的全开闸
　　　　门和两个旋流器给矿 $d_i = 100$ mm 的全开闸门组成，
　　　　由式（8 – 42）得：

$$h_5' = 0.10 \times \frac{3.27^2}{2 \times 9.81} = 0.06 \text{（m）}$$

$$h_5'' = 2 \times 0.16 \times \frac{6.51^2}{2 \times 9.81} = 0.69 \text{（m）}$$

则 $H_c = 0.27 + 2.16 + 0.06 + 0.88 + 0.06 + 0.69 = 4.12$（m）。

　　　H_d——压力水头损失，根据分级粒度由图 7 – 6 查得所需
　　　　给矿压力 $\Delta p = 0.08$ MPa，代入式（8 – 43）得：

$$H_d = 102 \times 0.08 = 8.16 \text{（m）}$$

综合上述计算结果，旋流器给矿管路的总水头损失为：

$$H_w = 12 + 0.81 + 4.12 + 8.16 = 25.09 \text{（m）}$$

同理，运用上述计算方法分别算出流速为 $0.7v_p$、v_p 和 $1.3v_p$
的管路总水头损失，详见表 8 – 13。

表 8 – 13　不同流速的管路总水头损失

流速/（m·s^{-1}）	v_{cp} = 0.00	$0.7v_p$ = 1.94	v_p = 2.77	v_{cp} = 3.27	$1.3v_p$ = 3.60
水头损失/m	20.16	21.90	23.53	25.09	26.10

②绘制清水管路特性曲线。

根据表 8 – 13 的管路水头损失计算结果，用横坐标表示流速

和纵坐标表示水头损失绘制曲线 AG，而 AG 曲线就是本例的清水管路特性曲线。该曲线不通过坐标原点，其纵坐标值 20.16 m 为其几何扬程和压力水头损失之和，见图 8 – 15。

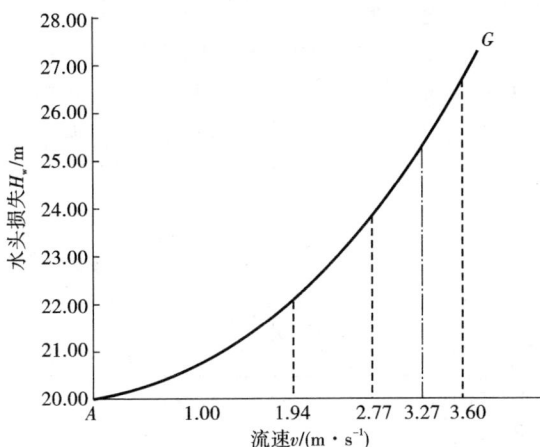

图 8 – 15　实例三清水管路特性曲线

（5）绘制矿浆管路特性曲线和确定矿浆管路总水头

①绘制矿浆管路特性曲线。

根据本例组成矿浆的矿石中值粒度和浓度资料，其管路应为非均质流浆体管路，它的绘制方法应按非均质流浆体管路水头损失的绘制方法进行：

首先，根据表 8 – 13 的计算数据绘制出清水管路特性曲线 AG；

其次，在横坐标轴上标出 $0.7v_p = 1.94$、$v_p = 2.77$ 和 $1.3v_p = 3.60$ 三个临界流速点；

再次，通过 $v_p = 2.77$ 和 $1.3v_p = 3.60$ 两个流速点作横坐标的垂线并使其与 AG 线相交于 D、B 两点，过 D 点作横坐标平行线 DF，过 $0.7v_p = 1.94$ 点作横坐标的垂线并使其同 DF 线相交于 C；

　　最后，过 C、B 两点作光滑曲线 CBG，并使 CBG 曲线同 DF 线相切于 C，而且自 B 点开始同清水管路特性曲线 AG 相重合，则 CBG 光滑曲线就是本例的矿浆管路特性曲线，见图 8 – 15。

　　②确定矿浆管路总水头。

　　在图 8 – 16 的 CBG 曲线中，找出同平均流速 $v_{cp} = 3.27$ m/s 相对应的横坐标，通过 $v_{cp} = 3.27$ m/s 点作垂线与 CBG 曲线相交于 E 点，则 E 点的纵坐标值就是本例的矿浆管路总水头，其值 $H_m = 25.5$ m。

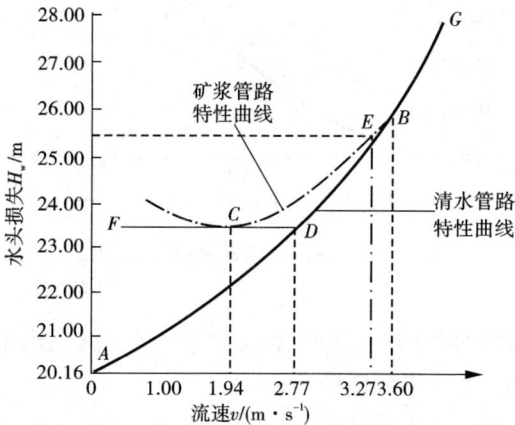

图 8 – 16　实例三的矿浆管路特性曲线

　　(6)计算泵的清水扬程

　　本例属矿石和水组成的浆体，可根据其原始数据 $d'_{50} = 250$ μm、$\delta = 3.00$ t/m³ 和 $c_w = 40\%$ 由图 8 – 10 查得 $R_H = 0.845$，将其代入式(8 – 45)算得清水扬程：

$$H_w = \frac{25.50}{0.845} \approx 30.18 \ (\text{m})$$

为使泵能长时间运转在额定工况附近，需增加额定扬程10%，则实际清水扬程由式(8-47)得：

$$H_w = 1.10 \times \frac{25.50}{0.845} \approx 33.20 \text{ (m)}$$

(7)选择泵的技术规格和确定泵的工况点

按扬量 $Q_m = 370$ m³/h $= 0.103$ m³/s $= 103$ L/s 和扬程 $H_w = 33.20$ m，从瓦曼泵技术性能表中选用 8/6E-AH 重型瓦曼泵(CR 传动)，其特性曲线见图 8-17。

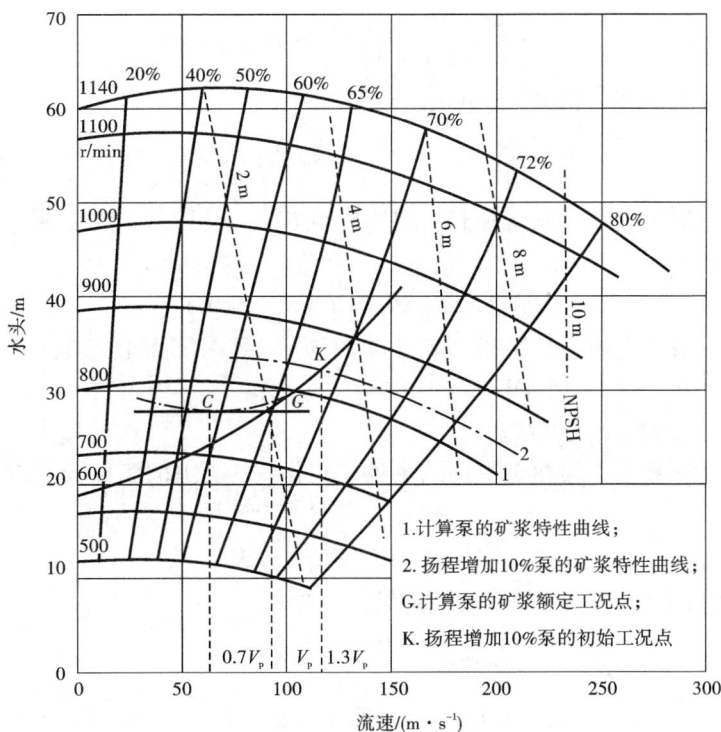

图 8-17　8/6E-AH 泵特性曲线

将矿浆管路特性曲线移绘于 8/6E - AH 泵的特性曲线中，按 $H_m = 0.845 H_w$ 的关系把泵的清水特性曲线换算成矿浆特性曲线，该曲线与矿浆管路特性曲线的交点 G 就是泵的额定工况点，$Q_m = 103$ L/s，$\eta = 65\%$；再按额定工况的 10% 增加其扬程裕量，增加后泵的矿浆特性曲线同矿浆管路特性曲线的交点 K 就是初始工况点，$Q_m = 110$ L/s，$NPSH_r = 3$ m。

（8）计算电机功率

由式（8 - 50）得其轴功率：

$$P_o = \frac{1.36 \times 33.20 \times 110}{102 \times 0.65} \approx 75.00 \text{ （kW）}$$

由式（8 - 51）得其电机功率：

$$P = 1.10 \times \frac{75.00}{0.95} \approx 86.84 \text{ （kW）}$$

拟用副叶轮进行轴封，应增加额定功率 5%，实际需要电机功率：

$$P = 1.05 \times 86.84 = 91.2 \text{ （kW）}$$

根据上述计算结果，选用同 8/6E - AH 泵相配套的电机：型号 JS114 - 4，115 kW。

（9）判断汽蚀状态

瓦曼泵必须在无汽蚀的条件下工作，其必需的条件为式（8 - 52）：

$$NPSH_a \geqslant NPSH_r + 0.3$$

式中：$NPSH_a$——有效汽蚀裕量，可由式（8 - 53）求得：

$$NPSH_a = \frac{H_{atm} - H_{vap}}{10\rho_m} + H_r$$

式中：H_{atm}——泵安装地的环境压力，设本例泵的安装地为海拔高度 1000 m，由图 8 - 11 查得 $H_{atm} = 93$ kPa；

H_{vap}——汽化计示压力，设本例输送矿浆温度是 35℃，由

图 8 - 12 查得 $H_{vap} = 7$ kPa。

H_r——泵入口的总水头，由式(8 - 54)知：

$$H_r = h_X - (h_6 + h_7)$$

h_X——进口液面高度，m；

h_6——进口管段沿程水头损失，由式(8 - 31)得 $h_6 = 0.13$ m；

h_7——进口管段其他水头损失，由式(8 - 36)和式(8 - 42)得 $h_7 = 0.32$ m(本例由入口和闸门两部分损失组成)。

故　　　　$H_r = 1 - (0.13 + 0.32) = 0.55$ (m)

将上述数值代入式(8 - 53)得：

$$NPSH_a = \frac{93 - 7}{10 \times 1.36} + 0.55 = 6.87 \text{ (m)}$$

从 8/6E - AH 泵特性曲线图 8 - 16 知其必需汽蚀裕量为 $NPSH_r = 3$ m。很明显，6.87 m > 3 + 0.55 = 3.55 m。故本例选用的 8/6E - AH 泵在正常生产过程中不会发生汽蚀现象。

(10) 校核泵的工作压力

水力旋流器给矿泵都是单级运行，本例选用的 8/6E - AH 泵的工作压力由式(8 - 55)得：

$$p = 9.81 \times 10^{-3} \times (33.20 + 0.55) \times 1360 = 450.28 \text{ (kPa)}$$

查 8/6E - AH 泵铸铁外壳和球墨铸铁外壳许用最大工作压力分别为：$p = 1050$ kPa 和 $p = 2100$ kPa。故泵的实际工作压力远远小于其许用最大工作压力，生产过程中安全可靠。

应该指出，由于选用的 8/6E - AH 瓦曼泵的出口管径和管路管径不一致，即泵出口管径 $D = 152.4$ mm，管路管径 $D = 200$ mm，可以采用异径管进行连接。诚然，在两管的连接处有一扩散水头损失。

根据泵的出口管径可以算出扩散前入口的平均流速 $V_{cp1} =$

4.43 m/s，设其扩散角 $\alpha = 60°$，则扩散水头损失系数 $\phi_3 = 0.72$，代入式(8 – 38)得其扩散水头损失：

$$h_3 = 0.72 \times \frac{(4.43 - 3.27)^2}{2 \times 9.81} = 0.05 \ (\text{m})$$

结果表明，由异径管引起的扩散水头损失很小，对本例泵的选择计算结果影响不大，没有必要重新进行管路计算。

综合上述计算结果，本例最终选用 8/6E – AH 重型瓦曼泵，其技术性能见表 8 – 14。

表 8 – 14   8/6E – AH 重型瓦曼泵技术性能

型　号	流量/(m³·h⁻¹)	扬程/m	转数/(r·min⁻¹)	效率/%	口径/mm 进口	口径/mm 出口	叶轮直径/mm	传动电机 型号	传动电机 功率/kW	传动电机 电压/V	汽蚀裕量/m	质量/kg	外形尺寸(mm×mm×mm)	生产厂家
8/6E – AH（CR 传动）	205~583	32~39	900	50~72	203	152	510	JS 114 – 4	115	380	2~4	2383	1302×622×917	石家庄水泵厂

由于篇幅所限，未能列出普通矿浆泵和瓦曼渣浆泵及其所需管路的系列产品技术性能图表。读者在实用过程中，可以根据其具体工程需要和在水力计算的基础上，参阅有关专门书籍进行所需砂泵和管路的选择。

附：

固体颗粒在常温水中自由沉降末速计算式

（1）适用于层流条件的斯托克斯公式

即对 $d_{cp} < 0.10$ mm 的颗粒：

$$v_o = 5\,450 d_{cp}^2 (\delta - 1)$$

（2）适用于过渡区条件的阿连公式

即对 d_{cp} 为 $0.10 \sim 1.50$ mm 的颗粒：

$$v_o = 112.8 d_{cp} \sqrt[3]{(\delta - 1)^2}$$

（3）适用于紊流条件的牛顿公式

即对 $d_{cp} > 1.50$ mm 的颗粒：

$$v_o = 54.2 \sqrt{(\delta - 1) d_{cp}}$$

式中：v_o——自由沉降末速，cm/s；

$\quad\quad d_{cp}$——颗粒平均粒度，cm；

$\quad\quad \delta$——颗粒密度，t/m^3 或 g/cm^3。

清水运动黏滞系数 $\nu / (cm^2 \cdot s^{-1}$[①]$)$

$t/℃$	ν	$t/℃$	ν	$t/℃$	ν
0	0.0179	21	0.0098	42	0.0063
1	0.0173	22	0.0096	43	0.0062
2	0.0167	23	0.0094	44	0.0061
3	0.0162	24	0.0091	45	0.0061
4	0.0157	25	0.0089	46	0.0059
5	0.0152	26	0.0087	47	0.0058
6	0.0147	27	0.0085	48	0.0057
7	0.0143	28	0.0084	49	0.0056

续表

$t/℃$	ν	$t/℃$	ν	$t/℃$	ν
8	0.0139	29	0.0082	50	0.0055
9	0.0135	30	0.0080	55	0.0051
10	0.0131	31	0.0078	60	0.0047
11	0.0127	32	0.0077	65	0.0044
12	0.0125	33	0.0075	70	0.0041
13	0.0120	34	0.0074	75	0.0038
14	0.0117	35	0.0072	80	0.0036
15	0.0114	36	0.0071	85	0.0034
16	0.0111	37	0.0069	90	0.0032
17	0.0108	38	0.0068	95	0.0030
18	0.0106	39	0.0067	100	0.0028
19	0.0103	40	0.0066		
20	0.0101	41	0.0064		

注：①1 $cm^2/s = 10^{-4}$ m^2/s。

参考文献

[1] 选矿设计手册编委会. 选矿设计手册[M]. 北京：冶金工业出版社，1988.

[2] 钱桂华，曹晰. 浆体管道输送设备实用选型手册[M]. 北京：冶金工业出版社，1995.

[3] 穆拉尔，巴普. 选矿厂设计[M]. 北京：冶金工业出版社，1985：251 -267.

[4] 何希杰，劳学苏. 渣浆泵选型方法探讨[J]. 水泵技术，1995：29 -35.

[5] 何希杰，劳学苏，钟震. 渣浆泵扬程降 H_R 公式精度分析[J]. 流体机械，1996：24 -27.

[6] 何希杰，杨文，韦国群. 渣浆泵各种选型方法计算结果比较和讨论. 除灰技术，2001：41 -44.

[7] 何希杰，等. 渣浆泵各种选型方法计算结果的讨论[J]. 矿山机械，2001：31 -33.

第九章　旋流器工艺参数选择

水力旋流器工艺参数是其工艺计算和设备选择的基础资料，也是生产过程中技术控制的主要依据，选择的合理与否不但影响其工艺计算和设备选择的可靠性，也直接影响将来生产厂的技术指标和经济效益，必须给予足够的重视和严谨的处置。

水力旋流器的工艺参数有两类：结构参数和操作参数。它们从各自的角度影响其分离过程的生产能力、分离（级）粒度、产物分配、分离（级）效率和产物浓度等分离指标。

生产过程中，影响旋流器分离指标的因素除结构参数和操作参数外，还同其安装方式、配置方案和工艺流程的合理与否有关，必须根据实际情况和具体要求予以综合性考虑。

就旋流器的生产能力和分离粒度而言，笔者研究认为：

$$g_m \propto f(D、d_i、d_o、\Delta p_m、c_{iw}、\delta) \tag{9-1}$$

$$d_{50} \propto f(D、d_i、d_o、H、h_o、\theta、c_{iw}、\mu_m、\delta、\Delta p_m) \tag{9-2}$$

不同类型、不同规格和不同用途的旋流器，其结构参数和操作参数是不同的，但同种类型、同种规格、同种用途和处理同类（相似）物料旋流器的结构参数、操作参数基本相同，在设计和生产过程中可作主要参考。

本章中，根据科研和生产实践资料简要阐述水力旋流器的结构参数和操作参数对分离指标的影响，并提出选择工艺参数的基本原则和一般方法，供读者在旋流器工艺计算、设备选择和生产调控过程中作参考。诚然，这些原则和方法只适用于常用的标准型旋流器，对于特殊结构和特殊用途旋流器的参数，只有通过科学试验的方法才能给予具体确定。

第一节　结构参数

水力旋流器的结构参数有旋流器直径 D、给矿口直径 d_i、溢流口直径 d_o、沉砂口直径 d_s、角锥比 d_s/d_o、锥角 θ、溢流管插入深度 h_o 和筒体高度 H，见图 9 - 1。旋流器的结构参数常用其相对尺寸(相对于旋流器直径)表示，但锥角例外。

一、旋流器直径 D

水力旋流器的直径 D 通常是指筒体的内径，它主要影响生产能力和分离粒度。一般说来，生产能力和分离粒度随水力旋流器直径的增大而增大，这个基本规律可由笔者的最大切线速度轨迹法的生产能力和分离粒度计算式[见式(3 - 12)~式(3 - 13)和式(4 - 23)~式(4 - 26)]给予说明，亦可从生产实践总结中加以证明，见图 7 - 3。

目前国内外水力旋流器的规格(直径)繁多，它们的直径 D 为 $10 \sim 2500$ mm，生产能力 q_m 为 $0.10 \sim 7200$ m³/h，分离粒度 d_{50} 为 $1 \sim 250$ μm。

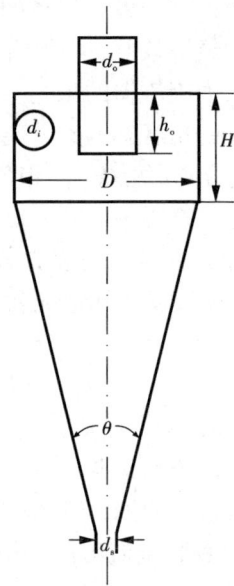

图 9 - 1　旋流器结构参数

通常，设计工程的生产能力大和分离粒度粗时，应选大直径旋流器；生产能力小和分离粒度细时，应选小直径旋流器。大直径旋流器具有生产能力大、配置简单和操作方便的优点，特别适用于同大规格的自磨机和球磨机构成闭路分级，但大直径旋流器具有单价贵、高差大、不灵活和维修不方便的缺点，特别是特大型旋流器。设备选择时，通常在满足分离粒度和照顾生产能力的前提下，采用具有一定生产能力的较小型旋流器的多台并联配置方案，以达到生产能力大的设计目的，特别是同磨机构成闭路的分级旋流器，并联的台数由其生产能力和旋流器规格决定。

根据工程设计要求，水力旋流器按其直径大小大致分为五种类型，见表 9 - 1。

表 9 - 1　水力旋流器直径分类

类型	直径 D/mm	分级粒度/μm	生产能力/($m^3 \cdot h^{-1}$)
特小型	$10 \leqslant D \leqslant 50$	1 ~ 10	0. 10 ~ 2. 50
小　　型	$50 \leqslant D \leqslant 250$	10 ~ 40	3. 30 ~ 61. 20
中　　型	$250 \leqslant D \leqslant 500$	40 ~ 74	41. 70 ~ 200. 00
大　　型	$500 \leqslant D \leqslant 1400$	74 ~ 250	200. 00 ~ 1800. 00
特大型	$1400 \leqslant D \leqslant 2500$	125 ~ 500	1800. 00 ~ 7200. 00

在设备选择过程中，往往会遇到符合分级（离）粒度要求的旋流器直径不止一种规格，而是一个直径域，经验不足者不易从大范围中选择符合设计要求的标准旋流器。此时，可先在笔者根据分级旋流器的最佳几何相似关系，在最大切线速度轨迹法生产能力和分级粒度计算式的基础上，导出初步设计旋流器基本直径的方法、算出所需旋流器的基本直径。据此基本直径从其技术性能表中选取与其相近的旋流器标准直径，则此相近的旋流器直径就是设计所需的旋流器直径。旋流器基本直径计算式如下。

1. 根据生产能力计算旋流器基本直径

$$D = 1.95 q_{\mathrm{m}}^{0.5} \rho_{\mathrm{m}}^{0.25} \Delta p_{\mathrm{m}}^{-0.25} \qquad (9-3)$$

或

$$D = \frac{1.95 q_{\mathrm{m}}^{0.5} \delta^{0.25}}{\Delta p_{\mathrm{m}}^{0.25} \left[c_{\mathrm{jw}} + \delta(1 - c_{\mathrm{iw}}) \right]^{0.25}} \qquad (9-4)$$

2. 根据分级粒度计算旋流器基本直径

$$D = 2.1 \times 10^{-5} \times \frac{d_m^2(\delta - p_m)\Delta p_m^{0.5}}{\rho_m \mu_m} \qquad (9-5)$$

式中：D——旋流器基本直径，cm；

q_m——计划单台旋流器生产能力，m^3/h；

ρ_m——给矿矿浆密度，t/m^3；

Δp_m——给矿压力，MPa；

δ——砂石密度，t/m^3；

c_{iw}——给矿矿浆质量浓度，%；

d_m——分级粒度（溢流产物95%通过的筛孔尺寸），μm；

μ_m——给矿矿浆黏度，$Pa \cdot s$。

其他符号的物理意义及单位同前。

还须指出，设计所需旋流器的规格，不但要符合分级粒度的要求，还应同生产能力、给矿性质和磨矿条件相适应，各参数间要互相配合，彼此适应。

二、给矿口直径 d_i

旋流器给矿口常用的有圆形和长方形两种。应用最多的是长方形，它有减少能量消耗和削弱紊流干扰的作用，安装时务必将其长边同旋流器器壁相平行，其尺寸常用等效直径表示。所谓等效直径，就是给矿口的实用面积同其相应圆形面积相等时该圆的直径，$d_i = 1.13\sqrt{A}$ cm（A 为给矿口的实用面积，cm^2）。

给矿口大小既影响生产能力也影响分离粒度，当其他参数不变时，可知：

$$q_m = \alpha d_i^n \qquad (9-6)$$

$$d_{50} = \alpha d_i^w \qquad (9-7)$$

式中：指数 n 为 $0.210 \sim 2.00$，w 为 $0.375 \sim 2.00$；笔者设计的指

数 $n = 1.00$，$w = 0.50$。n 和 w 值的大小同生产能力和分离粒度计算式的理论基础有关。

为了减少旋流器给矿口处的紊流干扰、器壁磨损、能量消耗和短路流量，目前已将原有的切线给矿改为渐开线、螺旋线或同心圆等给矿，这样可使给矿矿浆比较平稳和顺畅地进入旋流器。

据报道，采用涡形渐开线给矿可以达到紊流干扰少、平衡顺畅给矿的要求，而且还有磨损轻、寿命长、能耗低、效率高的优点。

增大给矿口直径尽管有提高生产能力和增加分离粒度的作用，但当 $d_i > d_o$ 时，却会带来恶化分离过程和降低分离效率的负作用，通常旋流器的给矿口直径均小于其溢流口直径。实践表明，旋流器生产过程中的最佳给矿口直径，对一般分级、脱泥和浓缩的标准型旋流器，d_i 为 $(0.15 \sim 0.25)D$；对细粒分级和澄清的长锥型旋流器，d_i 为 $(0.133 \sim 0.200)D$。

三、溢流口直径 d_o

旋流器的溢流口直径除影响生产能力和分离粒度外，还影响分离效率、产物分配和产物浓度。就生产能力和分离粒度而言，笔者研究认为：

$$q_m = \alpha d_o^{0.64} \qquad (9-8)$$

$$d_{50} = \alpha d_o^{0.32} \qquad (9-9)$$

在一般情况下，当溢流口增大时，其生产能力和分离粒度亦增大（体现在细粒级产物在溢流中减少和在沉砂中增多）、溢流产率提高和沉砂浓度加大、分级效率相应降低；当溢流口减小时，其结果则相反，见图 9-2。

应该指出，生产过程中不能单纯用增大溢流口直径的手段来提高生产能力，也不能无限制地用减小溢流口直径的方法来获得细的分级粒度。因为定型的水力旋流器各结构参数间有一相应的

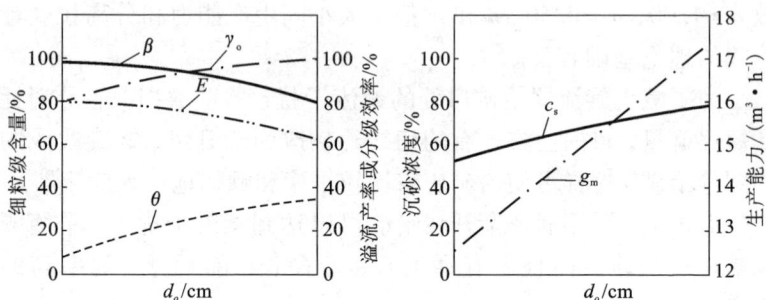

图 9－2　溢流口直径对产物质量的影响

β—溢流细粒级含量(％)；γ_o—溢流产率(％)；

θ—沉砂中细粒级含量(％)；E—分离效率(％)；

c_s—沉砂浓度(％)；g_m—生产能力(m^3/h)

比例关系,当超出其比例关系时,其固有规律就会被破坏。同时,旋流器的生产能力、分级粒度及其他分离指标是结构参数和操作参数综合作用的结果,宜综合考虑和全面分析后谨慎处理,最好是根据被处理物料的性质通过科研给予确定。

　　在优化结构参数时,水力旋流器溢流口直径的选择宜遵循溢流产率和给矿中欲分粒级产率相适应的原则,理想的选择是溢流产率小于给矿中欲分粒级产率的3％~5％。

　　通常,对一般分级、脱泥和浓缩作业的标准型旋流器,其溢流口直径 d_o 为(0.20~0.30)D；对细粒分级、澄清的长锥型(θ 为6°~15°)旋流器,其溢流口直径 d_o 为(0.20~0.32)D。

四、沉砂口直径 d_s

　　沉砂口直径尽管在大多数的旋流器生产能力和分离粒度计算式中没有体现出来(林奇和普里特的经验模型例外),但实际上它是对旋流器分离指标有重大影响的因素之一,也是生产过程中必须加以严格控制的结构参数。当水力旋流器同磨机构成闭路时，其沉砂口直径对生产指标影响极大，随着沉砂口直径的减小，沉砂浓度增大（对粗而重的物料其沉砂浓度可达 80%～85%，如果再减小则会发生沉砂口堵塞现象）、溢流粒度变粗、溢流产率增加、沉砂产率下降和分级效率降低；当沉砂口直径增大时则会有相反的结果，见图 9−3。

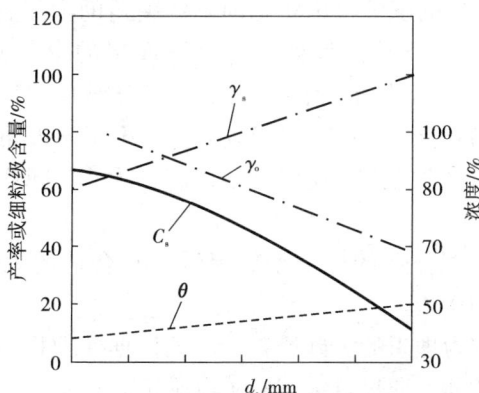

图 9−3　沉砂口直径对产物质量的影响

γ_s—沉砂产率(%)；γ_o—溢流产率(%)；

c_s—沉砂浓度(%)；θ—沉砂中细粒级含量(%)

增大沉砂口直径固然有减少溢流中粗粒级含量的好处，但当超出限度时亦会恶化其分离效果、破坏其分离作用，因为给矿的大部分甚至于全部会不经过分离作用而直接从沉砂口排出。通常，水力旋流器均是在沉砂口直径小于其溢流口直径的条件下工作。

沉砂口是旋流器最易磨损的部件，其大小对分离效果影响最为显著，沉砂口直径和溢流口直径的恰当配合和合理调整是改善分离粒度和提高分离效率的有效手段。

在生产过程中，对于分级作业旋流器，应在保证溢流产物细度和浓度前提下，尽量选用稍小直径的沉砂口，以便提高沉砂浓度，利于下一作业顺利进行；对于浓缩作业旋流器，亦应采用上述原则；对于澄清作业旋流器，可以采用稍大直径的沉砂口，以便最大限度地减少溢流产物中的固体含量。

生产实践中，通常根据处理物料的性质和对分离指标的要求，按照沉砂口的沉砂排出状态即伞状夹角的大小，判断沉砂口的磨损情况和检查其工作效果。比较理想的伞状夹角是 $20° \sim 30°$，大于该夹角者则沉砂浓度过低和溢流产物过细，说明沉砂口直径过大或磨损严重，应予更换或调整；小于该夹角者则沉砂浓度过高和溢流产物跑粗，说明沉砂口直径太小，同样应予更换或调整。

分级、脱泥作业的标准型旋流器比较合适的沉砂口直径 d_s 为 $(0.07 \sim 0.10)D$。

当然，最为理想的沉砂口直径应该根据处理物料的性质和对分离指标的要求，通过科学试验予以确定。

五、角锥比 d_s/d_o

水力旋流器的角锥比是指沉砂口直径与溢流口直径之比，它既影响产物分配也影响其他分离指标[见式(5-27)~式(5-29)和图9-4]。由图9-4可以看出随着角锥比的增大，沉砂浓度、溢流产率和分级粒度逐渐降低，而分级效率则逐渐升高。当角锥比为0.4时，分级效率出现最大值，随后又逐渐降低，而溢流产率和分级粒度变化不明显。从而可知，标准型旋流器的理想角锥比 $\dfrac{d_s}{d_o}$ 宜为 $0.30 \sim 0.50$。

上述规律比较适用于分级、脱泥作业旋流器，对于其他作业的旋流器，特别是选别作业的重介质旋流器、液—液分离的长锥

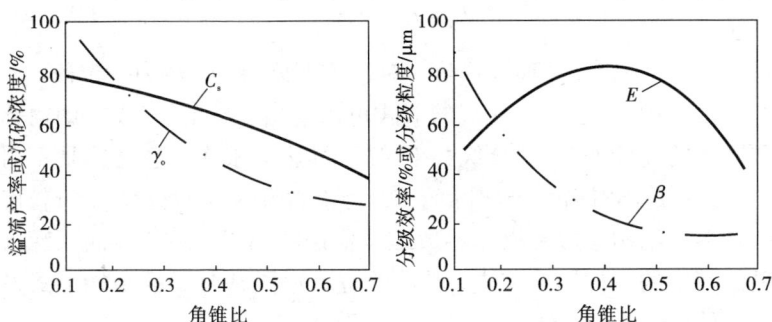

图 9 - 4　角锥比的影响

型旋流器、特细物料分离的小锥角旋流器和具有特殊用途的特种旋流器,其合理的角锥比应该通过科学试验予以具体确定。

六、溢流管插入深度 h_o

水力旋流器的溢流管由两部分组成,旋流器体外的为外溢流管,其作用是把分离好的溢流产物导入指定的地点,以便下一作业的加工处理;旋流器体内的为内溢流管,亦称旋涡溢流管,其作用是减少短路流量、延长分离时间、强化分离过程和提高分离效率。

内溢流管的长度称为溢流管插入深度,其深浅对分离指标特别是对分离粒度和分离效率有重大的影响。插入过浅,则短路流量增加、分离时间缩短、溢流产物中粗粒级含量增加、沉砂产物中细粒级含量上升、分级(离)效率下降;插入过深,尽管可以延长分离时间和减少短路流量,但会把分离好的粗粒级由锥体导入溢流产物,致使溢流产物中粗粒级含量增加和分级(离)效率下降。就分级(离)粒度而言,当其他参数不变时笔者研究认为:

$$d_{\mathrm{m}} = \alpha \sqrt{\frac{1}{H - h_{\circ}}} \qquad (9-10)$$

式中：H——旋流器筒体高度，对于定型旋流器，H 为一定值。

很明显，从式（9-10）的形式可以看出，当 $h_{\circ} = H$ 时（即筒体和锥体的连接处），其分级（离）粒度可达无限大，这显然是不可能的，亦是不符合生产实际的。因为水力旋流器的分级（离）粒度是其多种结构参数和操作参数综合作用的结果，溢流管插入深度只是其中的一种影响因素，其影响程度还同其公式的结构形式及其所处位置有关，详见式（4-23a）至式（4-24a）。

实践表明，对常用的标准型水力旋流器，溢流管插入深度的范围在给矿口下沿的水平面到筒体和锥体连接处之间的高度内变化，通常，$h_{\circ}$ 为（0.50～0.80）D；对细粒分级、澄清和脱泥的长锥体水力旋流器（θ 为6°～15°），其插入深度 $h_{\circ}$ 为（0.33～0.57）D。

还须强调指出，当外溢流管直径与内溢流管直径相同时，出口的水平面不得低于内溢流管入口的水平面，否则将会引起虹吸作用，导致粗粒级进入溢流产物，恶化分离结果。为了减少或杜绝虹吸作用的发生，安装时往往使外溢流管直径大于内溢流管直径，不让溢流浆体完全充满其间而留有一定空隙，最好在其中心部位保持一定的真空度，其范围可为零到与水力旋流器同高的水柱高度或与水力旋流器同高的水柱压力。稳定水力旋流器内空气柱区的真空度，对保证分离指标符合设计要求十分重要，其措施之一是采用水封技术，即把外溢流管末端插入水箱中，而水箱中的水平面可同水力旋流器沉砂口的水平面相一致。

七、锥角 θ

水力旋流器的锥角 θ 通常指其锥体部分的夹角，就同一规格的旋流器而言，锥角大则其锥体短，物料在其中的分离时间亦短；锥角小则其锥体长，物料在其中的分离时间亦长。分离时间的长短，既影响生产能力和分离粒度，也影响分离效率。就常用旋流器而言，锥角主要影响分离粒度。从工程设计和设备选择角度出发，按其锥角大小将水力旋流器分为三种主要类型，见表9-2。

表9-2　水力旋流器按锥角分类

类型	锥角/(°)	主要用途	备注
长锥型	<20	细粒分级、澄清和脱泥作业；密度小和粒度细物料的分离作业；液—液和特细物料的分离作业等	最小锥角为1.5°
标准型	20	一般物料分级、浓缩或脱泥作业	
短锥型	>20	粗粒物料分级和选别作业	最大锥角为140°

水力旋流器的分离（级）粒度与锥角的关系，布拉德里、波瓦罗夫和笔者等的研究认为：

$$d_{50}\alpha\sqrt{\tan\frac{\theta}{2}} \qquad (9-11)$$

从式(9-11)可以看出，水力旋流器的分离粒度随锥角的增大而增大。需要指出，式(9-11)的适应范围为 $0<\theta<180°$，如果锥角接近或等于180°时，水力旋流器用于分级、脱泥、浓缩等作业就毫无意义，因为此时的分离粒度趋于或等于无限大，但可用于选别作业，因为选别作业主要按物料的密度差异（粒度和形状的影响将居次要地位）进行分离。

锥角对旋流器溢流产物质量的影响见图9-5。

在设备选择过程中，可根据设计工程的作业性质和对指标的技术要求，从表9-2中选用。

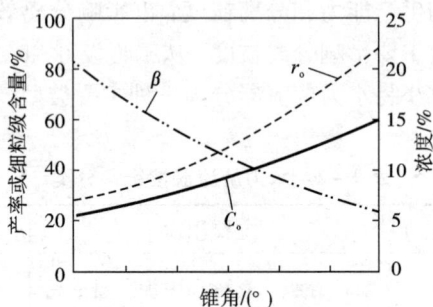

图 9 - 5　锥角对溢流质量的影响

β—溢流中细粒级含量(%)；γ_o—溢流产率(%)；c_o—溢流浓度(%)

八、筒体高度 H

水力旋流器的筒体高度主要影响分离粒度和分离效率。由式 (9 - 9)可知，当溢流管插入深度一定时，增加筒体高度 H 则有延长分离时间、减小分离粒度和提高分离效率的作用，但亦有降低产量和增加能耗的负作用；减小筒体高度时，则会得到相反的结果。

在通常条件下，粗粒分级、浓缩、脱泥的标准型旋流器选用较短的筒体，H 为(0.50 ~ 1.00)D；细粒分级、澄清和脱泥作业旋流器多选用长筒或较长筒体，H 为(1.50 ~ 2.00)D；微细粒分级、液—液分离和其他特殊用途的旋流器，筒体长度 $H > 2D$。

通常，就定型旋流器而言，其结构参数均已标准化或基本标准化，主要体现在系列产品的技术性能表中。工程设计人员只需根据其设计的原始资料(设计能力、物料性质、作业类型、分离粒度和产品质量等)计算出所需旋流器的直径和台数，就可从其系列产品技术性能表中(产品目录)选择与其匹配的其他结构参数(特别是国外，旋流器的筒体高度和锥体长度已分别制成标准件）。在生产实践中，如果遇到物料性质变化和产物质量变动时，往往通过变更其操作参数来使其适应新情况、达到新目的。如果通过变更操作参数仍不能适应新情况、达不到新目的时，则需结合实际情况研究制订新的结构参数，或者更换成其他类型的旋流器。

上述旋流器结构参数选择的基本原则和方法，是基于标准型旋流器而且是从工艺计算和设备选择的角度出发的。诚然，对其结构参数的加工精度和磨损程度等因素与其分离指标的影响关系未予涉及或涉及不多，应用过程中，应按实际情况给予应有的注意。

还须强调指出，对于特细物料分级，液—液分离和特殊用途的旋流器的结构参数，必须根据实际情况和具体要求，通过科学试验予以确定，特别是筒体高度、锥体长度、溢流管插入深度和角锥比。

第二节　操作参数

水力旋流器的操作参数有给矿压力、给矿浓度、矿石密度、给矿粒度和粒度组成。在工艺计算中，当旋流器的结构参数确定后，操作参数选择的合理与否，将极大地影响其分离效果。

一、给矿压力 Δp_m

旋流器的给矿压力通常是指给矿入口到排矿出口之间沿径向的压力降。由于以往学者选择出口基准面位置的不同，得出压力降计算式的结构形式也各不相同，基本上只有定性的意义而无定量的作用。笔者研究认为：水力旋流器的压力降应该是工作流体呈组合涡运动中半自由涡域的压力降，即从旋流器入口到最大切线速度轨迹面（半自由涡与强制涡的自然分界面或过渡状态）间的最大压力降，也就是说出口基准面是最大切线速度轨迹面，由此导出压力降计算式：

$$\Delta p_{\mathrm{m}} = \frac{6.845}{ng} \gamma_{\mathrm{m}} v_i^2 \left(\frac{d_i}{D}\right)^2 \left[\left(1.5\frac{R}{r_o}\right)^{2n} - 1\right] \qquad (9-12)$$

式中：n——大小同工艺参数有关，笔者研究 $n=0.64$，当 ρ_{m} 用 $\frac{\gamma_{\mathrm{m}}}{g}$，$\frac{R}{r_o}$ 用 $\frac{D}{d_o}$ 表示时，则压力降为：

$$\Delta p_{\mathrm{m}} = 10.7 \rho_{\mathrm{m}} v_i^2 \left(\frac{d_i}{D}\right)^2 \left[\left(1.5\frac{D}{d_o}\right)^{1.28} - 1\right] \qquad (9-13)$$

式中：Δp_{m}——给矿压力，即从旋流器入口到最大切线速度轨迹面间的压力降，MPa；

v_i——给矿管中矿浆的平均流速，m/s；

ρ_{m}——给矿矿浆密度，t/m³；

D、d_i、d_o——分别为旋流器直径、给矿口直径、溢流口直径，cm。

压力降即给矿压力，是旋流器给矿泵功率选择的依据，它决定旋流器给矿泵的能量消耗。

压力降也是影响旋流器生产能力和分离粒度的主要因素。当其他参数不变时，压力降同旋流器的生产能力和分离粒度的关系为：

$$q_{\mathrm{m}} = \alpha \Delta p_{\mathrm{m}}^{0.5} \qquad (9-14)$$

或：

$$d_{50} = \alpha \Delta p_{\mathrm{m}}^{-0.25} \qquad (9-15)$$

在工艺计算和设备选择过程中，当旋流器的结构参数决定后，就要按照分级（离）粒度的技术要求来选定其给矿压力。一般说来，分级粒度越细，要求的给矿压力越大，但生产中不能单纯用提高给矿压力的方法来实现其细粒或微细粒分级的目的，这样做会得不偿失，因为分级粒度只同给矿压力的 0.25 次方成反比。分级粒度与给矿压力的关系见图 7-6。

　　通常，水力旋流器的给矿压力是根据其处理物料的性质和对产物质量的要求（特别是分级粒度），通过科研结果决定的。但当无科研结果时，亦可参照图 7 - 6 选择与其相应的给矿压力，图中符合其分级粒度要求的给矿压力往往为一波动值，一般取其平均数。

　　给矿压力的任何变化都会影响旋流器的分离指标，特别是分离粒度和分离效率。当旋流器其他参数确定后，稳定给矿压力是获得满意分离指标的重要环节。在生产实践中，目前大中型选厂多用变速泵给矿来稳定其给矿压力。对于小型选厂可以采用恒压给矿来维持压力的稳定，即先将欲分级的矿浆输送到指定高度的恒压箱，再由恒压箱给入旋流器进行分离，其主要缺点是高差大，设施多，操作不方便。

二、给矿浓度 c_{iw} 和矿石密度 δ

　　水力旋流器的分离过程，是两相流体中的固体颗粒在旋流器离心力场中沿径向和轴向的干涉沉降过程。其沉降速度同径向和轴向矿浆的浓度梯度有关，当旋流器的工艺参数一定时，沿径向和轴向的矿浆浓度梯度取决于给矿矿浆的浓度，其分离（级）粒度及其分离过程进行的完善程度要受给矿浓度的制约。

　　给矿浓度对旋流器分离过程的影响，通过矿浆的密度和黏度来体现。

　　一般说来，当矿石性质和组成矿浆的介质一定时，矿浆的密度 ρ_m 只与浓度有关，浓度越大则其矿浆密度也越大。但矿浆黏度 μ_m 除与浓度有关外，还与组成矿浆的固体颗粒粒度和颗粒形状有关。就同一浓度的矿浆而言，颗粒粒度越细则其矿浆的黏度越大，见图 7 - 8；颗粒的形状与球形相差越大则其矿浆的黏度也越大，见图 8。

　　就水力旋流器的分级（离）粒度而言，当其他参数不变时，笔者的研究是：

$$d_{\mathrm{m}} = \alpha \left[\frac{\rho_{\mathrm{m}}^{0.5} \mu_{\mathrm{m}}}{(\delta - \rho_{\mathrm{m}})} \right]^{0.5} \qquad (9-16)$$

由式(9-16)可以看出，旋流器的分离(级)粒度与给矿矿浆的密度的 0.5 次方和黏度的一次方乘积的平方根成正比，同矿石密度和矿浆密度之差的平方根成反比。给矿浓度增加，势必引起矿浆密度和黏度增大，从而导致分级(离)粒度变粗；矿石密度提高会导致分级(离)粒度减小。

生产实践表明，随着旋流器给矿浓度的增加，矿浆的密度和黏度也相应增加，不但溢流粒度变粗，而且溢流浓度和沉砂浓度也随着升高，沉砂产物中的细粒级含量也增多，分级效率下降，但旋流器处理的干矿量增加，相应地提高了设备的利用系数。

水力旋流器的给矿浓度有一限值(极限浓度)，如果超过极限浓度，则旋流器会失去其分离作用，其溢流、沉砂和给矿三者的粒度组成会相同，溢流产物和沉砂产物只是量间的机械分配，而无质的变化。水力旋流器切忌在极限浓度下工作。不同作业和不同类型的旋流器有不同的极限浓度。

在生产实践中，水力旋流器给矿的体积浓度一般不超过 40%，相对于密度 $\delta = 2.65$ t/m^3 的矿石而言，其质量浓度 $c_{\mathrm{iw}} \approx$ 64%(选别作业的旋流器例外)。

通常，粗粒分级和浓缩作业的旋流器，其给矿浓度宜高；细粒分级和脱泥作业的旋流器，其给矿浓度宜低。选择给矿浓度遵循的基本原则是在保证目的产物质量指标(例如，分级、脱泥、澄清作业旋流器的溢流浓度和细度，选别作业旋流器的沉砂品位和回收率)要求的前提下，尽量提高其给矿浓度，以便最大限度地提高设备效率和增加企业经济效益。就某一工程的旋流器分离作业而言，其最佳的给矿浓度应通过科研或借助于类似工程的生产实践加以具体确定。

三、给矿粒度和粒度组成

水力旋流器的给矿粒度是指给矿中固体颗粒的粒度大小，通常用 -0.074 mm、0.04 mm 或其他指定粒级的含量表示；粒度组成是指给矿中固体物料的粒级（度）同其相应量间的分配关系，通常用粒度特性曲线或粒度特性表表示。在水力旋流器分离过程中，给矿粒度和粒度组成均对分离指标有影响。

就给矿粒度而言，当旋流器其他工艺参数不变时，给矿粒度粗则其分级（离）粒度大（溢流产物中粗粒级含量高），沉砂浓度高，分级效率低。

在工艺计算和生产实践中，旋流器溢流细度的选择，必须遵循给矿、溢流和沉砂三者之间相应的细度（指定粒级含量）平衡关系，就一段闭路分级的旋流器而言，它们之间的平衡关系（图 9-6）为：

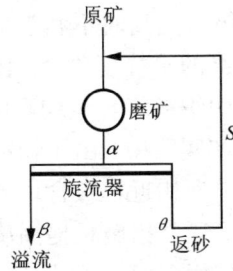

图 9-6　一段闭路磨矿分级流程

$$\beta = \alpha + S(\alpha + \theta) \qquad (9-17)$$

式中：β——溢流中 -200 目或指定粒级含量，%；

α——给矿中 -200 目或指定粒级含量，%；

θ——沉砂中 -200 目或指定粒级含量，%；

S——返砂比。

例如，某黄金选矿厂根据原磨矿分级流程给矿性质的变化，必须把同磨机构成闭路分级旋流器的溢流细度由原来的 -200 目 85% 提高到 90% 以上才能保证其选别指标。为此，采用的具体措施是改用小型旋流器、优化操作参数和加强技术管理，但分级旋流器的溢流细度始终达不到要求。当用式(9 – 16)进行检验后才发现分级旋流器的给矿细度不够，即要求溢流细度与给矿和沉砂之间细度不平衡，其原因是磨机产量提高造成磨矿跑粗、旋流器给矿细度大幅度下降。实践证明，分级溢流细度的选择一定要遵循给矿、溢流和沉砂三者之间细度的平衡关系原则。

生产过程中，在提高磨机产量的同时必须顾及磨矿细度有无可能满足下一作业的实际需要，即要顾及磨矿细度提高的限度，否则将出现上述现象。

给矿粒度组成中要特别注意的是与分级粒度相近的粒级含量，该粒级含量高时不利于水力旋流器分离过程的顺利进行，出现相近粒级的干扰现象，具体表现为溢流产物中的粗粒级含量和沉砂产物中细粒级含量均高的现象，即混杂现象严重。

在生产实践中，由于物料性质的决定和工艺过程中其他因素的干扰，出现相近粒级含量高的现象亦有发生，为了分离过程的顺利进行，通常措施是提高旋流器的给矿压力、降低旋流器的给矿浓度、采用多段旋流器分离工艺流程等。

水力旋流器工艺参数(结构参数和操作参数)优化选择的最终目的是使设计出的旋流器在将来的工业生产中达到预期的分离指标，满足工艺过程的要求，特别是由原矿性质提出的溢流细度和由溢流细度决定的溢流浓度。生产过程中，水力旋流器最糟状况是临界给矿浓度(极限给矿浓度)和沉砂绳状排矿(伞状夹角 $20° < \alpha < 30°$ 时，沉砂排出呈绳状或麻花状)。因为临界给矿浓度会使旋流器失去分离能力，绳状排矿会使溢流变粗、效率下降直至沉砂口堵塞。正常生产旋流器的溢流浓度、沉砂浓度、给矿浓度和短路流量(未经分离作用的矿浆流量)四者之间是互为因果、彼此制约的统一体，但经常而又必须严格控制的是溢流浓度和溢流细度，因为它涉及下一工序的加工处理。

参考文献

［1］庞学诗. 水力旋流器分离粒度计算方法的研究及应用［J］. 湖南有色金属, 1988(11): 27 – 30.

［2］庞学诗. 水力旋流器的选择计算（一）［J］. 国外金属矿选矿, 1997(12): 39 – 48.

［3］庞学诗. 水力旋流器的选择计算（二）［J］. 国外金属矿选矿, 1998(1): 35 – 47.

［4］波瓦罗夫. 选矿厂水力旋流器［M］. 北京: 冶金工业出版社, 1982.

［5］Tarjan G. 水力旋流器［J］. 庞学诗, 译. 国外金属矿选矿, 1984(11): 1 – 19.

［6］L·斯瓦罗夫斯基. 固液分离［J］. 第 2 版. 北京: 化学工业出版社, 1990.

［7］姚书典. 重选原理［M］. 北京: 冶金工业出版社, 1992.

［8］庞学诗. 水力旋流器分离粒度的计算［J］. 矿冶工程, 1986: 24 – 29.

［9］庞学诗. 螺旋涡的基本性质及其在旋流器中的应用［J］. 有色金属, 1991(4): 30 – 34.

［10］Bradley D. A Theoretical Study of the Hydraulie Cyclone［J］. Ind chen, 1958(34): 437.

［11］褚良银. 水力旋流器［M］. 北京: 化学工业出版社, 1998.

第十章　旋流器技术的应用

旋流器生产中，由于流体运动的特有形式，沿径向产生高的切线速度、大的速度梯度和强的紊流现象，形成比重力场大几十、几百甚至上千倍的离心力场、巨大的剪切应力和剧烈的混合作用，从而使旋流器具有分级、选别、浓缩、澄清、洗涤和传质等多种分离功能，广泛应用于国民经济的众多技术领域。例如，矿物和冶金工程中的分级、脱泥、选别、产物的浓缩、金银浸出和湿法冶金过程的洗涤以及回水澄清等，石油化工工业中的原油脱水、含油废水的去油、裂化油中催化剂的回收、聚合物和结晶体的提取、活性和非活性晶体(物质)的分离、颜料生产过程中的颗粒分级等，粮食加工和食品工业中的粗细粒分级和去杂、淀粉的洗涤和淀粉乳的浓缩、干燥过程中的淀粉回收、牛奶的脱脂和除杂、食用油浸出液的澄清等，造纸工业中的纸张涂料的制备、造纸废水的处理等，核工业中的铀矿浸出过程中的洗涤、净化和铀同位素的分离与提取等，环保工程中的工业和生活废水的澄清与净化、工业和生活废气的除尘脱硫与净化、工业和生活废渣的处理，等等。纵观目前的发展形势，凡是有粒度差、密度差和形状差的两相流体(浆体)分离工程，旋流器无疑是其设备选择的优选方案之一。

旋流器有水力旋流器和风力旋流器两种，它们的主要区别是前者的分离介质是水，后者的分离介质是空气，结构形式和分离过程基本相同。

本章将根据分离相的类型来划分旋流器的应用范围、简介其典型流程；结合实践概述其安装方式、配置方案、部件磨蚀和产物质量测定等基本内容。因为任何技术领域，只要采用旋流器技术，都会遇到安装、配置、磨蚀及质量测定的技术问题。当然不同专业有不同的技术条件和工艺要求，可以根据其基本原则和要求，结合工程实际情况具体实施，亦可以按照自己的经验开发安装、配置等新方案。

工艺流程是指分离过程中浆体经过旋流器的形式、次数(级数)和中间产物的返回地点及其处理的方法等。它主要取决于旋流器应用的技术领域、浆体性质(浓度及其固体和液体的密度或品位、粒度及其粒度组成等)和对分离产物的质量要求。通常，在既定的技术领域中，分离浆体的性质越复杂，对分离产物的质量要求越高，采用的工艺流程越长，技术越复杂。

通常，在国民经济的不同技术领域中，用于分离作业的旋流器可以单独使用，亦可同其他分离设备配套使用。

第一节　应用的基本领域

旋流器应用于国民经济的许多技术领域。根据其分离相的特性，旋流器大致分为五类：固—液分离、固—固分离、液—液分离、液—气分离和固—气分离。本节将在按类简介其实际应用的同时，还介绍一些典型的原则工艺流程供读者参考。在生产实践中，根据处理物料的性质、工艺的特点和对指标的要求，采用的工艺流程是五花八门、各式各样。诚然，介绍的一些典型的原则工艺流程无法或难以满足读者的实际工作需要，读者可以按照工程的实际情况，通过科学试验和自己积累的实践经验，设计出配置合理、结构紧凑、灵活机动和易于实现自动控制的新型工艺流程，以满足自己特有的工艺要求和产品质量需要。

一、固—液分离

固—液分离的主要对象，是由液相水和固相物料组成的两相流体，分离的目的在于得到纯净的液相（溢流）和高浓度（高密度）的固体物料（沉砂）。例如，选矿、环保、陶瓷、建材等工业产品的浓缩和废水的澄清，地质钻探及石油钻井泥浆的净化等。为了获得纯净的溢流水，常用多级溢流串联的原则工艺流程，见图 10－1；或者为获得高浓度的沉砂，常用多级沉砂串联的原则工艺流程，见图 10－2。

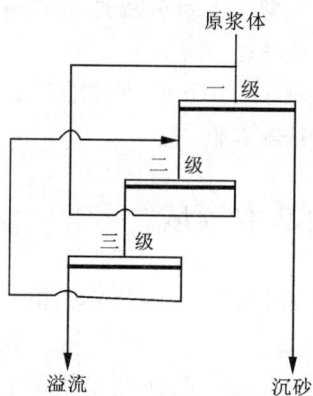

图 10－1　多级溢流串联的
原则工艺流程

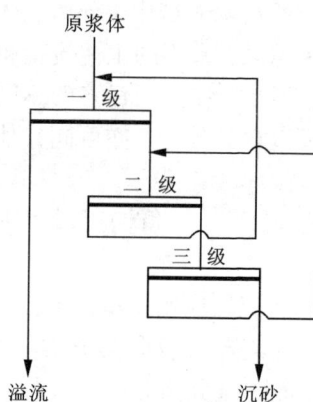

图 10－2　多级沉砂串联的
原则工艺流程

分离过程中的中间产物（通常指工艺流程中的循环物），根据工艺要求和最终产物质量标准，可以顺序返回前一作业，也可以集中返回到某一指定作业，还可以按其物化性质集中后单独处理。工艺流程中中间产物的串联级数、返回次数和返回地点及其单独处理方法，必须根据浆体的性质和对产物质量的要求，由科学试验或参照类似现厂生产实践而定。

应该指出，在一般的浓缩、澄清和净化作业中，往往加入絮凝剂促使其微粒团聚，加速沉淀过程和提高分离效率。但在水力旋流器分离过程中，由于其切线速度高、速度梯度大、内摩擦力（切应力）强，不宜添加絮凝剂。

固—液分离的另一分支是化工、粮食加工、黄金生产及铀矿浸出厂的洗涤作业，生产中常用多级逆流洗涤的原则工艺流程，见图 10－3。同样，洗涤级数由浆体性质和产物质量确定。

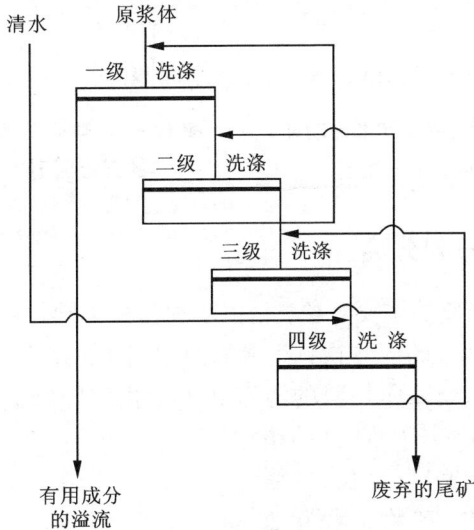

图 10－3　多级逆流洗涤的原则工艺流程

如果原浆的物质组成比较简单，而且对产物的质量要求不很高时，亦可采用图 10－4 的原则工艺流程同时获得纯净的溢流和高浓度的沉砂，即一个工艺流程兼有浓缩和澄清两种功能。如果原浆浓度很稀而且又想获得较浓的沉砂时，可采用图 10－5 的原则工艺流程，该流程同样兼有浓缩和澄清两种功能。

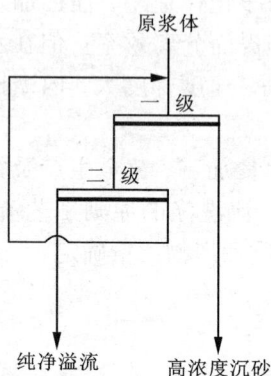

图 10 - 4　兼有浓缩和澄清功能
的二级原则工艺流程

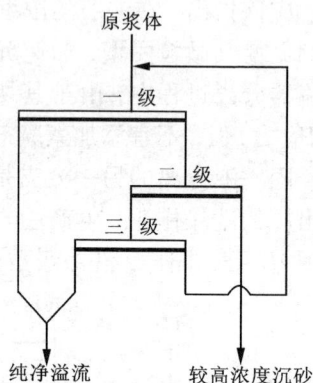

图 10 - 5　兼有浓缩和澄清功能
的三级原则工艺流程

二、固—固分离

固—固分离的主要对象,是由水和各种不同粒级固体物料或不同密度(品位)的固体物料组成的两相流体,分离的目的在于得到小于指定粒级固体物料的溢流和大于指定粒级固体物料的沉砂,或得到高密度(品位)的精矿(沉砂)和低密度(品位)的尾矿(溢流),如,矿物工程专业中的分级、脱泥和重介质旋流器的选别作业等。就分级脱泥作业而言,其分离粒度的范围是 2 ~ 250 μm。当旋流器同磨机构成闭路分级循环时,其常用的原则工艺流程是溢流细度 -200 目在 65% 以上的大中型选厂,多用图 10 - 6 的一段一

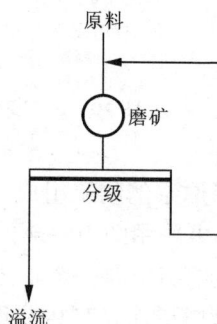

图 10 - 6　一段一级原则工艺流程

级原则工艺流程；溢流细度 – 200 目在 65% 以下的大中型选厂，多用图 10 – 7 的二段二级原则工艺流程；对于小型选厂，为简化工艺流程，可用图 10 – 8 的一段二级原则工艺流程达到溢流细度 – 200 目在 65% 以上的目的。

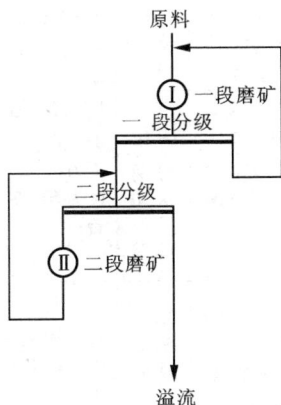

图 10 – 7　二段二级原则工艺流程　　图 10 – 8　一段二级原则工艺流程

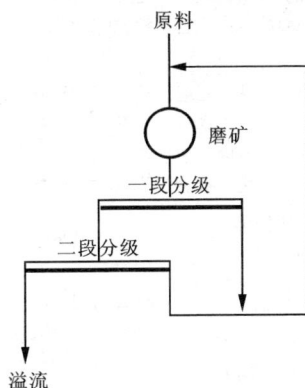

　　例如某铜矿工艺要求溢流细度 – 200 目 65% ~ 70% ，浓度 33% ~ 35% ，采用 $D = 500$ mm 水力旋流器同磨机构成如图 10 – 6 的一段一级原则工艺流程的生产实践见表 10 – 1。

　　又如某铁矿采用如图 10 – 7 的二段二级磨矿分级生产流程，要求二段分级的溢流细度 – 200 目 70% ~ 74% ，浓度 15% 左右。现厂二段分级采用 $D = 350$ mm 水力旋流器的分级效果见表 10 – 2。

　　$D = 350$ mm 旋流器分级的给矿压力 $p = 0.05$ MPa。

表 10 – 1　某铜矿采用 $D = 500$ mm 旋流器生产实践

考察序号		1	2	3	4	5	平均值	备注
溢流浓度/%	室内测定	32.95	32.22	38.50	29.00	31.24	32.78	$D = 500$ mm; $d_i = 130$ mm; $d_o = 140$ mm; $d_s = 110$ mm; $\alpha = 20°$ $h_o = 307$ mm; 磨机处理能力: Q 为 60～50 t/台·时
	生产报表	35.13	32.00	29.00	35.00	35.00	33.23	
溢流细度/ –200 目%	室内测定	72.33	70.53	74.03	78.47	74.80	74.03	
	生产报表	57.00	72.00	70.00	56.00	62.00	63.40	
给矿浓度/%	室内测定	71.00	73.80	59.46	68.32	65.82	67.68	
	生产报表	67.00	70.00	70.00	67.00	74.00	69.60	
沉砂浓度/%	室内测定	77.33	82.88	79.80	79.40	78.00	79.48	
	生产报表	77.00	78.00	80.00	79.00	80.00	78.80	
沉砂细度/ –200 目%		11.90	13.13	8.27	17.37	10.41	12.22	
给矿细度/ –200 目%		25.33	21.57	22.25	24.91	31.50	25.11	旋流器4台一组, 其中2台生产2台备用。
返砂比/%		349	632	370	710	205	453.20	
分级效率/%		55.23	43.08	63.63	35.34	65.73	52.60	
给矿压力/MPa		0.08 约0.10	0.10 约0.12	0.10 约0.14	0.08 约0.14	0.08 约0.13	0.08 约0.126	

表 10 – 2　某铁矿采用 $D = 350$ mm 旋流器的分级效果

给矿		沉砂		溢流		溢流产率/%	分级效率/%	返砂比/%
浓度/%	–200 目%	浓度/%	–200 目%	浓度/%	–200 目%			
40.90	35.00	75.80	17.80	15.10	67.80	34.60	40.70	
35.50	35.00	73.40	17.80	14.10	74.00	30.60	52.40	
38.10	35.00	74.60	17.80	14.75	71.00	32.60	46.55	238

又例如某铁矿的选矿厂生产尾矿, 在进行堆坝前需分出 –360 目 (–37 μm) 的粒级、+360 目粒级进入堆坝场。具体要求: 尾矿堆坝浓度 >65%, 沉砂中 –360 目 (–37 μm) <10%。采用

$D = 500$ mm 水力旋流器的分级试验是采用两种安装方案进行：斜装(旋流器中心线同水平线间夹角 $\alpha = 25°$)和正装。两种安装方案的试验结果及其工艺参数见表 10 – 3。

表 10 – 3　$D = 500$ mm 旋流器的尾矿分级试验

方案	给矿		溢流			沉砂				分级效率/%
	浓度/%	-200 目%	浓度/%	产率/%	-200 目%	浓度/%	产率/%	-200 目%	-360 目%	
斜装	17.00	28.47	8.00	26.22	91.70	72.00	73.78	6.00	1.00	48.28
	18.00	31.96	8.00	29.48	91.67	74.00	70.52	7.00	1.00	42.98
	15.00	31.00	3.00	12.77	95.00	70.00	87.23	12.00	2.00	38.94
	15.00	32.00	2.00	15.79	95.00	71.00	84.21	12.00	2.00	44.99
	13.00	34.00	4.00	25.00	95.00	73.00	75.00	13.00	2.00	36.72
	14.00	34.00	4.00	22.22	93.00	70.00	77.78	10.00	2.00	44.75
	13.00	29.69	6.00	33.19	90.91	70.00	66.21	7.14	1.02	44.17
	15.00	31.31	7.00	25.12	89.69	73.00	64.88	6.06	1.01	53.92
正装	13.29	31.00	5.52	31.25	95.00	65.00	68.75	11.00		72.00
	12.27	32.00	5.32	25.00	96.00	57.67	75.00	16.00		60.00
	15.38	46.00	6.52	38.68	97.00	72.79	61.32	13.50		82.07
	15.19	53.00	7.43	42.68	97.00	60.00	57.14	20.00		78.40
	15.63	47.00	7.25	35.53	96.00	59.01	64.47	20.00		72.50
	12.95	63.00	7.10	51.00	97.00	42.86	49.00	27.60		78.50
	13.04	64.00	6.99	61.25	95.00	56.38	38.75	15.00		63.00
	15.80	36.00	5.20	23.75	97.00	65.70	76.25	17.00		
备注	$d_i = 65$ mm; $d_o = 110$ mm; d_s 为 35 ~ 40 mm; $h_o = 400$ mm; p 为 0.088 ~ 0.100 MPa; Q 为 180 ~ 193 m^3/h									

矿泥有原生矿泥和次生矿泥两种。原生矿泥是指原矿中就有的对选别过程和选别指标有重大影响的微细级泥质物，例如风化

严重的原矿；次生矿泥是指破碎磨矿过程中产生的对选别过程和选别指标有重大影响的微细级泥质物。矿泥的粒级界限目前尚无统一的规定，它主要取决于其工艺技术的先进程度。通常，为了给选别过程创造有利条件和得到满意的选别指标，对某些含泥多的矿产资源在入选前要进行脱泥作业。水力旋流器的脱泥流程必须根据原矿性质和指标的要求而定，图 10 - 9 和图 10 - 10 是我国某锡矿两个脱泥流程的实例，其规定的矿泥粒级是 - 19 μm。

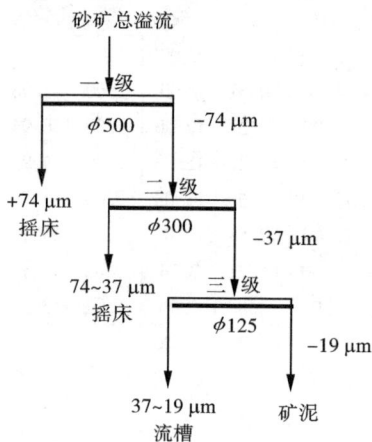

图 10 - 9　先分级后脱泥流程　　　图 10 - 10　先脱泥后分级流程

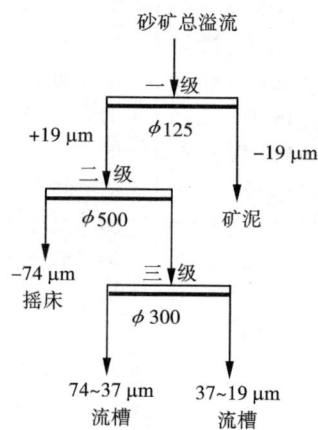

　　表 10 - 4 至表 10 - 6 是某锡矿采用 $D = 125$ mm 旋流器对该矿的原生矿泥和次生矿泥的脱泥实践，脱出矿泥的粒级是 - 10 μm。

表 10 - 4　　$D = 125$ mm 旋流器工艺参数

作业	d_i/mm	d_o/mm	d_s/mm	H/mm	h_o/mm	α/(°)	给矿压力/MPa
原生矿泥	24	35	11	200	100	15	0. 162 ~ 0. 172
次生矿泥	24	27	11	200	100	15	0. 177

表 10-5 原生矿泥脱泥效果

考察序号	粒度/-10μm%			浓度/%			沉砂产率/%	脱泥效率/%	+10μm粒级回收率/%	生产能力/(t·台⁻¹·d⁻¹)
	沉砂	溢流	给矿	沉矿	溢流	给矿				
1	12.70	94.60	68.74	32.26	2.73	3.84	31.58	82.34	89.87	10.60
2	14.63	94.02	67.50	36.74	2.84	4.09	33.41	80.49	91.71	11.28
3	15.16	92.75	67.12	34.86	2.77	4.00	33.04	77.58	88.21	11.27

表 10-6 次生矿泥脱泥效果

考察序号	粒度/-10μm%			浓度/%			沉砂产率/%	脱泥效率/%	+10μm粒级回收率/%	生产能力/(t·台⁻¹·d⁻¹)
	沉砂	溢流	给矿	沉矿	溢流	给矿				
1	7.70	93.46	44.13	30.65	1.45	3.21	57.52	84.99	96.34	7.21
2	7.81	90.42	41.03	36.33	2.27	4.18	48.85	82.09	93.36	10.10
3	7.86	91.35	44.58	36.25	1.58	3.41	56.01	83.26	95.56	7.92
4	7.41	91.43	44.94	35.30	1.76	3.72	55.33	83.94	95.34	8.92

某铁矿属微细粒级嵌布的磁铁矿和赤铁矿混合矿类型，可选性研究发现，原矿经磨矿分级入选前的产物中 -10 μm 粒级的泥质物含铁量很低，如果能在入选前脱出 -10 μm 粒级的泥质物，则不但能节省工程投资，而且还可改善精矿质量。研究决定采用云锡式 $D=125$ mm 旋流器进行磨矿分级后的原矿脱泥，脱泥效果见表 10-7。

先分级后脱泥流程就是先用大直径旋流器分级，再用小直径旋流器脱泥，适用于高浓度和少泥质的原浆体；该流程的优点是水力旋流器的磨损轻、最终溢流产物粗粒级含量少，最终沉砂产物浓度高。先脱泥后分级流程就是先用小直径旋流器脱泥，再用大直径旋流器分级，适用于低浓度和多泥质的原浆体；其主要优点是预先脱出了大量泥质，减少了下一工序的设备负荷；其主要缺点是旋流器磨损严重，溢流产物可能还需浓缩才能进入下一工序。

表 10 – 7　某铁矿采用 $D = 125$ mm 旋流器脱泥效果

指标		沉砂	溢流	给矿	工艺参数
产率/%		69.00	31.00	100.00	$d_i = 24$ mm; $d_o = 35$ mm; $d_s = 11$ mm; 给矿浓度: c_w 为 7% ~ 10%; 给矿压力: $p = 0.2$ MPa
浓度/%		58.98	2.88	10.43	
粒级 /μm	74.0	5.20	1.54	8.68	
	37.0	21.39	2.01	19.06	
	19.0	40.66	5.67	23.19	
	10.0	18.59	11.35	14.65	
	-10.0	14.16	79.43	34.42	
	合计	100.00	100.00	100.00	
+10 μm 粒级回收率/%		90.32	9.68	100.00	
-10 μm 粒级回收率/%		28.46	71.54	100.00	
生产能力/(t·台⁻¹·d⁻¹)				15 ~ 18	

　　水力旋流器用于选别作业主要是粗选丢尾,但当原矿性质简单,有用矿物同脉石矿物之间的密度差大,而且均已单体解理时,亦可直接得合格精矿。图 10 – 11 是选别黄铁矿的流程实例。

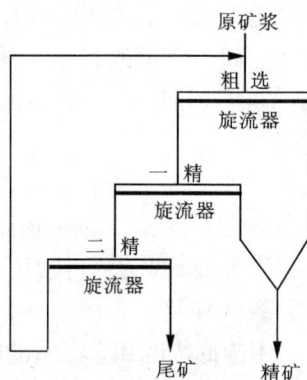

图 10 – 11　黄铁矿选别流程

水力旋流器用于固—液和固—固分离的流程多种多样，上述流程只是一些典型实例。在工程设计中，必须根据专业特点、浆体性质和指标要求的实际情况，结合科研结果予以科学的制订。

三、液—液分离

液—液分离的对象是由密度不同而又互不相溶的两种液体组成的两相流体，分离的目的在于得到两种不同密度的纯净液体。例如，石油工业的原油脱水，含油废水的去油和轻油的脱水等。

现以油水分离的液—液旋流器为主简介其基本结构及实际应用情况。油、水的主要物理性质见表 10 - 8。液—液分离旋流器的结构特点是小直径、小锥角、长锥体或长筒体。通常，直径 D 为 10 ~ 25. 4 mm，最大直径为 50. 8 mm，锥角 $\alpha = 1.5°$，锥体长度相当于直径的 40 ~ 48 倍，给料压力一般为 130 ~ 150 kPa，最高可达 200 kPa 以上。目的在于提高工作液体的切线速度、增大惯性离心力、延长分离过程、提高分离效果。

表 10 - 8　油、水的主要物理性质

物性项目	油	水
密度/$(t·m^{-3})$	0. 650 ~ 0. 920	0. 999 ~ 1. 000
黏度/$(10^3 Pa · s)$	1. 720	1. 005

目前最具代表性的是 20 世纪 80 年代中期英国 Southampton 大学研制开发的 F 型液—液旋流分离管，见图 10 - 12(a)和 1999 年陆耀军等研制的优选结构型液—液旋流分离管，见图 10 - 12(b)，后者是一种改进型液—液分离旋流器。

F 型液—液旋流分离管是双筒双锥型结构，当欲分离的两相流体(油水混合液)沿切线方向给入旋流器后，首先在短筒腔内形成旋流，随后经 20°角的短锥管加速，再经 1. 5°角的长锥管分离，

(a)F型液—液旋流分离管结构示意图

(b)优选结构型液—液旋流分离管结构示意图

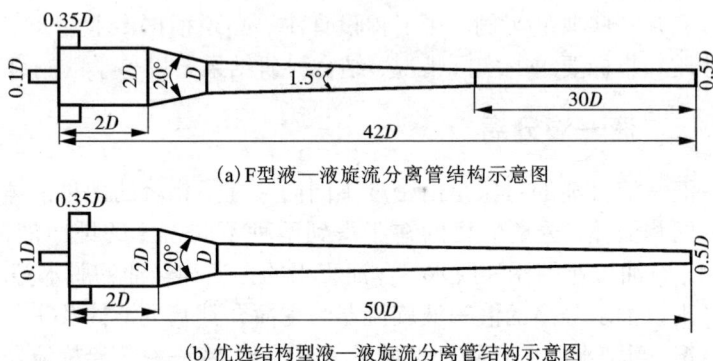

图 10 – 12　　液—液旋流分离管(器)示意图

最后由长筒管延长分离时间、提高分离效果,完成全部分离过程。F 型液—液旋流分离管是国外早已注册的技术专利,然而,对其管内流场的 LDV 测试结果表明,由于尾部长筒管中切线速度明显衰减,轴向速度增大,使尾部长筒管的分离作用甚微、阻力损失加大。为此,陆耀军等通过一系列严格的结构选型研究,发展一种新型的优选结构型液—液旋流分离管,属单筒双锥型结构。在含油浓度 7560 mg/L、处理量 10 m³/h 和溢流比为 5% 的条件下,其分离粒度由 F 型旋流分离管的 60 μm 减小到 30 μm,分离效率由 75% 提高到 91%,管内压力损失由 0.35 MPa 减少到 0.25 MPa,改进分离管的分离特性和阻力特性,是一种低阻高效型的液—液旋流分离管。

　　用于油水分离的液—液旋流分离器的原则工艺流程是首先将含油量 <50% 的油水混合液给入预分离旋流器,经过预分离的溢流含油约为 80%,底流含油约为 2000 mg/L;预分离的溢流进脱水旋流器脱水,脱水后的溢流为含油 >99% 的合格原油,脱水后的底流(含油 <2%)和预分离底流合并后进入脱油旋流器;脱油

后的溢流返回上游循环处理，脱油后的底流为符合排放标准的净化污水。应该指出，流程中脱油和脱水的次数、中间产物(循环产物)的返回地点，必须根据油水混合液的性质和对最终产物的质量要求，按照科学试验结果或类似工程的实际资料确定。

通常，油水分离特别是原油的油水分离工程中的处理量都很大，为了解决液—液旋流分离器规格小和处理量大之间的矛盾，往往采用多台并联的配置方案，并联的组数和每组中并联的台数可由工程的设计能力(处理量)和液—液旋流器的规格确定。

液—液旋流分离器(管)是 20 世纪 80 年代开发的高新技术，目前世界各国仍在研发过程中，标准化的系列产品很少见到。据报道，澳大利亚环保公司研制的除油旋流器是小直径长筒型，直径 10～25.4 mm 和 50.8 mm，处理量为 1200 L/h 和 2500 L/h；Krebs 公司研制的直径为 25.4 mm、50.8 mm 和 76.2 mm 的 Spinifex 型油水分离旋流器也是这样形式，给料压力在 600 kPa 以上，旋流器内离心强度高达 1000 以上，能分出 -15 μm 的乳化油滴，处理量 1000～4000 L/h；据介绍专门用于互不相溶的螺线型水力旋流分离器(helical hydrocyclone separator)在给料压力为 130 kPa 时，可从含油量 50%、油-水密度差仅为 0.02 t/m^3 的油水混合液中分离出 5 μm 的油滴。

四、液—气分离

液—气分离的对象是由液体和溶解于其中的气体所组成的两相流体，分离的目的在于利用水力旋流器的高切线速度所形成的中部负压区，从而使其中被溶解的气体析出(逸出)，得到不含气体的高纯度液体。例如，石油工业从原油中分离出气体等。

五、固—气分离

固—气分离的对象是由气体和微粒(粉状)固体或不同粒级

固体物料所组成的两相流体,分离的目的在于得到清净的气体和纯净的固体或得到不同粒级的两种固体。例如,环保工程中各种烟道气的除尘和各种含尘气体的净化,以及选矿工业中的风力分级等。

固—气分离用的旋流器称为风力旋流器,亦称为旋风除尘器,它的分离原理、结构形式和分离过程同水力旋流器基本相同,主要区别就在于风力旋流器的分离介质是空气,水力旋流器的分离介质是水,见图 10 – 13。

风力旋流器在工程设计中可单独使用,亦可同其他设备串联或配套使用;可单机使用,亦可成组使用;可在常温下使用,亦可在低于 400℃ 的高温下使用,适用于粉尘浓度为 $0.01 \sim 400$ g/m³ 的各种含尘气体。它的工艺计算方法同水力旋流器基本相同,只需将

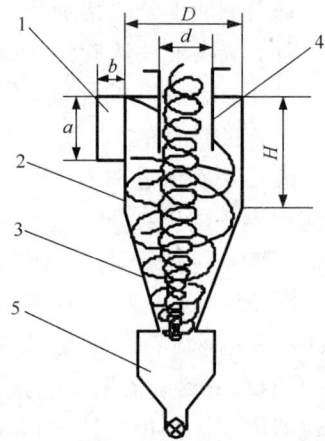

图 10 – 13　风力旋流器示意图
1—进气管;2—筒体;3—锥体;
4—排气管;5—集尘斗

其公式中的水与水和固体物料组成的两相流体的密度和黏度换算成空气与空气和固体物料组成的两相流体的密度和黏度,经过相应简化和修正即可应用。图 10 – 14 是某金矿焙烧烟道气的风力旋流器除尘的流程实例。

应该指出,旋流器除应用于上述分离领域外,还应用于传热、传质、雾化和生物工程等高科技领域,因其超出本书内容范围而未予阐述。

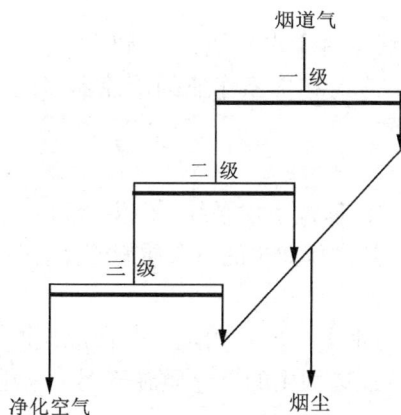

图 10 - 14　某金矿焙烧烟道气的除尘流程

第二节　安装方式

在生产实践中,水力旋流器的安装方式有四种:正装、倒装、斜装和平装,见图 10 - 15。

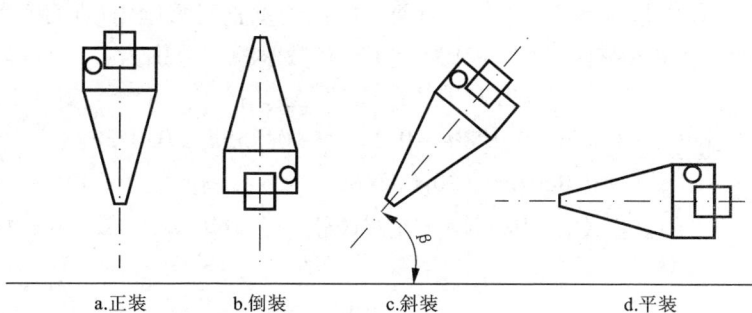

a.正装　　　b.倒装　　　c.斜装　　　　　d.平装

图 10 - 15　水力旋流器安装方式

（1）正装

旋流器的轴线垂直于水平线，溢流口在上，沉砂口在下。分级、脱泥、浓缩、澄清和洗涤作业的旋流器多用正装，特别是单台用的旋流器。

（2）倒装

旋流器的轴线也垂直于水平线，但溢流口在下，沉砂口在上，同正装正好相反。选别作业中的重介质旋流器有时采用倒装。

（3）斜装

旋流器轴线与水平线成一角度。多台成组配置的旋流器（特别是放射状配置）或选别用的重介质旋流器多采用斜装。

（4）平装

旋流器轴线同水平线相平行。其应用较少，只有处理纤维状浆体带有螺旋排矿装置的旋流器才采用平装。油水分离旋流器多用平装。

工业生产中多用正装或带有一定倾角的斜装。张鉴、陈炳辰和刘其瑞采用直径 $D = 75$ mm 的 Krebs 型旋流器对包钢选厂生产矿浆的研究工作表明：随着旋流器安装倾角的增大，其生产能力和分离粒度提高，水量比（沉砂中水量与给矿中水量之比）下降，分级效率基本不变。为便于计算，旋流器垂直安装倾角（正装）为 $90°$，水平安装倾角（平装）为 $180°$，其数学模型分别为：

$$q_m = 2.31 d_i^{0.88} d_o^{0.77} d_s^{0.029} \Delta p^{0.41} \beta^{0.156} \tag{10-1}$$

$$\lg d_{50c} = 1.075 + 0.178 d_i + 0.114 d_o + 0.755 d_s + 0.015 c_{iw}$$
$$- 0.00012 g_m + 0.0024\beta \tag{10-2}$$

$$Q_{ow} = 0.8463 + 0.9816 Q_{iw} - 4.1801 d_s \tag{10-3}$$

$$E_c = \frac{e^{3.76x} - 1}{e^{3.76x} + e^{3.76} - 2} \tag{10-4}$$

式中：q_m、d_{50c}、E_c——分别为旋流器斜装时的生产能力、校正分离粒度和校正效率，L/min、μm；

d_i、d_o、d_s——分别为旋流器的给矿口、溢流口、沉砂口直
径，cm；

Δp——给矿压力，kPa；

β——旋流器倾角，倾角变化范围为 $90° \sim 180°$，垂直安装
为 $90°$，水平安装为 $180°$，(°)。

O_{ow}、Q_{iw}——分别为溢流、沉砂中的水量，L/min；

x——相对粒度，d/d_{50c}。

研究工作表明：水力旋流器安装倾角是影响分离指标的重要
因素之一，随着倾角的增大，旋流器生产能力提高，溢流中细粒
级回收率增加，分离粒度加大，水量比(沉砂中水量与给矿中水
量之比)降低，分离效率基本不变。生产过程中，适当改变旋流器
的倾角，能够达到提高生产能力，降低安装高度，减轻沉砂口磨
损和堵塞，增加细粒级在溢流产物中的回收率的目的。这一发
现，在旋流器今后的工业生产和工程设计中应该给予重视。

总之，水力旋流器的安装方式必须根据工程的浆体性质、工
艺类型、地形特点和指标要求，以获得最佳分离指标为目的。水
力旋流器的安装地点同砂泵之间的距离要尽量缩短，沿程阻力损
失要尽量减小，以便在确保给矿压力的前提下尽量降低给矿砂泵
的能量消耗。

第三节　配置方案

当工艺流程正式确定后，配置方案合理与否将直接影响今后
的工业生产。配置方案就是根据工艺流程和地形特点，把工程所
需的旋流器并联成组、串联成组或并串联成组的优化组合形式。
本节只阐述旋流器并联成组的配置方案，串联成组或并串联成组
的配置方案只能根据工程的实际情况和对产物的质量要求，循此
基本原则进行配置。

生产实践中,对水力旋流器并联成组配置方案的基本原则是给入每台旋流器浆体的流量、性质和压力要相同,分离后的溢流和沉砂要自动流入下一作业,结构要紧凑,形式要美观,观测和检修要尽可能方便。

通常,小型旋流器的生产能力较小,但生产实际中往往要求有较大的生产能力,故而,只有采用合理的并联配置方案才能满足实际需求。并联旋流器的台数由生产规模(设计生产能力)和旋流器规格确定,从数台到上百台甚至更多。目前,工业生产中旋流器并联配置方案,根据其结构形式,大致分为三种:放射型(亦称曲线型)、直线型和集合型。

一、放射型(曲线型)

水力旋流器放射型(曲线型)配置方案的特点是中心为一类似球形或橄榄形的矿浆分配器,而水力旋流器则沿水平方向以等距离、放射状和对称性地安装在其四周,需要分离的矿浆首先给入矿浆分配器,再由矿浆分配器以放射状均衡地给入各个旋流器,分离后的溢流和沉砂汇入各自的总管,并自动流入各自的下一作业。

放射型配置方案目前国内外应用得相当广泛,它能比较好地满足水力旋流器配置的基本要求。特别是大中型选矿厂与磨矿机构成闭路的分级旋流器、油—水分离旋流器、细粒和超细粒物料分级用的水力旋流器等。图 10 – 16 是我国江西德兴维东山设备有限公司 WDS – ϕ660 mm × 8 mm 旋流器放射型配置方案实例;图 10 – 17 是 AKW 中型旋流器放射型配置方案实例;图 10 – 18 是我国山东威海海王旋流器有限公司 FX – ϕ350 mm × 16、FX – ϕ50 mm × 10旋流器,江西德兴维东山设备有限公司 WDS – ϕ150 mm × 40 水力旋流器在赞比亚谦比西铜矿和长沙矿冶研究院 CZI – ϕ150 mm 高效水力旋流器的放射型配置方案实例。

图 10 – 16　WDS – ϕ660 mm × 8 旋流器放射型配置方案实例

图 10 – 17　AKW 中型旋流器放射型配置方案实例

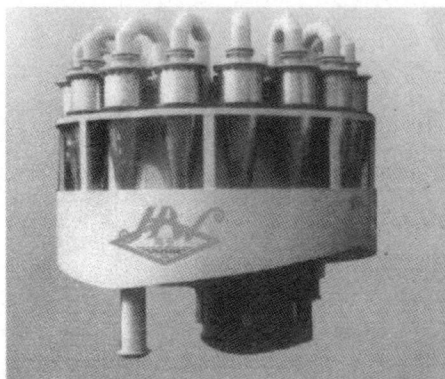

FX－φ350 mm×16水力旋流器组

FX－φ50 mm×10水力旋流器组

WDS－φ150 mm×40水力旋流器组

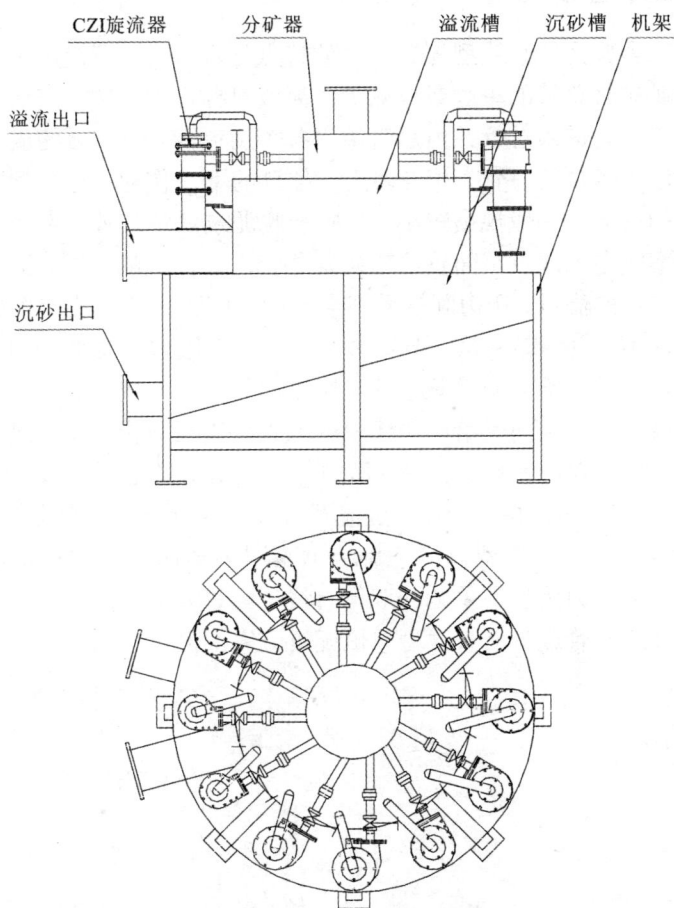

CZI–ϕ150 mm高效水力旋流器组

图 10 – 18 海王、维东山和 CZI 高效旋流器放射型配置方案实例

二、直线型

　　水力旋流器直线型配置方案的特点是水力旋流器沿水平走向的给矿矿浆总管的单侧或双侧等距离或对称性地安装。需要分离的矿浆首先进入总管并由总管给入各个旋流器，分离后的溢流和沉砂汇入各自的总管，并自动流入各自的下一作业。直线型配置方案的旋流器一般规格较小，多用于脱泥或澄清作业。直线型配置方案的主要缺点是随着给矿矿浆总管入口位置的不同，进入旋流器矿浆的流量、压力和性质亦会不同，从而使各个旋流器的分离条件不统一，影响总的分离效果。为了克服这一主要缺点，工程科技人员沿给矿矿浆总管的矿浆走向将其设计成异径管，即随着矿浆的水平走向其给矿矿浆总管的直径逐渐减小，以便保证给入各个旋流器的矿浆的流量、压力和性质基本稳定。图 10 – 19 是直径 $D = 254$ mm 的 Krebs 型旋流器直线型双侧配置方案实例；图 10 – 20 是我国山东威海海王旋流器有限公司用于石油钻探的除砂和脱泥水力旋流器单侧和双侧直线型配置方案实例；图 10 – 21 是异径给矿管旋流器直线型单侧配置方案实例。

图 10 – 19　$D = 254$ mm 的 Krebs 型旋流器直线型双侧配置方案实例

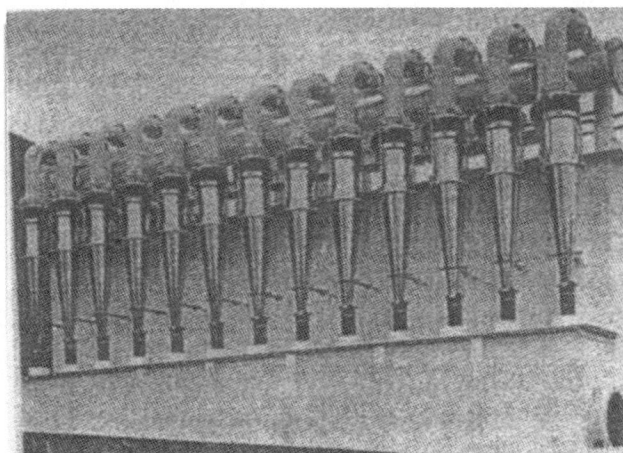

单侧直线型配置

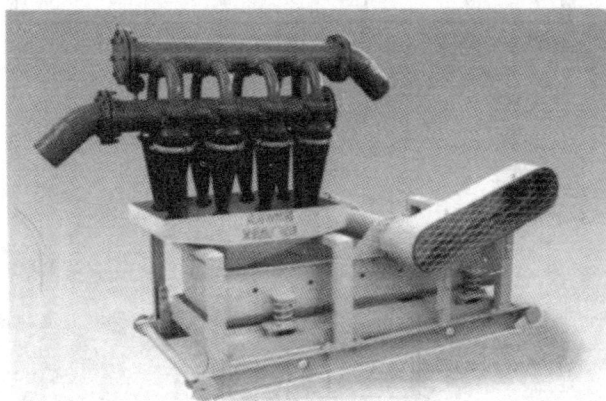

双侧直线型配置

图 10 – 20　威海海王旋流器有限公司水力旋流器直线型配置方案实例

(a)平面图

(b)正视图

(c)侧视图

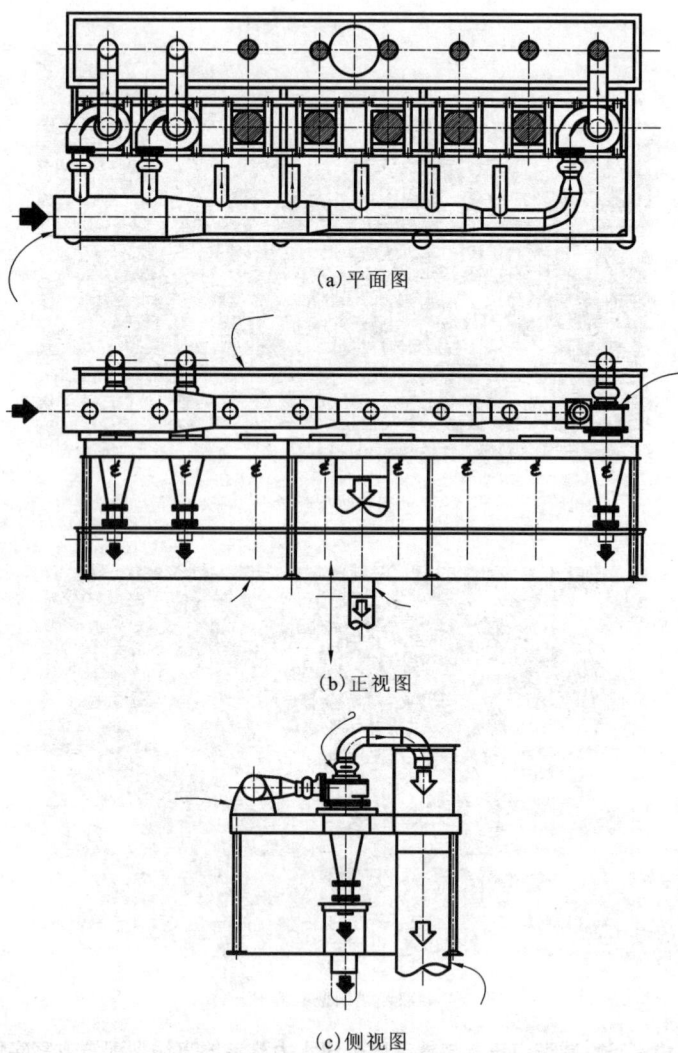

图 10−21　异径给矿管旋流器直线型单侧配置方案实例

　　为了加深对异径给矿管设计的认识，特将其设计用的平面图、正面图、侧面图三图一并示于图 10－21。

三、集合型

　　水力旋流器集合型的配置方案的特点是依次把多台小型旋流器呈水平或垂直状态，分层安装在一个密封的不锈钢容器内，在容器中分成（做成）彼此独立而又互相密封的给矿、溢流和沉砂三个通道（空腔）。给矿（料）通道实际上是一个矿浆（料浆）分配器，它按工艺要求把具有一定压力、一定流量和一定浓度的浆体均匀地分给浸入其中的各个旋流器，分离后的溢流和沉砂分别汇入溢流通道和沉砂通道，按工艺要求自动流入下一作业或指定的地点。

　　集合型配置的特点是配置紧凑、占地面积小和美观卫生，但结构复杂、安装困难和维修烦琐，它适用于小型或特小型旋流器对磨蚀性小的物料，在低浓度给料条件下的分离作业。例如造纸工业的纸浆净化或洗涤，石油工业的油水分离，粮食加工工业中淀粉分离、洗涤浓缩，陶瓷工业中的高岭土分级，等等。图 10－22 是集合型水平多层配置方案的典型实例。

　　介绍的旋流器配置方案，均是多台单层的配置方案。生产实践中，要根据工程的实际生产能力、设备规格和地形特点，按照要求进行单台或多台、单层或多层、单组或多组的配置形式。同样，读者可以根据实践经验和积累的资料，在旋流器配置基本要求的前提下，按照分离物料性质、工艺流程特点、产物质量要求和所处地形特征，设计和创造出结构更为合理、操作更为方便、应用更为广泛和自动化程度更高的配置方案，以满足水力旋流器日益发展的需要。

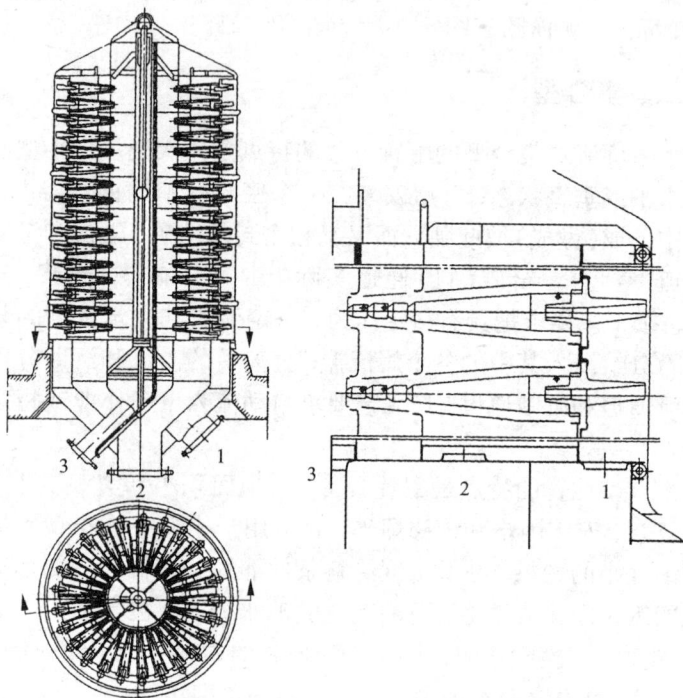

图 10 – 22　集合型水平多层配置方案实例

1—溢流；2—给料；3—沉砂

第四节　部件磨蚀

　　水力旋流器用于分离设备的主要缺点是磨蚀快和能耗高。磨蚀是分离过程中水力旋流器各相应部件的磨损和腐蚀，其结果是引起旋流器结构参数的改变，导致分离结果恶化直至无法生产。实践表明，减缓部件磨蚀和稳定结构参数是保证水力旋流器正常工作的重要环节，也是工程技术人员关注的中心课题。至于能耗高的缺点，当把水力旋流器的优缺点与相应分离设备的优缺点（特别是基建投资方面）进行客观的比较后，就显得次要了。故而，部件磨损和腐蚀是从事水力旋流器分离工作的科技人员必须给予高度重视而又必须解决的技术问题。

一、磨蚀机理

当含有不同粒度、不同密度、不同硬度和不同形状的固体物料的两相流体（矿浆）以切线方向或渐开线方向高速射入旋流器后，便以汇流和涡流合成的组合螺线涡和螺旋流的复合运动形式，在旋流器腔内呈三维速度高速运动，其中切线速度可达 $5 \sim 15$ m/s。粗而重的固体颗粒在强大离心力的驱使下，克服径向的介质阻力后冲向器壁，形成外旋流，在重力场的作用下由沉砂口排出；细而轻的固体颗粒在组合螺线涡驱使下，逐渐内迁形成内旋流在浮力的作用下由溢流口排出。分离过程中，两相流体对旋流器内壁的磨蚀主要体现在两个作用上。

1. 磨剥作用

两相流体中粗而重和锋而坚的固体颗粒群，在高速的切线速度作用下，以比重力大几十倍、几百倍甚至上千倍的离心力连续冲击旋流器的相应内壁，形成无法抵御的摩擦力，剥离其相应表面的物质，改变其相应的结构尺寸，破坏参数间的比例关系。为简化起见，设两相流体中呈组合螺线涡运动的固体颗粒群均为密度、粒度和硬度相同的球体，并以相同的速度垂直冲向旋流器的内壁，则其产生的摩擦力：

$$f = \mu N \sum_{i=1}^{n} \frac{\pi d_i^3}{6r} (\delta - \rho) v_t^2 \qquad (10-5)$$

式中：μ—— 固体颗粒与器壁间的摩擦系数；

d_i—— 固体颗粒直径；

δ、ρ—— 固体颗粒、介质的密度；

v_t—— 固体颗粒运动的切线速度；

r—— 固体颗粒的旋转半径。

生产实践中，水力旋流器中的两相流体，是由介质水和不同粒度、不同密度、不同硬度和不同形状的固体颗粒群组成，它们同器壁间的摩擦系数也各不相同；在组合螺线涡和螺旋流的复合运动中，又以不同的速度和不同的角度冲击器壁，很难用一数学表达式将其定量概括。但从式（10-5）中可以定性地看出：固体颗粒对器壁的摩擦力同其摩擦系数、颗粒粒度的立方、颗粒切线速度的平方、颗粒密度与介质密度差的一次方成正比，同其颗粒旋转半径的一次方成反比。很明显，当水力旋流器的其他工艺参数不变时，固体的颗粒越粗、密度越大、切线速度越高、旋转半径越小，则其产生的摩擦力越大，对器壁的磨损越厉害。

2. 汽蚀作用

水力旋流器在加工制造过程中，由于其加工不细和精度不够，在其工作表面（器壁）往往会有一定的粗糙度（即凹凸不平部位）。在分离过程中，呈组合螺线涡和螺旋流高速运动的两相流体，流经凸出部位时，则会出现流线密和流速高的现象；流经凹入部位时，则会出现流线疏和流速低的现象。根据伯努利原理，流线密和流速高的部位压力低，流线疏和流速低的部位压力高，如果低压区的压力低于当时温度下流体的饱和蒸汽压力，则流体沸腾，产生气泡，形成气穴，破坏流体的连续性。当气泡带到下游压力高的区域时，在高压作用下，气泡破灭，气穴消失。在气泡破灭的一瞬间，周围流体会迅速填补气穴，从而形成巨大的冲击力，冲击旋流器的工作表面（器壁），其值可达数百兆帕。器壁在连续的巨大冲击力作用下，结构不均匀的疏松部位，其表面物质会呈蜂窝状脱落，从而改变其结构尺寸，破坏其比例关系，见图 10-23。

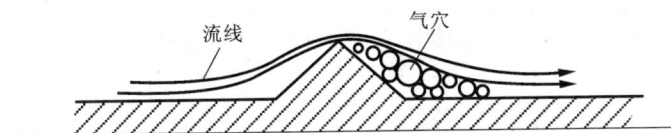

图 10 - 23 气蚀作用示意图

汽蚀作用与两相流体的物理性质(流速、物料粒度、密度、硬度、粒度组成等)、器壁粗糙度、器壁材质和饱和蒸汽压等因素有关,但只要加工制造过程精细和保证安装质量,可以将其减缓到最低程度。

二、磨损规律

根据上述磨蚀机理可知:水力旋流器磨蚀主要是由固体颗粒的磨剥和气穴的汽蚀联合作用的结果,如果加工精细、安装精确,最大限度地减小其粗糙度,则颗粒的磨剥作用就是部件磨蚀的主要因素。

从水力旋流器内两相流体中固体颗粒呈组合螺线涡和螺旋流复合运动的特点,可以得出旋流器部件磨损的基本规律:沉砂口和与沉砂口相邻的锥体部位磨损最快,因为粗而重的沉砂经此排出时,有旋转半径小、切线速度大的特点,从而形成了强的摩擦力;给矿口和与给矿口相邻的筒体部位次之,因为含有粗而重的两相流体由此射入旋流器时,具有高的给矿压力、大的射流速度,从而形成强的摩擦力;盖板的下表面再次之;内溢流管(或旋涡溢流管)的表面最弱。其结果是旋流器的结构参数改变、比例失调、粗糙度增大、分离效果降低直至无法正常工作。云南锡业公司四个选矿厂水力旋流器磨损前后分离效率的对比见表 10 -9。

表 10 - 9　　水力旋流器磨损前后分离效率比较/%

厂名	时间	脱泥效率	厂名	时间	脱泥效率
A	磨损前	68. 55	C	磨损前	72. 47
	磨损后	32. 79		磨损后	56. 13
B	磨损前	82. 24	D	磨损前	76. 40
	磨损后	68. 99		磨损后	16. 35

三、减缓磨蚀的方法

为了确保旋流器按设计要求正常生产，达到预期的分离指标、稳定结构参数、延长使用寿命、最大限度地减缓部件磨蚀至关重要。生产实践表明，技术上可行、经济上合理的方法有如下几点。

1. 工艺精细，安装精确

根据制造工艺要求，旋流器部件加工一定要精细，组装一定要精确，工作面要平滑，以最大限度地减少因粗糙引发的汽蚀作用。

2. 选择合理的工艺流程和合适的设备型号

根据分离物料性质、浆体特点及工艺指标要求，选择合理的工艺流程和合适的设备型号，尽量采用低压给矿和大型旋流器。当物料中粗粒级含量多时，可预先筛出粗粒级再行分级或脱泥等，或先用大型旋流器低压分级再用小型旋流器高压脱泥的工艺流程。

3. 同其他分离设备联合使用

为了充分发挥水力旋流器分离过程中的优势，减少其不利因素的影响，使其同其他分离设备联合使用也是有效途径之一。例如，黄金选厂、细粒嵌布或微细粒嵌布选厂的磨矿分级系统中，为了提高入选细度，常采用螺旋分级机进行第一段分级，其溢流再用中小型水力旋流器进行第二段分级的工艺流程。通常，为了提高分级效率，先采用水力旋流器分级，再根据要求对溢流或沉砂用细筛进行筛分的工艺流程；为了提高磨矿回路中的分级效率，可采用水力旋流器加圆锥分级机的工艺流程；为了提高浓缩效率，可采用水力旋流器加浓缩机的工艺流程；等等。

4. 采用耐磨材质，延长使用寿命

为了提高水力旋流器的使用寿命，小型或特小型旋流器均用耐磨材料制造，直径 $D > 75$ mm 的旋流器一般都有内衬，而且是分段制造，以便磨损后进行更换。目前水力旋流器的内衬多用耐磨橡胶，沉砂口多用聚氨酯、尼龙、碳化硅、硬质合金等，对特大型旋流器的内衬可用铸石。

山东威海海王旋流器有限公司研制的聚氨酯水力旋流器的耐磨性能见表 10 – 10 和表 10 – 11。

表 10 – 10　两种旋流器寿命比较/h

部件	钢制旋流器寿命	聚氨酯旋流器寿命	备注
柱锥体	480	29900	直到试验停止后聚氨酯旋流器仍在使用
沉砂口	240	2000	

表 10 – 11　某油田两种旋流器寿命比较

材质	平均磨损率 /(mm·100^{-1}·h^{-1})	寿命 /h	单价 /元	单只单位时间成本/(元·h^{-1})
丁腈橡胶	2.797	150	384	2.56
高锰铸钢	0.672	250	180	0.72
浇注型聚氨酯	0.276	1500	450	0.30

布干维尔铜矿选矿厂采用水力旋流器分级，投产后对其沉砂嘴的材质进行过多种材料试验，主要材质的试验效果见表 10－12。

表 10－12 沉砂嘴主要材质试验效果

材质名称	使用寿命/h
高密度氧化铝	350～400
白口铁	400～500
树脂黏合碳化硅	100～750
橡胶	800～1500
氧化碳黏合碳化硅	1500～3000
碳化钨贴砖	1700
熔化碳化硅	6000～15000

云锡集团研制的水－6 号旋流器橡胶衬里比普通铸铁衬里寿命长 15～20 倍，如果给矿压力控制在 0.15 MPa，则其寿命可达 2～3 年。

另外，研制结构形式合理、工艺参数优化的新型旋流器，消除分离过程中紊流、短路流和循环流的干扰与无谓的能耗及磨损，也是减缓部件磨蚀和延长使用寿命的重要环节。

第五节 分离产物质量测定

一、质量指标

水力旋流器分离产物的质量指标随其应用领域的技术要求而定，不同的领域有不同的质量指标。分级、脱泥、浓缩、澄清和粮食加工作业的质量指标是细度和浓度；选别作业的质量指标是品位；液—液分离和液—气分离的质量指标是有用相的含量等。品位就广义而言是指有用成分的含量，同液—液分离和液—气分离质量指标的有用相含量基本相同。

从目前水力旋流器应用的广泛领域看，细度、浓度和品位基本上可以代表其分离作业的质量指标。细度通常指产物中某一特定粒级（常用 -0.074 mm 或 0.04 mm）的含量，根据工艺要求有时还需用产物的粒度组成即粒度特性（产物的粒级与其含量之间的关系）作质量指标。浓度通常指质量浓度或体积浓度，根据工艺要求有时还需用稀度即液固比（质量液固比和体积液固比）、稠度即固液比（质量固液比和体积固液比）和密度作质量指标，计算时可参阅表 8-1 中相应公式。品位通常指产物中有用成分的含量，就矿物工程而言，指有用元素或其化合物的含量。随着旋流器技术的发展和应用领域的扩大，有关特殊用途和特殊作业的特定指标一定会出现，必须根据实际情况和具体要求采用特定的方法进行质量测定。

二、测定方法

生产过程中，水力旋流器分离产物的浓度、细度和品位质量指标，均是根据其技术要求通过取样加工、烘干称重、筛分分析或水力分析、化学分析或物化分析的结果定出。在自动化程度高的工厂，也可通过戴流粒度仪、浓度计等自动化仪表直接读出。

图 10-24 是江西永平铜矿选矿厂磨矿分级过程自动控制原理示意图，水力旋流器分级的溢流细度和给矿浓度都是直接从仪表上读出。

永平铜矿选矿厂第一段磨机为 5.03 m × 6.4 m 溢流型球磨机，有效容积 118 m³，电机功率 2 600 kW，同其闭路的分级旋流器为 $D = 660$ mm 的 Krebs 型旋流器组，旋流器给矿为 2 台 350/

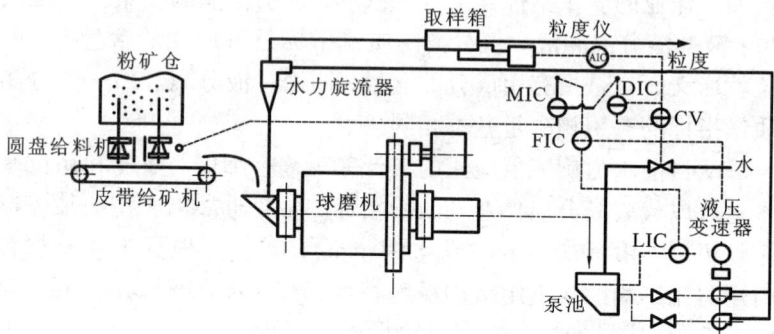

图 10－24　磨矿分级过程自动控制原理示意图

300 mm 瓦曼型砂泵。控制过程是：原矿经过磨机磨矿后排至砂泵池，由变速瓦曼泵扬至旋流器组进行分级，溢流进浮选系统，沉砂返回磨机给矿。安装在分级旋流器溢流管处的粒度仪可随时测得其溢流细度（粒度），以测得的粒度参数通过相应仪表控制砂泵池的给水量，当测得的粒度粗时（大于技术要求值），应该增大砂泵池的给水量，降低旋流器的给矿浓度或减少磨机的给矿量，与此同时安装在旋流器给矿管处的流量计和浓度计自动将其测得的矿浆流量和浓度换算成质量流量，用此质量流量参数控制磨机的给矿量。为了保证旋流器的给矿稳定，在泵池内设有调节装置，用该信号控制砂泵转数。通过系统中的粒度计、变速泵、流量计、浓度计和相应的自动化仪表，达到磨矿分级过程自动控制和主要产物的浓细度检测的目的。

　　在一般选矿厂，水力旋流器分离产物的浓度、细度和品位均是根据质量平衡原理通过取样、加工、分析的结果和数据处理获得。现以一段闭路磨矿分级流程为例（图 10－25），简介几种基本方法供读者在实际工作中参考。

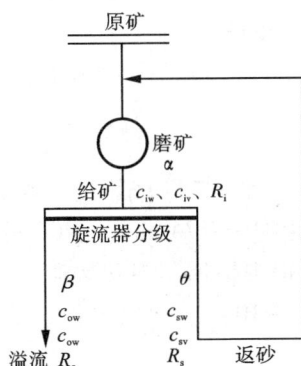

图 10 - 25　一段闭路磨矿分级流程

①波瓦罗夫法。波瓦罗夫根据大量生产实践资料，通过数学处理得到水力旋流器分离过程中溢流产物浓度的基本方程：

$$c_{ow} = \frac{c_{iw} c_{sw} \gamma_o}{c_{sw} - c_{iw}(1 - \gamma_o)} \tag{10-6}$$

就各种规格旋流器而言，波瓦罗夫发现给矿浓度与溢流细度有如下线性关系：

$$c_{iw} = 1 - 0.7\beta_{-74} \tag{10-7}$$

将式(10-7)代入式(10-6)得溢流浓度的计算式：

$$c_{ow} = \frac{c_{sw}(1 - 0.7\beta_{-74})\gamma_o}{c_{sw} - (1 - 0.7\beta_{-74})(1 - \gamma_o)} \tag{10-8}$$

②拉苏莫夫法。拉苏莫夫用给矿的矿石密度对式(10-8)进行了修正，修正后的溢流浓度计算式见下式：

$$c_{ow} = \frac{c_{sw}\left[1 - 0.7\beta_{-74}\left(\dfrac{2.7}{\delta}\right)^{0.25}\right]\gamma_o}{c_{sw} - \left[1 - 0.7\beta_{-74}\left(\dfrac{2.7}{\delta}\right)^{0.25}\right](1 - \gamma_o)} \tag{10-9}$$

式中：c_{iw}、c_{ow}、c_{sw}——分别为旋流器的给矿、溢流、沉砂的质量浓度；

γ_o——溢流产率，相对于旋流器给矿的溢流产率 γ_o $= \dfrac{1}{1+S}$；

δ——给矿矿石（固体物料）密度，t/m^3；

β_{-74}——溢流产物中 -74 mm（-200 目）粒级含量。

③阿提本法。阿提本根据非绳状排矿的质量平衡原理［非绳状排矿检验式见式（5－10）］，导出水力旋流器分离过程中相应产物浓度的计算式：

$$c_{ov} = \frac{1}{1 + (1-a)(1+S)\left(\dfrac{1-c_{iv}}{c_{iv}}\right)} \qquad (10-10)$$

$$c_{sv} = \frac{1}{1 + a\left(\dfrac{1+S}{S}\right)\left(\dfrac{1-c_{iv}}{c_{iv}}\right)} \qquad (10-11)$$

$$c_{iv} = \frac{(1-a)(1+S)\left(\dfrac{c_{ov}}{1-c_{ov}}\right)}{1 + (1-a)(1+S)\left(\dfrac{c_{ov}}{1-c_{ov}}\right)} \qquad (10-12)$$

式中：c_{iv}、c_{ov}、c_{sv}——分别为旋流器给矿、溢流、沉砂的体积浓度；

a——旋流器的短路流量，它等于水量比，即给矿水进入沉砂中的量。

④笔者法。笔者认为，短路流是水力旋流器分离过程中不可避免的客观存在，当水力旋流器结构合理、参数优化并正常操作时，其短路流量最小。根据分离过程中质量平衡关系，得其分离产物浓度的液固比计算式分别为：

$$R_i = \frac{R_o + SR_s}{1 + S} \qquad (10-13)$$

$$R_o = R_i + S(R_i - R_s) \qquad (10-14)$$

$$R_s = \frac{R_i - R_o}{S} + R_i \qquad (10-15)$$

式中：R_i、R_o、R_s——分别为旋流器给矿、溢流、沉砂的质量液固比。

还须指出，根据工艺要求有时需要质量固液比（稠度）指标。质量浓度与质量液固比、质量固液比的关系为：

$$W_w = \frac{100}{1 + R_w} \qquad (10-16)$$

$$c_w = \frac{100R'_w}{1 + R'_w} \qquad (10-17)$$

式中：R_w、R'_w——分别为质量液固比、质量固液比。

为了方便起见，现将水与固体物料组成的浆体，按其质量浓度、质量液固比和质量固液比之间的关系式的计算结果绘于图 10-26，应用时可参阅该图。

同理，可由图 10-25 得水力旋流器分离产物的细度或品位计算式：

$$\alpha = \frac{\beta + S\theta}{1 + S} \qquad (10-18)$$

$$\beta = \alpha + S(\alpha - \theta) \qquad (10-19)$$

$$\theta = \frac{\alpha - \beta}{S} + \alpha \qquad (10-20)$$

式中：α、β、θ——分别为旋流器的给矿、溢流、沉砂的细度或品位。

为了考证上述方法的适应性和可靠性，特以某铁矿选矿厂的磨矿和旋流器闭路分级溢流浓度的生产实践资料与其理论计算值进行比较，详见表 10-13 和表 10-14。

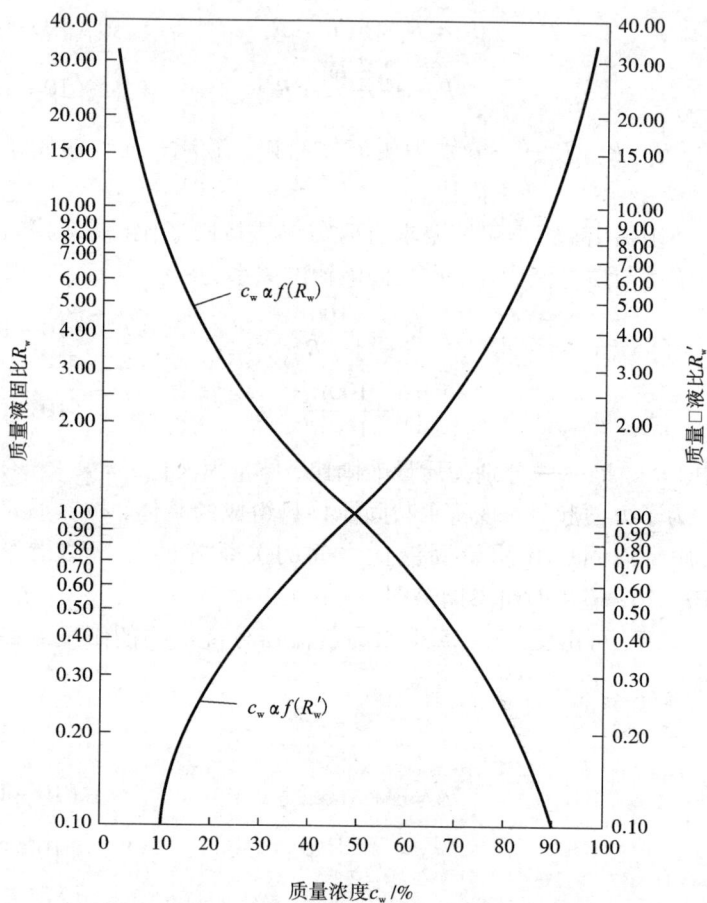

图 10 – 26 浆体质量浓度与质量液固比(R_w)和质量固液比(R_w')关系图

表 10－13　某铁矿选矿厂的磨矿和旋流器闭路分级实践资料

考察序号	磨机实际生产能力/(t·h⁻¹)	循环负荷 S/%	浓度/%			−74 μm粒级含量/%			−74 μm粒级回收率/%	−74 μm粒级效率/%
			给矿	溢流	沉砂	给矿	溢流	沉砂		
1	114.5	390	44.60	15.90	88.50	21.50	60.20	11.50	57.30	47.00
2	119.0	474	52.50	19.70	81.00	21.90	60.20	13.80	48.00	39.20
3	117.5	514	52.50	18.40	83.50	20.20	64.30	11.40	52.50	45.30
4	120.0	712	58.00	17.40	85.50	16.30	66.40	9.30	50.00	45.10

表 10－14　旋流器闭路分级溢流浓度理论计算值

考察序号	旋流器溢流产率/%	溢流实际浓度/%	溢流浓度理论计算值/%				备　注
			波瓦罗夫	拉苏莫夫	阿提本	笔者	
1	20.40	15.90	24.62	27.08	15.20	15.20	铁矿石密度
2	17.50	19.70	24.73	27.61	19.67	19.68	$\delta = 3.5$ t/m³ ;
3	16.40	18.40	20.06	22.52	18.05	18.05	本例只对溢流
4	12.30	17.40	14.60	16.50	17.64	17.64	浓度进行计算

需要说明，本例中阿提本法的计算程序是：

首先按式 $a = \dfrac{SR_s}{(1+S)R_i}$ 计算出旋流器分离过程中的短路流，即水量比；

其次按式(7－3)把旋流器给矿的质量浓度 c_{iw} 换算成体积浓度 c_{iv}；

再次按式(10－10)计算出旋流器溢流的体积浓度 c_{ov}；

最后按式(7－5)将其溢流体积浓度 c_{ov} 换算成质量浓度 c_{ow}，以便统一进行比较。

当旋流器同磨机构成闭路时，经常控制的技术指标是其溢流浓度，对既定矿石的分级溢流浓度与其细度之间有一比较稳定的函数关系,控制好浓度也就相应地稳定了细度。在工业生产中,不可能把旋流器分级(离)的溢流浓度和溢流细度控制在理想值上,而是在理想值的上下波动,但波动范围不得超过允许值。因而,在经常控制溢流浓度的同时,定期进行溢流细度的测定,检查其是否在波动范围内,对指导生产十分必要。

作为固—固分离领域中工艺流程的补充,现将维东山旋流器在平果铝业公司氧化铝厂和江西铜业公司泗洲选矿厂的试用效果简介如下,供类似工程参考。

平果铝业公司氧化铝厂为了解决原用 $\phi500$ mm 水力旋流器使用寿命短的技术问题,拓宽其备品备件的供应渠道,寻求分级效果好和设备性能优的水力旋流器,采用如图 10 – 27 的工艺流程,当用 WDS – $\phi500$ mm × 6 旋流器(其中 3 台备用)与磨机组成闭路时,在处理量为 600 ~ 650 m³/h,母液中 Na_2O 浓度为 230 ~ 240 g/L 和温度为 90℃左右的条件下分级指标见表 10 – 15。

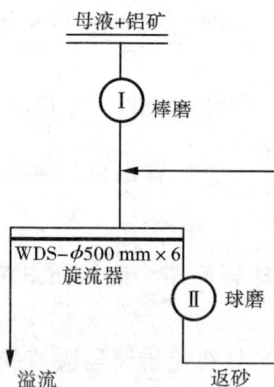

图 10 – 27 氧化铝厂磨矿分级流程

表 10 - 15　　氧化铝厂 WDS - ϕ500 mm × 6 水力旋流器分级指标

考察序号	磨机处理能力/(t·h^{-1})	沉砂口直径/mm	分级指标/%				备注
			指标名称	-500 μm	-315 μm	-63 μm	
1	85	110	要求	100	98.75	70.00	$D = 500$ mm;
			实际	100	100	74.00	$d_i = 210$ mm;
2	85	110	要求	100	98.75	70.00	$d_o = 180$ mm;
			实际	100	100	77.70	$\alpha = 20°$;
3	85	110	要求	100	98.75	70.00	$\delta = 3.1$ t/m^3;
			实际	100	100	85.70	c_{iw} 为 18% ~31.5%;
4	83	90	要求	100	98.75	70.00	p 为 0.06 ~
			实际	100	100	79.50	0.08 MPa;
5	83	90	要求	100	98.75	70.00	$h_o = 280$ mm
			实际	100	100	78.80	

根据累计 964 h 试生产的结果可以看出，技术指标完全符合其工艺要求，水力旋流器本体内衬未见异常磨损，预计旋流器本体寿命可达 10 个月以上。

江西铜业公司泗洲选矿厂使用了大量的 Krebs 或仿 Krebs 型水力旋流器。为了拓宽其备品备件的进货渠道，寻求分级效率高、设备性能好的水力旋流器，选矿厂在某系列采用维东山 WDS - ϕ660 mm 水力旋流器与磨机组成闭路进行试生产，其工艺流程见图 10 - 28，试生产的技术指标见表 10 - 16。

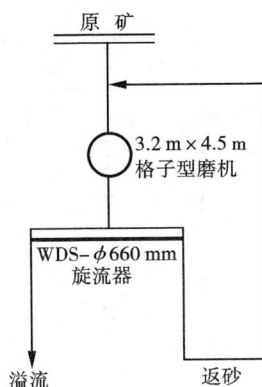

图 10 - 28　泗洲选矿厂磨矿分级流程

表 10-16　涠洲选矿厂 WDS-ϕ660 mm 水力旋流器分级指标

考察序号	磨机给矿		磨机排矿		分级溢流		分级沉砂		返砂比/%	分级效率/%	磨机台效/(t·h⁻¹)	磨矿效率/(t·m³·h⁻¹)	备 注
	-80目%	-200目%	浓度/%	-200目%	浓度/%	-200目%	浓度/%	-200目%					
1	90.27	7.09	76.53	21.71	30.22	60.84	74.16	9.46	318	54.93	53.87	0.905	$D=660$ mm; $d_i=210$ mm (140 mm × 245 mm); $d_o=250$ mm; $d_s=150$ mm; $\alpha=20°$; p 为 0.06~0.08 MPa; $h_o=280$ mm
2	90.69	6.57	77.90	27.64	33.55	63.97	74.26	14.85	281	47.30	67.84	1.217	
3	88.57	8.71	78.32	19.55	29.62	66.03	79.33	9.10	445	54.25	60.08	1.076	
4	90.20	7.16	74.20	21.23	34.07	56.94	71.12	11.49	367	45.76	55.47	0.863	
5	89.98	7.16	71.77	19.58	25.39	60.80	72.49	8.89	386	53.91	51.39	0.861	
6	89.63	7.32	76.16	23.12	36.16	62.12	73.33	14.01	414	41.40	66.21	1.130	

在相同的设备配置和磨矿分级工艺流程条件下，维东山 WDS – ϕ660 mm同 FXK – ϕ660 mm 的 Krebs 型旋流器的对比指标见表 10 – 17。

表 10 – 17　WDS – ϕ660 mm 与 FXK – ϕ660 mm 分级指标对比

考察序号	WDS – ϕ660 mm				FXK – ϕ660 mm				备　　注
	运转时间/h	台效/(t·h^{-1})	运转率/%	-200目/%	运转时间/h	台效/(t·h^{-1})	运转率/%	-200目/%	
1	281.5	50.74	42.33	59.80	271.50	50.18	40.86	60.80	$D = 660$ mm;
2	456.0	50.35	61.31	60.00	456.5	54.35	61.38	62.50	$d_i = 182$ mm;
3	512.5	58.70	77.60	61.00	504.50	62.16	75.04	62.20	$d_o = 245$ mm;
4	584.5	62.93	78.53	62.80	528.0	62.23	70.94	62.70	$d_s = 140$ mm;
5	522.5	60.16	72.56	65.30	464.0	58.50	68.66	65.90	$\alpha = 20°$;
6	420.00	53.59	56.17	67.00	515.5	61.17	69.31	65.20	$h_o = 383$ mm。
合计	2786	56.10	64.75	62.65	2740.0	58.10	64.37	63.22	

根据试生产半年的结果可以看出，WDS – ϕ660 mm 旋流器的技术指标可以满足生产工艺要求，按其现在的工艺参数和磨损情况计算，预计其总寿命可达 394 天。

第六节　操作技术

水力旋流器由于应用领域和专业性质的不同，对其分离指标的具体要求也不相同，总的说来其技术指标不外乎是：生产能力、分离粒度、分离效率、分离精度、产物浓度及其粒度组成、流量分配与流量比等。但不同的专业有不同的侧重内容。正如前述，影响旋流器分离指标的因素有结构参数和操作参数，而最主要的因素是结构参数，因为操作参数中许多都是根据工艺需要和指标要求而制订的。在水力旋流器生产过程中经常出现而又必须及时解决的技术问题有：

①溢流产物跑粗。溢流细度及其粒度组成是其后续作业的必须条件，但在实际生产中往往由于设备参数的配比不当和工艺流程的缺陷达不到设计要求，造成下一工序的困难和最终工艺指标的不良。当工艺流程优化后，造成溢流跑粗的主要原因是：溢流管直径过大或沉砂管直径过小；给矿压力过低或给矿浓度过高；旋流器型号不符或参数匹配不当等，导致短路流增加和分级效率下降。

根据实际情况和具体要求可以采取以下措施：减小溢流管直径或增大沉砂管直径；提高给矿压力或降低给矿浓度；更换旋流器型号或优化匹配参数，最大限度地适应工艺要求。

②沉砂产物夹细。沉砂产物夹细时会使磨矿过磨、能耗升高、产量下降、效率不佳，甚至影响下一工序的顺利进行。但在旋流器分离过程中，由于各种因素的干扰，沉砂夹细的现象不可避免，因此可以在允许的范围内波动。当超出允许范围时就必须加以控制。造成这种现象的主要原因是：沉砂口直径过大；给矿压力过高；给矿浓度过高；旋流器结构不合理；旋流器整体磨损严重；等等。

根据实际情况和具体要求可以采取以下措施：更换小型沉砂管；降低给矿浓度和给矿压力；优化匹配参数；修复更换整体旋流器；等等。

③沉砂口堵塞。水力旋流器在生产过程中，由于给矿矿浆中的杂物和粗大颗粒的存在、沉砂管选择的不当，经常出现堵塞现象，可以采取以下措施予以解除：在储浆池前或砂泵进浆处增设阻隔杂物的筛网；在保证沉砂浓度的前提下改用大直径的沉砂口；换用大直径的旋流器。

④砂泵喘气。砂泵喘气体现在通过砂泵矿浆流量忽多忽少、压力忽高忽低、流速忽大忽小，致使旋流器的给矿在压力、浓度、流量甚至粒度组成方面无法稳定，极大地影响其分离效果。造成这种现象的主要原因是：工程设计中需要处理(分离)的浆体流量与泵的工作流量、旋流器的生产能力不匹配，既有设计泵与旋流器选型不合理的可能，也有实际生产能力达不到要求的可能。解决的方法是：改用小型旋流器或减小旋流器的给矿口和溢流口直径；调节泵的转速和稳定泵池矿浆面；在泵的排出管道上加设阀门控制其流速和流量。

⑤沉砂浓度过低。根据工艺技术要求，用于分级、脱泥、浓缩、洗涤、堆坝作业等旋流器的沉砂有一比较适宜浓度，低于该适宜浓度则称为沉砂浓度过低。解决的方法是：首先要核实进入旋流器的浆体的体积流量与旋流器处理能力之间的差异，按其实际情况更换小直径沉砂口、改用小规格旋流器、增高给矿压力或增大给矿浓度等，以便提高沉砂浓度。应该指出，旋流器的沉砂浓度在其沉砂口直径到某一值时达到最高，之后几乎不再变化，故只靠改变沉砂口直径的方法不一定奏效，必须按实际情况予以综合考虑。

在水力旋流器的选择计算过程中，必须充分考虑其生产能力、分离粒度、给料性质特别是粒度组成等因素，以便选择适宜的旋流器型号和与其相匹配的砂泵型号，这是水力旋流器能否正常生产的基本条件。

参考文献

[1] 袁惠新，冯骉. 分离工程[M]. 北京：中国石化出版社，2002.

[2] 庞学诗. 水力旋流器工艺计算[M]. 北京：中国石化出版社，1997.

[3] 陆耀军，沈熊，周力行. 优选结构液—液旋流管分离特性[J]. 化工学报，1999(12)：758－765.

[4] 胡筱敏, 李海波, 余仁焕, 等. 离心力作用下的油 – 水分离[J]. 金属矿山, 2001(2): 31 – 35.

[5] 刘爱芳. 粉尘分离与过滤[M]. 北京: 冶金工业出版社, 1998.

[6] 张鉴, 陈炳辰, 刘其瑞. 水力旋流器倾角变化对其分级指标影响的研究[J]. 金属矿山, 1990(2): 42 – 46.

[7] Weiss N L. SME Mineral Processing Handbook[M]. New Rork: 1985.

[8] A·N·波瓦罗夫. 选矿厂水力旋流器[M]. 北京: 冶金工业出版社, 1982.

[9] 刘培坤, 王书礼. 水力旋流器运行故障与处理[J]. 矿业快报, 2006(10): 48 – 49.

后　语
（水力旋流器发展动向）

　　水力旋流器自 1937 年研制成功并在工业生产中应用以来，在各国国民经济的许多部门（冶金、化工、石油、建材、矿业、环保、卫生、电力和粮食加工等）得到广泛的应用，收到良好的经济效益。随着科学技术的发展和物质生产需求的提高，水力旋流器的结构形式、应用范围、耐磨材质和自动控制等技术，正被迅速地完善和发展。综观国内外学者的研究动向和生产现场的实用情况，水力旋流器的发展动向可以概括为以下几个方面。

一、技术规格两极化

　　水力旋流器的技术规格通常指其直径。为适应选矿设备大型化（特别是自磨机和球磨机的大型化）的处理能力和特种工艺材料所需特细物料的分离粒度要求，水力旋流器的技术规格向两极发展，即既向大规格的大直径发展，又向小规格的小直径发展。例如，美国多尔—奥利弗公司、苏联的机械出口公司（Machino Export）、瑞典和英国的萨拉公司等，已分别制造出直径为 1219 mm、2000 mm、2032 mm 的水力旋流器，其生产能力分别达 441 m³/h、2100 m³/h、2400 m³/h。据报道，更大型的旋流器正在研制过程中。又例如，德国的安伯格高岭土矿公司（AKW – Anberger Kaolinwerke Gmbh）、美国的多尔—奥利弗公司、英国的理查德·莫茨来公司（Richard Mozley）和我国山东威海海王旋流器有限公司等，已分别生产出直径为 10 mm 的水力旋流器，其分离粒度为 1～5 μm。可以预料，随着科学技术的不断发展和特种材料的特殊要求，水力旋流器技术规格的两极化趋势还会继续发展。

二、结构形式多样化

　　为了适应各种技术条件下的分离作业的技术要求,降低能量消耗和提高分离效率,科技工作者除改进和完善原有旋流器结构的不合理部分外(例如,为了减少短路流量和入口损失,将原切线给矿改为渐开线、涡型渐开线、螺旋线和同心圆给矿;为了降低虹吸影响和出口损失,将原溢流口改为溢流导管、异径溢流管和曲面扩张溢流管等;为了防止沉砂口堵塞和提高分离效率,在沉砂口安装螺旋排矿和自动清洗装置等;为了削弱正锥角和平面壁导致的循环流和紊流状态,正在探索阶梯形和螺旋形倒锥角旋流器内壁;为了消除空气柱对旋流器技术性能的影响,在沉砂口安装水封装置等),还研制出许多特种用途的新型旋流器(例如,三产品旋流器,磁力旋流器,曲面旋流选金器,细筛旋流器,圆柱形旋流器,双旋涡旋流器,涡流旋流器,短锥旋流器,复合锥旋流器和涡轮旋流器等)。另外,还有各种形式的重介质旋流器(例如,DSM 重介质旋流器;水介质旋流器;代纳重介质涡流分选机;Tri – Flo 重介质分选机;倒立重介质旋流器等)。可以预料,随着水力旋流器应用范围的进一步扩大和特种材料生产的工艺技术要求,结构更加合理和适应性更强的新型旋流器会迅速地研制和发展。

三、应用范围扩大化

　　随着水力旋流器结构形式、耐磨材质和工艺技术的不断完善和改进,其应用范围和使用场合正在日益扩大,除在选矿工业中广泛应用于分级、脱泥、浓缩、澄清、洗涤和选别作业之外,还广泛应用于其他工业部门,如环保部门用旋流器净化"三废"中的废气(旋风集尘器)和废水,粮食部门用旋流器进行淀粉的洗选和脱除果浆中的砂子及果核,石油部门用旋流器净化(澄清)油田钻井的泥浆,卫生部门用旋流器分离血浆中的红血球,化工部门用旋流器从水中分离轻油、从轻油中除去水分和从原油中分离气体以及传质、传热和雾化等化工工艺。可以设想,在不远的将来,水力旋流器在各工业部门的固—液分离、固—固分离、液—液分离和液—气分离领域中将得到更为广泛地应用,即凡是两相混合物质中有比重差的场合和凡是需要把悬浮液(分散体系)中 2～250 μm 粒级物料分离出的场合,水力旋流器无疑是合适的选择对象之一。

另外,根据生产工艺要求,水力旋流器既可在常温下工作也可在高温下工作。例如,美国多尔—奥利弗公司生产的 TMC 型旋流器可在 450℃条件下分离出 5 μm 的固体颗粒;又如,该公司生产的 TM 型旋流器,可在 100℃和低速给料时分离出 5 μm 粒度物料,适用于淀粉洗选和特细物料的分级作业。

四、工艺计算程序化

水力旋流器的工艺计算有两个基本内容:

①生产现场已用旋流器的工艺控制计算。它包括生产能力、分离粒度、产物分配和产物浓细度等的计算,其目的是优化旋流器的工艺参数,保证其产品质量符合生产工艺的要求。

②新建、扩建和改建选矿厂设计过程中所需旋流器的选择计算。其目的是确定同选矿厂规模和产品质量适应的旋流器技术规格、所需台数及合理的工艺参数等,确保其产品质量满足将来工艺生产的技术要求。

随着计算机技术的普及和应用,在经济条件允许的企业和事业单位,旋流器的工艺计算基本上实现了模型化和程序化,给工程技术人员带来了极大的方便。

五、设备材质耐磨化

水力旋流器的外壳通常用铸铁、铸铝和钢板制成，其内壁常衬以天然橡胶、陶瓷和铸石等耐磨材料。为了扩大其使用范围，提高其抗腐蚀和耐磨损的能力，近年来国外采用胶钢、铬钢、聚氨酯、硬镍合金、玻璃纤维增强聚氨酯等材料做衬里。例如，美国多尔—奥利弗公司生产的加衬 Dorrclone 类 RP 型旋流器，是采用低密度玻璃纤维耐磨聚酯铸成，溢流管用聚氨酯制成，衬里用 19 mm 的韧性天然橡胶制成；无衬 Dorrclone 旋流器是由坚韧耐磨的尼龙模塑而成；内聚流腔旋流器采用陶瓷、特殊尼龙、氧化铝和不锈钢等耐磨材料制成。美国汉弗莱矿物工业公司（Humphreys Mineral Industries Inc.）生产的水力旋流器的突出特点，是锥体分段、沉砂口和衬里采用标准件，旋流器锥体各段由铸铝、硬镍合金和包胶钢制成，衬里按部位由天然橡胶、氯丁橡胶、陶瓷、丁腈橡胶和聚氨酯制成。瑞典和英国萨拉公司 Krebs 旋流器的衬里采用氯丁橡胶、硬镍合金、聚氨酯等材料制成。这些材料不但耐磨和抗腐蚀，而且寿命要比铸铁长几倍甚至几十倍。又如我国山东威海海王旋流器有限公司制造的内衬聚氨酯、高铝陶瓷、高铬合金、KM 抗磨复合材料旋流器，具有耐磨性能好、使用寿命长、易损部件轻和性能价格比优的特点。特别是高铝陶瓷不但硬度大、耐高温、耐腐蚀，还能长时间耐受 $d \geqslant 30$ mm 矿块的磨蚀，寿命是普通铸钢的 30 倍、丁腈橡胶的 10 倍以上；KM 抗磨复合材料不但有耐酸碱和耐油盐的性能，而且还可在 $-30 \sim 120℃$ 的条件下工作；聚氨酯分级脱泥旋流器不但具有耐腐、耐温、质轻、绝热、隔音、经济和维修方便的特点，而且耐磨性能良好。

水力旋流器材质的耐磨化，不但可以延长其使用寿命，稳定其结构参数，还可保证其技术性能满足生产工艺要求，降低生产成本，提高企业经济效益。

六、技术控制自动化

水力旋流器生产过程的技术控制主要指给矿压力、给矿浓细度、沉砂口、溢流口和给矿口的磨损程度等，只要这些参数在设计的允许范围内，就可保证其产品质量符合设计工艺的要求。

旋流器生产过程中经常控制的技术指标是生产能力、分离粒度和溢流产物的浓细度。这些技术指标与给矿压力、给矿浓细度以及沉砂口直径、溢流口直径等因素有关。为了稳定其给矿压力，目前国内外多采用变速砂泵给矿；为了保证溢流产物的浓细度，除采用气动或液动的沉砂口自动调节阀外，还对旋流器给矿的浓细度进行自动检测和自动控制。

在选矿生产过程中，水力旋流器通常和磨机组成磨矿回路。水力旋流器生产过程的技术控制，实际上就是磨矿回路的技术控制。其目的就是在旋流器溢流产物浓细度满足选矿工艺要求的前提下，最大限度地提高磨机产量及其磨矿效率、水力旋流器的生产能力及其分离效率。其技术控制是：

①稳定磨机给矿量。要求磨机给矿量稳定在合理能力的水平，给矿量用恒定电子秤来测定，磨机负荷用声电传感器等进行自动测量。

②按比例加入水量。根据磨机的给矿量，确定磨机适宜加水量，通过计算机的比例控制环进行水量调整，使其磨矿浓度基本恒定。

③溢流浓细度控制。在一般条件下，当原矿性质基本不变时，分级旋流器溢流的浓细度间有一函数关系。可以利用这一函数关系将溢流浓度控制在预定值上，也就是使其细度稳定在要求的范围内，可通过 γ 射线浓度计、浓度调节器、电子电位差计和电动执行器等进行。

应该指出，旋流器的应用领域不同、工艺条件不同和技术要求不同,则其技术控制程序和检测方法也是不同的,必须根据实际情况而定。

以目前国内外对旋流器的研究情况、发展特点和应用领域来看,可以说它是一种超学科的边缘性科学技术,其发展空间十分广阔,经济效益和社会效益十分明显。

七、理论研究实用化

水力旋流器同其他分离设备相比,其主要特点是:结构简单,但分离过程复杂;效果良好,但单位能耗较大。弄清其分离过程规律,掌握其技术指标同其规律间的定量关系;了解其分离过程中能量分布特征,制订降低单位能耗的具体措施;建立统一的分离学说,导出其简便易行、准确可靠的工艺计算方法和编制出行之有效的设备选型计算程序,是长期以来科技工作者盼望解决的中心课题。

近年来国内外学者围绕着上述课题,采用经验模型法、流场测定法和数值模拟法,在前人研究的基础上,进一步对分离过程中工作流体的运动规律,从定性到定量进行了广泛的测定、研究、分析,纠正了以往"径向速度随半径增大而增大"不合实际的定论,确立了"径向速度随半径增大而减小"的统一认识($U_r r^m = C$)。徐继润、褚良银等采用激光测速仪和粒子动态分析仪先进技术,对水力旋流器固—液分离过程中工作流体的三维速度进行系统测定的同时,还对其湍流参数分布、压力分布、能量分配以及结构参数对其分离性能的影响进行了系统的测定,提出了主分区和预分区的能量分配关系和降低能耗的指导性看法。笔者根据旋流器分离过程中工作流体呈复合涡运动的特性建立了最大切线速度轨迹理论模型,并由此导出其工艺计算方法和编制其选型计算程序。R. A. Arterbun 根据其经验模型得出其工艺计算方法,编制其选型计算程序。蒋明虎等采用激光测速技术系统研究固—液分离旋流器流场理论的基础上，总结分析了液—液分离旋流器技术在国外应用的经验，并将该项新技术首先推广到我国石油工业的原油预处理和含油污水的除油等系统。陈文梅通过对液—液分离旋流器中分散相液滴的受力分析，得出其液滴的破碎机理及其相应的数学模型。Suhubert 和 Neese 在涡流对水力旋流器分离影响的基础上提出分离粒度的计算方法等。上述研究成果正在设计、科研、生产部门发挥着积极作用。梁政等采用数值模拟法对固—液分离水力旋流器的流场理论进行了比较系统的研究，得出了相应的规律、图形、参数和工艺计算方法，但遗憾的是未用任何生产实践数据给予应有的印证。

今后宜在旋流器结构合理、参数优化的前提下，深入研究固—液分离旋流器的微粒级液—液分离旋流器的油—水分离和固—气分离旋流器的尘埃级分离的规律，建立相应的理论体系；编制简便易行、准确可靠的计算机程序化工艺计算方法和设备选型计算程序；制订工业生产旋流器能量消耗与工艺参数间定量关系，并由计算机控制的切实可行的降耗节能措施。

八、设备配置组合化

大水力旋流器的配置方案中，通常采用大规格旋流器和并联配置来解决生产能力要求高和与大型磨机配套的技术问题，采用小规格旋流器和串联配置来解决细粒分级和提高分组效率的问题。生产实践中往往遇到要求生产能力大和分级粒度细的技术问题，对此只能用小或较小规格旋流器的并联配置方案加以解决。例如与大型磨机组成闭路分级的旋流器，石油工业的油—水分离和含油污水的除油、粮食加工业的粗细分级与淀粉洗涤、化学工业中的聚合物与结晶体的分离、活性与非活性晶体的分离等。并联的台数由其生产能力和旋流器的规格确定，可以是数台、数十台、上百台甚至更多。并联配置的方案应根据实际情况和对指标的要求确定，可以采用放射（曲线）型、直线型和集合型，或根据实践经验创建既方便操作又紧凑美观的新型方案。串联配置方案必须根据处理物料性质、流程特点、地理位置和指标要求综合考虑，周密布置，以期达到预定目的。水力旋流器工业生产中单台应用的场合只有在特定的技术条件下才能看到，其配置的组合化是其发展的总趋势。

　　根据目前国内外对水力旋流器的研究情况、应用领域和发展动向，可以看出它是一项超领域的边缘性科学技术，其发展空间十分广阔，经济效益和社会效益将十分可观。

参考文献

［1］庞学诗. 水力旋流器工艺计算［M］. 北京：中国石化出版社，1997.

［2］庞学诗. 水力旋流器发展趋势［J］. 北京：国外金属矿选矿，2001：1.

［3］徐继润，罗茜. 水力旋流器流场理论［M］. 北京：科学出版社，1998.

［4］褚良银，陈文梅. 旋转流分离理论［M］. 北京：冶金工业出版社，2002.

［5］庞学诗. 水力旋流器技术与应用［M］. 北京：中国石化出版社，2011.

［6］梁政，王进全，等. 固液分离水力旋流器流场理论研究［M］. 北京：石油工业出版社，2011.

附录一　中国水力旋流器主要生产厂家和系列产品技术性能介绍

中国目前的旋流器制造厂家众多，规格和品种也比较齐全。有 $\phi 10 \sim 1500$ mm 的水力旋流器，$\phi 350 \sim 1450$ mm 的重介质旋流器，不同规格的油水分离旋流器以及胚芽分离旋流器、淀粉洗涤旋流器、筛网旋流器，等等。内衬材质主要有：聚氨酯、尼龙、碳化硅、高铬合金、耐磨橡胶以及耐高温和耐腐蚀的高铝陶瓷、耐酸碱和耐油盐的 KM 抗磨复合材料，等等，基本上可以满足我国当今的工业生产需求。现介绍如下三家有代表性的制造厂家（公司）的系列产品，供读者选用或参考。

一、威海市海王旋流器有限公司

威海市海王旋流器有限公司成立于 1989 年，30 年专注于旋流分离设备和技术服务。是知名全球的旋流器品牌企业。主导产品旋流器等广泛用于矿山、煤炭、电力环保等，根据权威的行业协会统计，海王旋流器产品矿山市场占有率 70% 以上，并出口澳大利亚、俄罗斯等 40 多个国家和地区。附表 1 - 1 为水力旋流器技术参数表。附表 1 - 2 为部分水力旋流器组技术参数表。

附表 1-1　水力旋流器技术参数表

规格	内径/mm	进料口径/mm	溢流管径/mm	底流口径/mm	最大给料粒度/mm	入料压力/MPa	处理能力/(m³·h⁻¹)	分离粒度/μm	外形尺寸/mm 长	宽	高	单机质量/kg
FX850	850	210~300	280~380	130~220	22	0.04~0.15	500~900	74~350	1600	1300	3300	2600
FX710	710	180~250	220~300	100~180	16	0.04~0.15	400~550	74~250	1255	1185	3040	1250
FX660	660	165~230	200~280	90~160	16	0.04~0.15	260~450	74~220	1215	1005	2520~2660	1060~1300
FX610	610	150~200	160~220	70~130	12	0.04~0.15	200~280	74~200	1160	935	2390	910
FX500	500	125~165	140~200	60~120	10	0.04~0.2	140~220	74~200	1060	830	1610~2460	480~670
FX400	400	95~120	80~150	40~90	8	0.06~0.2	100~170	74~150	825	770	1770	320
FX350	350	80~110	90~135	30~85	6	0.06~0.2	70~160	50~150	820	580	1410~2640	160~380
FX300	300	64~80	70~120	25~60	5	0.06~0.2	45~90	50~150	615	520	1400~2020	105~180
FX250	250	55~80	60~90	20~50	3	0.06~0.3	40~80	40~100	575	540	1160~1840	70~150
FX200	200	39~50	50~85	25~40	2	0.06~0.3	25~40	40~100	355	350	1110	35~65
FX150	150	32~42	40~50	12~35	1.5	0.08~0.3	14~35	20~74	315	275	735~1815	30~55
FX125	125	26~32	25~40	8~18	1	0.1~0.3	8~20	25~50	265	250	620~1220	10~45
FX100	100	23~30	20~40	8~25	1	0.1~0.3	8~20	20~50	260	215	415~1070	7~40
FX75	75	10~20	15~20	5~14	0.6	0.1~0.4	3~7	10~40	220	190	795~825	5~30
FX50	50	8~12	11~18	3~12	0.3	0.1~0.4	1.5~3	10~40	160	150	325~550	2~2.5
FX25	25	5~6	5~8	2~5	0.2	0.1~0.6	0.3~1	5~20	95	70	320~760	1.5~3.0
FX10	10	2	2~4	1~2	0.1	0.1~0.6	0.05~0.1	1~5	60	35	140	0.5

附表 1 - 2 部分水力旋流器组技术参数表

规格	给矿总管径 /mm	溢流总管径 /mm	沉砂总管径 /mm	最大给料粒度 /mm	入料压力 /MPa	处理能力 /(m³·h⁻¹)	分离粒度 /μm	外形尺寸 /mm
FX710×10	DN850	DN950	DN700	16	0.03~0.15	2000~5500	74~250	6900×6900×5912
FX710×2	DN300	DN400	DN300	16	0.03~0.15	400~1100	74~250	4250×2606×3368
FX660×16	DN800	DN1100	DN700	16	0.03~0.15	2000~6720	74~220	9660×9660×5886
FX660×4	DN350	DN400	DN350	16	0.03~0.15	500~1680	74~220	4100×4100×4953
FX610×6	DN300	DN450	DN300	12	0.03~0.15	600~1560	74~200	5700×5700×4800
FX500×8	DN400	DN500	DN350	10	0.05~0.15	560~1760	74~200	5100×5100×4200
FX350×18	DN350	DN450	DN350	6	0.08~0.20	340~1200	50~150	4800×4800×3200
FX350×8	DN250	DN350	DN300	6	0.08~0.20	340~1200	50~150	2830×2830×3200
FX300×16	DN300	DN350	DN300	5	0.08~0.20	90~360	40~150	4500×4500×2460
FX300×4	DN150	DN250	DN250	5	0.08~0.20	90~360	40~150	2027×2027×2460
FX250×12	DN250	DN300	DN300	3	0.08~0.20	240~960	30~100	3600×3600×3640
FX150×24	DN300	DN350	DN300	1.5	0.10~0.30	180~720	20~74	3319×3319×2559
FX100×16	DN200	DN300	DN200	1	0.10~0.30	64~240	20~74	2250×2250×2418
FX75×25	DN150	DN250	DN150	0.6	0.10~0.40	36~175	20~74	2340×2340×2180

二、江西维东山设备有限公司

江西维东山设备有限公司是具有 21 年历史专门从事水力旋流器开发、研究、生产，并不断开拓在各个领域应用的集科、工、贸于一体的科技型实业公司。公司拥有一些理论功底深厚、实践经验丰富的科技人才，奠定了旋流器的"固、液、气三相流体同时并且相对运动产生分级原理"的基本理论，在实践中应用证明是正确的。从而满足了广大用户要求的分级效率高、使用寿命周期长的要求，赢得了市场。技术规范和结构参数见附表 1-3。

附表 1-3　技术规范和结构参数

序号 S/N	型号 参数	WDS -100	WDS -150	WDS -250	WDS -300	WDS -350	WDS -500	WDS -550	WDS -660	WDS -760
1	直径/mm	100	150	250	300	350	500	550	660	760
2	给料口直径/mm	40	50	75	90	100	210	220	250	250
3	锥角/(°)	10	10	20	20	20	20	20	20	20
4	溢流口直径 /mm	25	30	60	70	90	140	150	200	220
		35	40	75	85	100	160	160	220	250
		40	50	100	100	115	180	180	240	280
5	排砂嘴直径 /mm	10	16	30	40	40	80	80	120	120
		12	21	35	45	50	90	90	140	155
		14	32	40	50	60	100	100	160	180
6	给矿压力 /MPa	0.08 ~ 0.12	0.08 ~ 0.12	0.06 ~ 0.08	0.06 ~ 0.08	0.06 ~ 0.08	0.06 ~ 0.08	0.06 ~ 0.08	0.06 ~ 0.08	0.06 ~ 0.08

续附表 1 – 3

序号 S/N	型号 参数		WDS – 100	WDS – 150	WDS – 250	WDS – 300	WDS – 350	WDS – 500	WDS – 550	WDS – 660	WDS – 760
7	分级粒度 /μm		10 ~ 25	18 ~ 55	30 ~ 100	35 ~ 140	40 ~ 170	50 ~ 200	55 ~ 220	60 ~ 250	70 ~ 300
8	处理能力 /(m³·h⁻¹)		7 ~ 15	12 ~ 30	25 ~ 70	35 ~ 110	50 ~ 140	100 ~ 260	100 ~ 280	150 ~ 450	200 ~ 550
9	外形 尺寸 /mm	L	208	268	502	555	615	907	955	1065	1165
		L1	50	75	225	210	245	387	410	435	485
		B	225	300	555	603	763	960	940	1073	1173
		B1	150	190	375	453	523	625	580	653	703
		H	870	1108	1338	1556	1723	2277	2588	2800	3039
		H1	122	158	241	298	316	351	371	433	437
10	质量/kg		9	13	130	207	286	499	585	780	930

三、长沙矿冶研究院矿冶装备研究所

长沙矿冶研究院矿冶装备研究所(简称装备所)主要从事新型高效矿冶装备的研究开发与推广,拥有一支高素质的人才队伍和核心技术专家团队,多年来获得了大批拥有自主知识产权的科技成果,已取得国家发明奖 2 项,国家级、省部级科技进步奖等共 30 余项,国家授权专利共 50 余项。装备所研究开发的新型高效矿冶装备在行业领域得到普遍推广,其中强磁选机、中磁选机、永磁高梯度磁选机、立式螺旋搅拌磨矿机、高效矿浆搅拌槽等设备居国内领先技术水平,在国内金川、德兴、金堆城、攀钢、酒钢等大型矿山得到广泛应用,并批量出口到巴西、俄罗斯、南非、越南等国家,是我国新型高效矿冶装备研发和生产的主要基地之一。主要技术参数见附表 1 – 4。

附表 1 - 4　主要技术参数表

型号	CZ75	CZ100	CZ125	CZ150	CZ200	CZ250	CZ300	CZ350	CZ400	CZ500	CZ600
Q	2.5 ~ 3	6 ~ 8	8 ~ 10	10 ~ 12	20 ~ 30	34 ~ 39	40 ~ 48	70 ~ 86	90 ~ 130	175 ~ 212	300 ~ 370
D_o	18 ± 2	22 ± 2	36 ± 4	40 ± 4	54 ± 6	70 ± 5	83 ± 8	100 ± 10	115 ± 10	150 ± 10	205 ± 20
D_u	8 ± 1	10 ± 2	16 ± 2	18 ± 4	18 ~ 30	34 ± 4	42 ± 5	55 ± 5	65 ± 5	80 ± 10	105 ± 10
溢流细度	10 ~ 37	14 ~ 40	19 ~ 43	26 ~ 53	30 ~ 60	37 ~ 62	40 ~ 75	44 ~ 88	53 ~ 112	74 ~ 150	90 ~ 210

注：Q：处理能力（m^3/h）（处理能力是指给矿压力 $p = 0.1$ MPa 的条件下清水的处理能力）；D_o：溢流管直径（mm）；D_u：沉砂嘴直径（mm）；溢流细度（μm）；D_i（给矿管直径）$= (0.2 \sim 0.3)D$（D – 旋流器直径 mm）

附录二　国际水力旋流器主要生产厂家系列产品技术性能介绍

目前，国际水力旋流器专业制造厂家很多，其技术规格从直径 10 mm 至 2000 mm，结构形式也多种多样。材质主要有铸钢、铸铝和钢板，内衬橡胶，小型旋流器主要为聚氨酯，一般均成组配置，而小型旋流器则总是许多个配成一组。其主要制造厂家系列产品的技术性能简介如下：

一、马泰集团公司旋流器

马泰(MULTOTEC)集团公司位于南非，隶属于德国 STAFAG 集团，是世界上著名的矿业设备及材料的集成供应商。马泰集团旋流器公司成立于 1973 年，总部位于约翰内斯堡。从成立至今，着眼于旋流器的研制、生产和应用，并积累起丰富的矿业经验和崇高的行业信誉。

经过 30 年的时间，马泰已经发展成世界矿用旋流器市场占有率极高的设备生产商。旋流器产品系列丰富，拥有：FC 系列、VV 系列、HC 系列、HA 系列、C 系列、CE 系列、STACKER 系列，GUARDER 系列水力旋流器，其重介旋流器技术一直号称世界第一品牌，其行业覆盖和销售数量均遥遥领先。产品广泛应用于金属选矿、尾矿工程、选煤、湿法冶金、氧化铝分级、电厂脱硫、石油化工、食品医药以及工业污水处理等领域。

马泰在世界各地建立了代表处，其业绩遍布亚洲、欧洲、美洲、非洲地区。北京华德创业环保设备有限公司是马泰公司在大中华地区的唯一合作伙伴。华德创业作为先进矿物加工设备的专业集成供应商，公司由在矿物加工领域富有经验的工程技术人员组成，同世界上很多其他著名矿物加工设备厂商有着良好的合作关系。在与国外先进技术合作的过程中，遵循选择性吸收原则，对原有产品和技术做了很多原创性的改进和提高。在矿物分选领域服务于磨矿系统优化、尾矿处理、选别流程优化等场合。

除矿物分选领域以外，公司还可为矿山、冶金、煤炭、电力、石化、机械制造以及其他特种行业客户提供各种型号的旋流器。

1. 主要特点

最先进的第三代技术——涡形渐开线给料　涡形渐开线给料设计大大降低了旋流器内部浆液的紊流，使流动更接近于层流。采用该种给料方式的旋流器具有以下优点：增加了处理量；提高了分级效率；延长了溢流弯管的寿命；降低了工作压力；增加了旋流器的工作寿命；降低了给料泵的能耗。

可迅速拆卸的沉砂嘴　马泰公司的水力旋流器既可以与固定的沉砂嘴外壳相连，又能够与可迅速拆卸的沉砂嘴外壳相连，操作灵活方便。

平行喉底流口　旋流器底流口设计为平行喉结构。与标准的锥形底流口相比，其耐磨性能更好，寿命更长，保证了旋流器在更长的时间内始终如一的分离效果。

泄漏预警孔　马泰公司生产的旋流器所有主要外壳都设计有泄漏预警孔，以便在旋流器内衬需要更换的时候起到提醒、预警的作用。泄流孔既保证了内衬的最大使用寿命，同时还可以防止因磨损过度对旋流器外壳造成损坏。

可更换的耐磨内衬　马泰多数系列的水力旋流器均采用可更换的耐磨弹性体或耐磨橡胶作为内衬。既可以迅速而经济地更换或维修，又可以降低生产成本。

马泰公司生产各种材质的旋流器，如整体陶瓷型、整体聚氨酯型、碳钢衬橡胶型、碳钢衬聚氨酯弹性体型、碳钢衬高铝陶瓷型、碳钢衬碳化硅型等。通常根据磨损不同，我们推荐使用不同组合的内衬。FC25、FC40、FC75 及 VV100、VV165、VV250 系列的小直径旋流器一般采用整体聚氨酯材料；HC250～HC900 系列的旋流器一般采用碳钢衬橡胶材料；MA250～MAX1450 系列的重介质旋流器一般采用碳钢衬陶瓷材料。

2. 基本应用

磨矿分级　马泰旋流器广泛应用于金矿、铜矿、铁矿、铅锌矿等磨矿分级工艺中，在国内外许多著名矿山都有大量的应用。

脱泥和预处理　该类旋流器根据矿物种类、旋流器直径的不同，选用不同的材质。通常用于重介质选矿、螺旋溜槽选矿、皮带机脱水等某些对微细粒级含量有一定要求的设备之前以脱除微细粒级泥质，降低进料浆液中的泥质含量，保证后继设备的正常工作。当某些选矿工艺设备对进料浓度有较为严格的要求时，可以采用马泰旋流器进行预处理以满足其工艺要求。

保安旋流器　某些选矿设备对进料粒度有较为严格的要求，需要去除进料中的粗颗粒，此时需要用到保安旋流器。另外，某些膏体浓密机给料较粗时，也经常配置保安旋流器，以除去进料中的部分粗粒级物料，以便形成稳定的膏体；在常规浓密机、高效浓密机、高浓度浓密机前面也经常用到保安旋流器预处理，除去给料中的部分固体，以减少浓密机的处理量，并降低压耙的可能性。

氧化铝粗、细种子分级　在氧化铝粗、细种子分级时，利用马泰涡形渐开线旋流器可以更好地控制底流中 -325 目的含量和溢流中粗种子的含量。

湿法烟气脱硫　在湿法烟气脱硫工艺中，旋流器通常有三种应用：第一：石灰石磨矿制浆工艺，第二：石膏浆液的分级和浓缩工艺，第三：废水处理工艺。

矿物分选　在冶金工艺中，常用水力旋流器分选不同的矿物或冶金副产物。

尾矿筑坝　在尾矿处理中，常用旋流器对选矿厂尾矿进行分级，得到物理力学指标合适的底流粗尾矿，用于筑建坝体，使尾矿系统更加安全，特别是在下游法、中线法、平地堆坝工艺中，旋流器的使用尤为广泛。

此外，我们还可为用户提供用于海砂、河砂分选的堆场旋流器以及用于重介质选煤的重介质旋流器、离心浓缩器、平底旋流器、除砂器等设备及相关技术支持服务。

3. 主要参数

附表 2－1　水力旋流器主要参数表

型号	尺寸					最大给料粒度 /mm
	内径 /mm	给矿口径 /mm	溢流管径 /mm	沉砂口径 /mm	锥角 /(°)	
FC40	40	3~8	5~20	4~16	7	2.33
FC75	75	10~15	15~35	6~28	5	4.00
VV100	100	20~28	25~45	6~36	5	5.33
VV165	165	25~35	40~65	14~55	8~15	8.67
VV250	250	40~60	55~100	20~80	8~150	13.33
VV350	350	90~120	75~140	25~115	15~150	20.00
HC350	350	90~120	75~140	25~115	15~150	20.67
HC420	420	110~140	115~185	30~150	15~150	22.67
HC500	500	110~140	100~225	35~180	15~150	27.33
HC600	600	140~170	160~270	40~215	15~150	32.33
HC750	750	160~200	200~310	50~250	15~150	40.33
HC900	900	200~240	250~410	60~330	15~150	48.33
HC1050	1050	250~290	310~480	70~385	15~150	58.67
HC1200	1200	300~340	280~570	85~455	15~150	67.33

续附表 2 –1

给料压力 /kPa	处理能力 /(m³·h⁻¹)	分离粒度 /μm	外形尺寸/mm			单机重量 /kg
			长 L	宽 W	高 H	
250 ~ 350	1 ~ 4	2 ~ 15	373	115	683	1.6
200 ~ 350	2 ~ 7	4 ~ 23	464	148	948	6
150 ~ 250	5 ~ 15	8 ~ 32	714	180	1528	15
100 ~ 200	12 ~ 30	16 ~ 41	805	280	2269	25 ~ 40
40 ~ 130	25 ~ 60	20 ~ 70	746	371	1969	50 ~ 80
40 ~ 100	70 ~ 190	28 ~ 80	1072	620	2358	120 ~ 160
40 ~ 100	70 ~ 190	28 ~ 80	1072	620	2358	180 ~ 220
40 ~ 100	125 ~ 290	33 ~ 92	1230	760	2128	200 ~ 280
40 ~ 100	125 ~ 290	38 ~ 103	1333	867	3131	320 ~ 440
40 ~ 100	160 ~ 410	44 ~ 115	1550	977	3800	460 ~ 680
40 ~ 100	210 ~ 580	51 ~ 128	1862	1020	3146	660 ~ 840
40 ~ 100	330 ~ 800	58 ~ 140	2200	1400	4400	780 ~ 960
40 ~ 100	480 ~ 1190	63 ~ 155	2567	1633	5133	920 ~ 1200
60 ~ 130	640 ~ 1600	72 ~ 180	2483	1867	5867	1100 ~ 1600

注：同一尺寸的旋流器，马泰公司有多种不同的进料头部、不同型号的溢流口、不同角度的锥体、多种规格的底流口，我们会根据不同的应用和需求，选择最佳的设备配置。

二、美国克鲁布斯旋流器

美国克鲁布斯是设计、制造、安装旋流器的大型工程公司。其产品遍布煤炭、化工、铝业、造纸、发电及污水处理等行业。

旋流器是美国克鲁布斯工程公司的拳头产品。该公司从1952年开始为加工业服务，是世界上主要的，也是比较成功的旋流器制造商之一。多年来已在专业技术、优质产品和客户服务方面获得了很高的声誉。在美国、加拿大、墨西哥、欧洲和中国均有上佳的业绩。

1. 克鲁布斯主要特点

(1)首创了渐开式的入料方式，扩大了入料口的容积，减少了入料对旋流器内料流的干扰，大大提高了处理能力和分选上限。

(2)开发了旋流器应用软件，利用计算机模拟技术，对旋流器结构参数进行了优化，从而在工艺性能方面取得了良好效果。

(3)内衬为分段环形整体结构，无需机械固定和粘接，因此保证了旋流器内表面光滑，接缝平整，从而确保了旋流器的分选效果。

2. 旋流器的分类

克鲁布斯的旋流器按工艺性能可分为分选和分级旋流器。按所使用的介质可分为重介质旋流器和水介质旋流器。

克鲁布斯水力旋流器尺寸范围为：1，2，4，6，8，10，14，20，26，32 in。(1 in = 25.4 mm)

三、德国 AKW 公司

AKW 的全称为 AKW Apparate + Verfahren GmbH，是德国的私有小型公司。AKW 在旋流器制造领域享有很高声誉。AKW 在多年的发展中一直专注于自己的旋流器业务，持续研发新产品，在旋流器技术方面保持自己的独特优势。

德国 AKW 在旋流器产品研发方面有着悠久的历史，AKW 所生产的水力旋流器在矿山、电力、煤炭和冶金等领域有着非常广泛的应用。

AKW 旋流器采用渐开线结构，设计更加合理，提高旋流器的工作效率。这种独特的渐开线结构，是 AKW 技术人员在长时间的研究与实践基础上所研发出来的。

产品尺寸范围：35，50，75，100，150，200，250，325，400，500 mm。

AKW 除了为客户提供水力旋流器产品以外，也很注重为客户提供整套的水力旋流器解决方案。

附录三　符号表

符号	量的名称	单位	符号	量的名称	单位
A_m	自然分离面积	cm^2	d_{25c}	校正效率曲线上	μm
A_i	给矿口面积	cm^2		同分配率 25%	
a	加速度	cm/s^2		相应的颗粒粒度	
C	常数		d_{75c}	校正效率曲线上	μm
c_v	体积浓度	%		同分配率 75%	
c_w	质量浓度	%		相应的颗粒粒度	
c_{iw}	给矿质量浓度	%	E	分离(选矿)效率	%
c_{ow}	溢流质量浓度	%	E_a	实际分离效率	%
c_{sw}	沉砂质量浓度	%	E_c	校正分离效率	%
c_{iv}	给矿体积浓度	%	E_f	离心力之比，即	
D	旋流器直径	cm		最大切线速度轨迹	
D_z	零速包络面直径	cm		面离心力与相应轨	
d_i	给矿口(管)直径	cm		道面离心力之比	
d_o	溢流口(管)直径	cm	E_τ	切应力之比，即	
d_s	沉砂口(管)直径	cm		最大切线速度轨	
d_m'	最大切线速度轨	cm		迹面切应力与相应	
	迹面直径			轨道面切应力之比	
d_m	分级粒度，95%	μm	e	自然对数	
	通过的筛孔尺寸		F	离心力	
d_{50}	实际分离粒度	μm	F_m	最大切线速度轨	
d_{50c}	校正分离粒度	μm		迹面离心力	

续附表

符号	量的名称	单位	符号	量的名称	单位
F_o	同溢流管等径处离心力		I	不完善度	
F_z	零速包络面离心力		J	涡通量	
F_k	周边($r=R$)离心力		K	常数	
G	旋流器特性参数		K_D	旋流器直径修正系数	
g	重力加速度	$9.81\ m/s^2$	K_θ	旋流器锥角修正系数	
H	旋流器筒体高度	cm	m	指数	
H_b	总水头	mH_2O	n	指数(笔者)	0.64
H_o	旋流器高度	cm	p	半自由涡域压力	MPa
h_o	溢流管插入深度	cm	p_c	强制涡域压力	MPa
h_x	自然分离面高度	cm	p_∞	自由涡域无限远处($r=\infty$)压力	MPa
h	半自由涡域水头	mH_2O	p_m	最大切线速度轨迹面压力	MPa
h_c	强制涡域水头	mH_2O			
h_{co}	强制涡涡核处($r_c=0$)水头	mH_2O	p_o	溢流管等径处压力	MPa
h_m	最大切线速度轨迹面水头	mH_2O	p_z	零速包络面压力	MPa
			p_k	旋流器周边压力	MPa
h_{min}	自由涡与强制涡交界处水头	mH_2O	Δp	给矿压力	MPa
Δh	半自由涡域实际水头损失	mH_2O	Δp_c	强制涡域实际压力降	MPa
			Δp_m	半自由涡域最大实际压力降或给矿压力(笔者)	MPa
Δh_c	强制涡域实际水头损失	mH_2O			
Δh_m	半自由涡域最大实际水头损失	mH_2O	Δp_{cm}	强制涡域最大实际压力降	MPa
			p_{min}	自由涡域最小压力(自由涡与强制涡交界处压力)	MPa
Δh_{cm}	强制涡域最大实际水头损失	mH_2O	p_{co}	强制涡涡核处($r_c=0$)压力	MPa

续附表

符号	量的名称	单位	符号	量的名称	单位
Q	处理能力(处理矿量)	t/h	R_s	旋流器沉砂产物液固比	
Q'	源强		r	任一半径	cm
Q_{iv}	给矿产物的体积流量	m^3/h	r_c	强制涡任一旋转半径	cm
Q_{ov}	溢流产物的体积流量	m^3/h	r_i	给矿口(管)半径	cm
Q_{sv}	沉砂产物的体积流量	m^3/h	r_o	溢流口(管)半径	cm
Q_{iw}	给矿产物中的水量	m^3/h	r_s	沉砂口(管)半径	cm
Q_{ow}	溢流产物中的水量	m^3/h	r_m	最大切线速度轨迹面半径	cm
Q_{sw}	沉砂产物中的水量	m^3/h	r_z	零速包络面半径	cm
Q_{im}	给矿产物中固体物料的质量流量	t/h	S	返砂比	
Q_{om}	溢流产物中固体物料的质量流量	t/h	S_l	陡度指数	
			S_m	产量分配	
Q_{sm}	沉砂产物中固体物料的质量流量	t/h	S_v	流量分配	
			S_w	水量分配	
q_m	单台旋流器的实际生产能力	m^3/h	u	螺线涡速度	
			u_a	轴向速度	
R	旋流器半径	cm	u_r	径向速度	
R_m	产量比		u_t	切向(线)速度	
R_v	流量比		u_{cr}	强制涡域径向速度	
R_w	水量比		u_{ct}	强制涡域切线速度	
R_i	旋流器给矿产物液固比		u_{kt}	周边切线速度	
R_o	旋流器溢流产物液固比		u_{mt}	最大切线速度(最大切线速度轨迹面流体切线速度)	

续附表

符号	量的名称	单位	符号	量的名称	单位
u_{rm}	自然分离面(最大切线速度轨迹面)流体径向速度		ε	回收率	%
			$\varepsilon_{相}$	相对回收率	%
			λ	颗粒线性浓度	
v_i	给矿管中矿浆平均流速		μ	水的黏度(20℃)	mPa·s
W	指数(笔者)	2.9	μ_m	给矿矿浆黏度	Pa·s
X	相对粒度		ρ	介质密度	t/m³
α	原矿品位或给矿中计算粒级含量	%	δ	矿石(固体物料)密度	t/m³
β	精矿品位或溢流中计算粒级含量	%	τ	切应力	
β_m	纯矿物中有用元素或化合物含量	%	τ_m	最大切线速度轨迹面切应力	
θ	尾矿品位或沉砂中计算粒级含量	%	τ_o	同溢流管等径处切应力	
θ	锥角	(°)	τ_z	零速包络面切应力	
θ'	锥角	rad	τ_k	同旋流器等径处切应力	
γ	产率	%			
γ_o	溢流产物的产率	%	φ	速度降低系数	
γ_s	沉砂产物的产率	%	Ω	涡强	
ρ_m	给矿矿浆密度	t/m³	ω	角速度	rad/s

图书在版编目（CIP）数据

水力旋流器／庞学诗著. —长沙：中南大学
出版社，2019.7
　ISBN 978 - 7 - 5487 - 3581 - 6

　Ⅰ. ①水… Ⅱ. ①庞… Ⅲ. ①水力旋流器
Ⅳ. ①TD454

　中国版本图书馆 CIP 数据核字（2019）第 042264 号

水力旋流器
SHUILI XUANLIUQI

庞学诗　著

□责任编辑	史海燕
□责任印制	易红卫
□出版发行	中南大学出版社
	社址：长沙市麓山南路　　邮编：410083
	发行科电话：0731 - 88876770　传真：0731 - 88710482
□印　装	长沙市宏发印刷有限公司

□开　本	850×1168　1/32　□印张 14　□字数 363 千字
□版　次	2019 年 7 月第 1 版　□2019 年 7 月第 1 次印刷
□书　号	ISBN 978 - 7 - 5487 - 3581 - 6
□定　价	70.00 元